新世纪高职高专
工程管理类课程规划教材

建设工程
招投标与合同管理

新世纪高职高专教材编审委员会 组编
主　编　江　怒
副主编　兰凤林

第三版

大连理工大学出版社

图书在版编目(CIP)数据

建设工程招投标与合同管理／江怒主编. －－3版. －－大连：大连理工大学出版社，2021.8(2024.12重印)
新世纪高职高专工程管理类课程规划教材
ISBN 978-7-5685-3103-0

Ⅰ.①建… Ⅱ.①江… Ⅲ.①建筑工程－招标－高等职业教育－教材②建筑工程－投标－高等职业教育－教材③建筑工程－合同－高等职业教育－教材 Ⅳ.①TU723

中国版本图书馆CIP数据核字(2021)第139895号

大连理工大学出版社出版

地址：大连市软件园路80号 邮政编码：116023
发行：0411-84708842 邮购：0411-84708943 传真：0411-84701466
E-mail:dutp@dutp.cn URL:http://dutp.dlut.edu.cn
大连日升彩色印刷有限公司印刷 大连理工大学出版社发行

幅面尺寸：185mm×260mm 印张：15.75 字数：382千字
2015年5月第1版 2021年8月第3版
2024年12月第6次印刷

责任编辑：姚春玲 责任校对：康云霞
封面设计：张 莹

ISBN 978-7-5685-3103-0 定 价：49.80元

本书如有印装质量问题，请与我社发行部联系更换。

前 言
PREFACE

《建设工程招投标与合同管理》(第三版)是四川建筑职业技术学院高水平专业群(建筑工程技术专业群)建设成果,是国家职业教育工程管理专业资源库建设配套教材。

本教材以建筑工程技术专业群学生的综合素质提升为目标,校企深度合作,以职业岗位能力为依据确定教材内容及其结构,将现代信息技术在线开放课程、配套课件、微课等和课程思政全面融入教材的各个单元,探索和实践线上线下混合式教学。

本教材在编写过程中力求突出以下特色:

1. 聚焦立德树人根本任务,全面提高人才培养质量,实现"三全育人"

教材在每一章的前面增加职业素质及职业能力目标。在章节内容中结合专业特色融入思政元素,如通过模拟招标、投标,合同的签订、合同分析、合同履行引导学生树立诚信、契约精神,以及学以致用的专业工匠精神。

2. 岗课证融通落到实处

编写团队联合中建企业合作共同构建适应招标员、合同管理员岗位需要发展的课程体系,本教材也将造价师、建造师的职业资格证书需要的岗位能力贯彻到人才培养方案中,教学内容和职业资格培训内容相互融合。在施工合同管理模块中,将合同管理的内容和工程量清单的内容结合起来,实现了不同课程的融通,避免了学生在学习中条块分割的情况。通过校内、校外实习基地,让学生在校期间能提前熟知岗位需要的知识和技能,学习的目标性更强。

3. 将"新理念、新技术、新工艺、新法规"融入教材内容

本教材将近年来施行的法律、法规、标准、规范等相关内容融入教材,尤其是将《中华人民共和国民法典》《中华人民共和国招标投标法》(2017年修正版)及《中华人民共和国招投标法实施条例》》(2019年修订版)等相关法律知识体现在教材中。

4. 打造"互联网+"创新型教材

本教材配有微视频、移动在线自测、课件、习题库、课程标准等资源包，极大方便教师授课和学生自学，读者可访问大连理工大学出版社职教数字化服务平台下载。

另外，编者团队已开设线上课程，欢迎大家登录网站(https://www.icve.com.cn/portal_new/courseinfo/courseinfo.html? courseid=5g5zaxirnp1m9zkvnxulhw)学习。

本教材共包括8章，分别为绪论、建设工程施工招标、建设工程施工投标、招标投标实务、合同原理、建设工程施工合同管理、FIDIC施工合同条件、建设工程施工索赔管理。本教材由四川建筑职业技术学院江怒担任主编，四川建筑职业技术学院兰凤林担任副主编，四川建筑职业技术学院柳茂、中建二局第三建筑工程有限公司万俊参与了部分内容的编写工作。具体编写分工如下：江怒编写第3章、第6章；兰凤林编写第2章、第8章；柳茂编写第1章、第5章、第7章；万俊编写第4章，并提供相应的教学案例。四川建筑职业技术学院胡兴福教授审阅了全书，并提出了宝贵的意见和建议，在此表示衷心感谢！

在编写本教材的过程中，我们参考、引用和改编了国内外出版物中的相关资料以及网络资源，在此对这些资料的作者表示深深的谢意！请相关著作权人看到本教材后与出版社联系，出版社将按照相关法律的规定支付稿酬。

尽管我们在探索教材特色的建设方面做出了许多努力，但由于编者水平有限，教材中仍可能存在一些错误和不足，恳请各教学单位和读者在使用本教材时多提宝贵意见，以便下次修订时改进。

编　者

2021年8月

所有意见和建议请发往：dutpgz@163.com

欢迎访问职教数字化服务平台：http://sve.dutpbook.com

联系电话：0411-84707492　84707424

微视频展示

线上课程资源　　招投标管理方案

目录

第 1 章　绪　论 / 1

1.1　我国招标投标制度的历史沿革 / 1
1.2　建设工程市场概述 / 3
1.3　建设工程承发包概述 / 10
1.4　建设工程招标投标概述 / 13
思考与练习 / 19

第 2 章　建设工程施工招标 / 22

2.1　建设工程施工招标概述 / 22
2.2　招标准备阶段的工作 / 22
2.3　招标阶段的工作 / 29
2.4　决标成交阶段的工作 / 35
2.5　电子招标 / 46
2.6　国际工程招标 / 49
思考与练习 / 52

第 3 章　建设工程施工投标 / 55

3.1　建设工程施工投标概述 / 55
3.2　投标文件的编制 / 59
3.3　投标报价的策略与技巧 / 63
3.4　电子投标 / 66
3.5　国际工程施工投标 / 67
思考与练习 / 69

第 4 章　招标投标实务 / 72

4.1　招标实务 / 72
4.2　投标实务 / 99

第5章 合同原理 / 110

- 5.1 合同基础知识 / 110
- 5.2 合同概述 / 114
- 5.3 合同的基本内容和主要形式 / 117
- 5.4 合同的订立 / 118
- 5.5 合同的效力 / 123
- 5.6 合同的履行 / 126
- 5.7 合同的变更、转让与终止 / 134
- 5.8 违约责任 / 138
- 5.9 合同争议的解决 / 140
- 思考与练习 / 144

第6章 建设工程施工合同管理 / 148

- 6.1 建设工程施工合同管理概述 / 148
- 6.2 建设工程施工合同的订立 / 151
- 6.3 《建设工程施工合同(示范文本)》的主要内容 / 153
- 6.4 建设工程施工合同的履行 / 191
- 6.5 违约责任的承担 / 198
- 6.6 建设工程施工合同争议的解决 / 200
- 思考与练习 / 202

第7章 FIDIC施工合同条件 / 205

- 7.1 FIDIC合同条件概述 / 205
- 7.2 FIDIC施工合同条件的主要内容 / 208
- 思考与练习 / 220

第8章 建设工程施工索赔管理 / 222

- 8.1 索赔概述 / 222
- 8.2 索赔值的计算 / 232
- 8.3 承包商的索赔策略与技巧 / 235
- 8.4 反索赔 / 236
- 8.5 索赔案例 / 237
- 思考与练习 / 242

参考文献 / 244

本书数字资源列表

序号	微视频	所在页码
1	鲁布革水电站简介	2
2	建设工程市场的特征	3
3	建设工程市场的构成	4
4	工程承发包与工程招投标	10
5	招标程序案例	22
6	建设项目施工招标前的审批手续	23
7	招标条件	24
8	招标公告内容案例	25
9	资格预审文件	28
10	招标公告发布案例	29
11	资格审查	30
12	全国指定的省、市、自治区 31 家招标公告信息发布媒介	30
13	资格后审	32
14	招标文件发售案例	33
15	投标保证金	34
16	招标文件的修订和补遗	34
17	招标保证金	35
18	开标案例	36
19	评标案例	37
20	重大偏差案例	40
21	算术错误修正案例	41
22	最低评标价法案例讲解	43
23	投标中的弄虚作假行为	43
24	综合评估法案例讲解	44
25	投标决策	56
26	不平衡报价案例	64
27	串通投标的行为	65
28	模拟开标	72
29	代理案例	113
30	合同的形式案例	117
31	合同的订立(动画)	118
32	缔约过失责任案例	123

序号	微视频	所在页码
33	附条件与附期限合同	123
34	无效合同	124
35	可撤销合同	126
36	合同保全	128
37	成本加酬金合同	150
38	避免签订无效合同	152
39	工程质量保修及缺陷责任	154
40	合同文件的优先解释顺序及案例	158
41	隐蔽工程覆盖（动画）	165
42	材料的进场验收（动画）	166
43	材料和设备的保管与使用	166
44	取样、试验、检验案例	168
45	延迟开工（动画）	172
46	测量放线（动画）	172
47	不利的物质条件和异常恶劣的气候条件	173
48	暂停施工（动画）	174
49	质量保证金案例	180
50	环境保护	189
51	工程担保与工程保险	190
52	工程量减少的索赔	228
53	索赔机会的识别	229
54	工期索赔案例	232
55	费用索赔案例	234
56	索赔案例1（动画）	236
57	索赔案例2（动画）	236
58	索赔案例3（动画）	236
59	第1章自我测评	21
60	第2章自我测评	54
61	第3章自我测评	71
62	第5章自我测评	147
63	第6章自我测评	204
64	第7章自我测评	221
65	第8章自我测评	243

第1章 绪　论

知识目标

1. 掌握建设工程交易中心的性质、建设工程招标投标的主体、建设工程招标投标的方式、招标代理机构的性质。
2. 熟悉建设工程市场的主体和客体、建设工程市场的资质管理、建设工程承发包的方式及类型。
3. 了解我国招标投标制度的历史沿革、建设工程市场和建设工程招标投标的基础知识。

职业素质及职业能力目标

1. 培养学生脚踏实地、遵纪守法的工作作风。
2. 树立招标投标市场观念,遵守执业规程。

1.1 我国招标投标制度的历史沿革

招标投标(简称招投标)制度是建设工程市场发展到一定阶段的必然产物,能够充分体现建设工程市场的科学性、技术性、公平性。时至今日,招标投标制度已经发展成为世界建设工程市场中的主要交易方式。招标投标制度在我国的发展大致经历了以下四个阶段:

1. 1949年以前,招标投标制度在我国已经确立

招标投标制度在我国建设工程市场中出现得较晚,1864年,法国在上海修建领署工程时最早采用招标投标制度,当时我国还没有真正意义上能够独立承揽建设工程的承包商,只有国外两家营造厂(承包商)参与投标,最终由法国的希米德营造厂中标,取得该工程的修建权。

建设工程市场需求的日益增多带动了我国建筑业的发展,我国的承包商也积极参与到招标投标的竞争中。1880年,我国第一家营造厂(承包商)"杨瑞记"宣告正式成立,并于1892年在上海的江海关大楼工程的招标投标中中标,取得该工程的修建权。这是我国招标投标制度发展史上具有里程碑意义的事件。20世纪20年代后,我国许多大城市的重点建设项目普遍采用了招标投标制度。

2. 1949年至1979年,我国招标投标制度的停滞时期

1949年及之后的30年间,我国实行计划经济,工程项目的建设任务都是由国家统一发包,承包商也不需要开拓市场,通过竞争获得工程承包权。因此1949年至1979年,招标投标制度基本处于停滞状态,没有运用于建设工程市场。

3.1979年至2000年,我国招标投标制度的发展时期

(1)1979年至1989年,招标投标制度在我国试行

1979年改革开放以后,我国开始实行有中国特色的社会主义市场经济,招标投标制度再次被提出。1980年10月17日,国务院颁布并实施了《关于开展和保护社会主义竞争的暂行规定》,其中明确提出"对一些适宜于承包的生产建设项目和经营项目,可以试行招标、投标的办法"。1980年,上海、天津和广州三个港口项目采用了国际招标方式。1981年,吉林和深圳采用了工程招标方式。

1982年,我国的鲁布革水电站引水系统工程面向全世界进行公开竞争性招标,这是我国第一个采用世界银行贷款的项目。按照世界银行的规定,需要面向世界进行公开招标,同时这也是建筑业内公认的国内较有影响力的早期招标项目,参与该工程的副总工程师唐广庆也因此被公认为"中国招标第一人"。

1979年至1989年这十年间,我国实行的招标投标制度具有以下特征:
①招标投标的原则基本确立,但并未有效实施。
②实施招标投标的建设工程领域扩大,但进展不均衡。
③对招标投标的规范较为全面,但具体条款规定有待完善。

(2)1990年至2000年,招标投标制度在我国得到进一步发展

1991年7月,原国务院法制局将制定《招标投标管理条例》列入了国务院立法计划。1997年11月1日,第八届全国人大常委会通过了《中华人民共和国建筑法》(以下简称《建筑法》),对建设工程项目实行招标投标进行了法律规范。20世纪90年代中后期,我国建设工程市场设立了建设工程交易中心,对建设工程招标投标活动实行集中交易和监督管理。

1999年8月30日,第九届全国人大常委会通过了《中华人民共和国招标投标法》(以下简称《招标投标法》)。这部法律对招标投标制度进行了重大改革:规范了强制招标的范围、招标公告的基本内容。规范招标方式:公开招标和邀请招标两种方式,取消了议标方式。对评标委员会成员和招标代理机构进行了更为详细的规定。《招标投标法》颁布以后,国务院和地方人大颁发了相应配套的行政法规和地方性法规,国务院各部门和地方政府也颁发了部门规章和地方性规章,这意味着我国招标投标法律体系基本形成。

1990年至2000年间,招标投标制度在我国的发展具有以下特征:
①建设工程市场主体的地位进一步加强。
②招标投标的对外开放程度进一步扩大。
③实施招标投标的建设工程领域进一步扩大。
④对招标投标的规范进一步深入。

4.2000年至今,我国招标投标制度进一步健全和完善

2002年6月9日,第九届全国人民代表大会常务委员会第28次会议通过了《中华人民共和国政府采购法》,规范了政府采购行为,提高了政府采购资金的使用效益。

2007年11月1日,原铁道部等九部委联合编制颁布了《标准施工招标文件》和《标准施工招标资格预审文件》,形成了标准招标文件体系。

2008年6月18日,国家发展和改革委员会等联合发布的《招标投标违法行为记录公告暂

行办法》，推动了我国招标投标信用评价指标体系和信用法规体系的建立。

2011年4月22日，《建筑法》根据第十一届全国人民代表大会常务委员会第二十次会议《关于修改〈中华人民共和国建筑法〉的决定》进行了第一次修正。2019年4月23日《建筑法》根据第十三届全国人民代表大会常务委员会第十次会议《关于修改〈中华人民共和国建筑法〉等八部法律的决定》进行了第二次修正。

2011年11月30日，国务院第183次常务会议根据《招标投标法》制定并通过了《中华人民共和国招标投标法实施条例》(以下简称《招标投标法实施条例》)，自2012年2月1日起施行。此后《招标投标法实施条例》分别于2017年、2018年、2019年经历三次修订。

2013年2月4日，国家发展和改革委员会颁布了《电子招标投标办法》。《电子招标投标办法》对电子招标投标交易平台、电子招标、电子投标、电子开标、评标和中标、信息共享与公共服务、监督管理、法律责任进行了规定，并于2013年5月1日起实施。《电子招标投标办法》顺应了我国招标投标行业的发展现状，对电子办公时代的招标投标活动在法律上进行了规范。

2017年12月27日，《招标投标法》根据第十二届全国人民代表大会常务委员会第三十一次会议《关于修改〈中华人民共和国招标投标法〉、〈中华人民共和国计量法〉的决定》进行了修正。

1.2 建设工程市场概述

1.2.1 建设工程市场的概念和特征

1. 建设工程市场的概念

建设工程市场是指以建设工程承包发包（简称承发包）交易活动为主要内容的市场。

建设工程市场有狭义和广义之分：

狭义的建设工程市场是指建筑产品和相关要素进行交换的交易场所，是依法开展建设工程发包、承包活动的市场。建筑产品具有地点固定、体型庞大的特点，其交易往往不能集中在固定地点进行，而是通过招标投标的方式，由交易双方协商一致，完成建筑产品的交易。

广义的建设工程市场是指建筑产品和相关要素供求关系的总和，它包括狭义的建设工程市场、建筑产品供求程度、建筑产品交易过程中形成的各类经济关系等。

2. 建设工程市场的特征

(1) 建设工程市场采取订货的方式进行交易

建筑产品地点固定性、生产单件性和产品多样性的特点决定了它不可能采取"一手交钱，一手交货"的现货方式进行交易，而只能采取订货方式进行交易，即由购买方提出对建筑产品的基本要求，买卖双方依法协商订立合同，由出售方根据合同内容生产建筑产品，最后用交付结算的方式完成交易。

(2) 建设工程市场采取招标投标的方式进行竞争

由于建筑产品采取订货方式进行交易，所以卖方不可能直接用"货比三家"的实物形态进行竞争，而是通过投标在卖方之间竞争，以获得工程承包权。买方招标选择的不是建筑产品本身，而是生产建筑产品的生产者。

(3) 建设工程市场采取预结算的方式进行定价

由于建筑生产周期长、生产不均衡、生产环境多变，所以建筑产品不可能采取整件一次性定价的方式，而是通过预决算的方式实现定价。即在招标投标过程中对建筑产品给予初步预算价格，直至交工时再结合工程实施中的具体发生金额，进行最终结算而完成交易。

(4) 建设工程市场采取资质认定的方式进行管理

由于建筑产品的质量关系到人们的生命财产安全，而且建筑领域从业人员众多，所以我国建设工程市场采取从业资质认定的方式对从业单位和从业个人进行资质认定，只有具备相应从业资质条件的从业单位和从业个人才能在相应从业范围内从业。

(5) 建设工程市场采取书面形式订立合同

建筑工程的履行期限长，工作内容多，合同履行中不可控因素多，容易发生工程变更，买卖双方都存在风险，《建筑法》明确规定双方应当采用书面形式签订合同。通过书面形式明确双方的权利与义务，确定风险分配，从而确保建筑产品生产的顺利实施，确保争议发生时的顺利解决。

1.2.2 建设工程市场的构成及其主体和客体

1. 建设工程市场的构成

建筑产品生产阶段可分为勘察、设计、施工、安装、监理等不同阶段，建设工程市场也对应地分为勘察市场、设计市场、施工市场、监理市场和与之相对应的服务咨询市场。根据建筑产品生产要素的不同，建筑工程市场可分为材料市场、设备市场、技术市场、劳务市场、资本市场。我国建设工程市场的构成如图1-1所示。

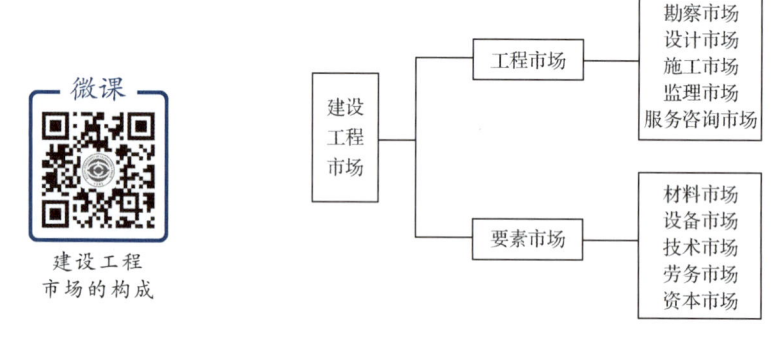

图1-1 我国建设工程市场的构成

2. 建设工程市场的主体和客体

(1) 建设工程市场的主体

建设工程市场的主体是指在建设工程的交易活动中，享有权利和承担义务的组织或个人，包括发包单位、承包单位、咨询服务机构。

① 发包单位

发包单位是指建设工程的发起单位，是建设项目的投资者、组织者的统称。发包单位在我国又被称为业主或建设单位。

② 承包单位

承包单位是指依法取得行业资质，在法律允许的资质范围内承揽建设工程业务，提供发包单位需要的建筑产品及服务，并获得相应工程价款的企业。勘察、设计、施工单位等属于承包单位。

③咨询服务机构

咨询服务机构是指遵循科学、公正、独立的原则，运用工程技术、管理技术、法律、法规等方面的知识和经验，为项目发包单位或承包单位提供服务咨询的机构。具体工作包括：工程前期立项阶段服务咨询、勘察设计阶段服务咨询、施工阶段服务咨询、投产或交付使用后的评价等。招标投标代理机构、造价服务机构和监理单位等属于咨询服务机构。

(2) 建设工程市场的客体

建设工程市场的客体是指建设工程市场中买卖双方交易的对象，包括建筑产品和与之相关的服务。

①建筑产品

根据不同的分类标准，建筑产品可分为以下几种：

- 根据建筑产品的生产工艺分类，建筑产品可分为土建工程建筑产品和安装工程建筑产品。
- 根据建筑产品的完成程度分类，建筑产品可分为未完施工、已完施工、未完工程项目和已完工程项目。
- 根据建筑产品的功能分类，建筑产品可分为生产性建筑产品和非生产性建筑产品。

②建设工程相关服务

在工程建设过程中，除了生产有形的建筑产品以外，还会涉及无形的服务，例如勘察、设计、监理、可行性研究、造价咨询、招标代理等，这些服务是生产有形的建筑产品必不可少的。

1.2.3 建设工程市场的资质管理

根据《建筑法》的规定，在中华人民共和国境内从事建设工程勘察、设计、施工、监理的承包单位，必须具备相应的资质并在资质允许范围内执业。在建设工程进行过程中，相关单位的人员必须具备专业人员执业资格许可方可执业。

1. 从业单位资质许可

《建筑法》第十三条规定，从事建筑活动的建筑施工企业、勘察单位、设计单位和工程监理单位，按照其拥有的注册资本、专业技术人员、技术装备和已完成的建筑工程业绩等资质条件，划分为不同的资质等级，经资质审查合格，取得相应等级的资质证书后，方可在其资质等级许可的范围内从事建筑活动。

(1) 建设工程勘察企业

①建设工程勘察资质的类型

根据 2020 年 11 月 30 日住房和城乡建设部颁发的《建设工程企业资质管理制度改革方案》的规定，工程勘察资质分为两个类别：工程勘察综合资质、工程勘察专业资质。其中工程勘察专业资质分为岩土工程、工程测量、勘探测试等 3 类。

工程勘察综合资质不分等级，工程勘察专业资质分为甲级和乙级两个等级。

②建设工程勘察资质承担的业务范围

a. 工程勘察综合资质：承担各类建设工程项目的岩土工程、水文地质勘察、工程测量业务，其规模不受限制。

b.工程勘察专业资质

◎甲级:承担本专业资质范围内各类建设工程项目的工程勘察业务,其规模不受限制。

◎乙级:承担本专业资质范围内各类建设工程项目乙级及以下规模的工程勘察业务。

(2)建设工程设计企业资质

①建设工程设计企业资质的类型

根据2020年11月30日住房和城乡建设部颁发的《建设工程企业资质管理制度改革方案》的规定,工程设计资质分为四个类别:综合资质、行业资质、专业和事务所资质。

综合资质不分等级;行业资质、专业和事务所资质等级分为甲、乙两级(部分资质只设甲级),其中工程设计行业类别见表1-1。

表1-1　　　　　　　　　工程设计行业类别(14个行业)

建筑行业、市政行业、公路行业、铁路行业、港口与航道行业、民航行业、水利行业、电力行业、煤炭行业、冶金建材行业、化工石化医药行业、电子通信广电行业、机械军工行业、轻纺农林商物粮行业

②建设工程设计企业资质承担的业务范围

承担资质证书许可范围内的工程设计业务,承担与资质证书许可范围相应的建设工程总承包、工程项目管理和相关的技术、咨询与管理服务业务。承担设计业务的地区不受限制。

a.工程设计综合资质:承担各行业建设工程项目的设计业务,其规模不受限制。但在承接工程项目设计时,须满足与该工程项目对应的设计类型对专业及人员配置的要求。

b.工程设计行业资质

◎甲级:承担本行业建设工程项目主体工程及其配套工程的设计业务,其规模不受限制。

◎乙级:承担本行业中小型建设工程项目的主体工程及其配套工程的设计业务。

③工程设计专业资质

a.甲级:承担本专业建设工程项目主体工程及其配套工程的设计业务,其规模不受限制。

b.乙级:承担本专业中小型建设工程项目的主体工程及其配套工程的设计业务。

(3)施工资质

①施工资质的类型

根据2020年11月30日住房和城乡建设部颁发的《建设工程企业资质管理制度改革方案》的规定,施工资质分为综合资质、总承包资质、专业承包资质和专业作业资质四个序列。

综合资质和专业作业资质不分等级;施工总承包资质、专业承包资质等级原则上为甲、乙两级(部分专业承包资质不分等级)。

a.施工总承包资质:施工总承包序列设有13个类别,见表1-2,一般分为甲级、乙级。

表1-2　　　　　　　　　施工总承包序列的类别

建筑工程施工总承包、公路工程施工总承包、铁路工程施工总承包、港口与航道工程施工总承包、水利水电工程施工总承包、市政公用工程施工总承包、电力工程施工总承包、矿山工程施工总承包、冶金工程施工总承包、石油化工工程施工总承包、通信工程施工总承包、机电工程施工总承包、民航工程施工总承包

b.专业承包:专业承包序列设有18个类别,见表1-3,一般分为甲级、乙级。

表1-3　　　　　　　　　专业承包序列的类别

建筑装修装饰工程专业承包、建筑机电工程专业承包、公路工程类专业承包、港口与航道工程类专业承包、铁路电务电气化工程专业承包、水利水电工程类专业承包、通用专业承包、地基基础工程专业承包、起重设备安装工程专业承包、预拌混凝土专业承包、模板脚手架专业承包、防水防腐保温工程专业承包、桥梁工程专业承包、隧道工程专业承包、消防设施工程专业承包、古建筑工程专业承包、输变电工程专业承包、核工程专业承包

c.专业作业资质:专业作业资质不分类别和等级。

②施工资质承担的业务范围

a.综合资质:可承担各行业、各等级施工总承包业务。

b.施工总承包甲级资质:施工总承包甲级资质在本行业内承揽业务规模不受限制。

c.专业承包资质:取得专业承包资质的企业可以承接具有施工总承包资质的企业依法分包的专业工程或建设单位依法发包的专业工程。取得专业承包资质的企业应对所承接的专业工程全部自行组织施工,专业作业可以分包,但应分包给具有专业作业资质的企业。

d.专业作业资质:取得专业作业资质的企业可以承接具有施工总承包资质或专业承包资质的企业分包的专业作业。

(4)建设工程监理企业资质

①建设工程监理企业资质的类型

根据2020年11月30日住房和城乡建设部颁发的《建设工程企业资质管理制度改革方案》的规定,工程监理企业资质分为综合资质、专业资质。

a.综合资质不分等级。

b.专业资质原则上分为甲、乙两个级别,并按照工程性质和技术特点划分为10个专业工程类别,见表1-4。

表 1-4　　　　　　　　　　工程监理企业专业资质类别

建筑工程专业、铁路工程专业、市政公用工程专业、电力工程专业、矿山工程专业、冶金工程专业、石油化工工程专业、通信工程专业、机电工程专业、民航工程专业

②建设工程监理企业相应资质承担的业务范围

a.综合资质:可以承担所有专业工程类别建设工程项目的工程监理业务,以及建设工程的项目管理、技术咨询等相关服务。

b.专业甲级资质:可承担相应专业工程类别建设工程项目的工程监理业务,以及相应类别建设工程的项目管理、技术咨询等相关服务。

c.专业乙级资质:可承担相应专业工程类别建设工程项目的工程监理业务,以及相应类别和级别建设工程的项目管理、技术咨询等相关服务。

2.从业人员资质许可

凡从事建设工程勘察、设计、施工、监理及造价咨询等业务的人员,均为建设行业从业人员。《建筑法》第十四条规定,从事建筑活动的专业技术人员,应当依法取得相应的执业资格证书,并在执业资格证书许可的范围内从事建筑活动。在我国,从业人员执业资格审查制度是针对具备一定专业学历、从业经历的从事建筑活动的专业技术人员,通过国家相关考试及注册确定其职业技术资格,获得相应的建设工程文件签字权的一种制度。

在我国,工程建设领域专业执业资格主要有以下类型:注册建筑师、注册结构工程师、注册监理工程师、注册建造师、注册城市规划师、注册土木(岩土)工程师、注册房地产估价师、注册造价工程师。

取得相应的执业资格需要具备以下条件:

(1)一定的从业经历和学历要求

我国的从业人员资格考试报名条件之一是要求报考人员具备一定的从业经历和学历要求。

(2)通过国家组织的统一考试

凡在建设工程行业履行执业资格的人员,都要参加由人事部统一组织的资格考试,考试合格后方可获取相应资格。

(3)定期进行注册

国家统一考试合格后,还需要在专业资格管理部门注册,注册通过之后,获得执业资格证书和印章,执业人员在其注册证书所注明的专业范围内执业。每次注册有一定的时效性,在到期前应当提前申请延续注册,否则会丧失相应的执业资格。

(4)在各自执业范围内执业并接受继续教育

每位执业人员在有效注册期内都应当按照规定接受继续教育,以便及时更新知识,获得新的行业信息。

1.2.4 建设工程交易中心

《招标投标法实施条例》(2019年修订版)第五条的规定,设区的市级以上地方人民政府可以根据实际需要,建立统一、规范的招标投标交易场所,为招标投标活动提供服务。招标投标交易场所不得与行政监督部门存在隶属关系,不得以营利为目的。此处的招标投标交易场所是指建设工程交易中心。

国家鼓励利用信息网络进行电子招标投标。

1. 建设工程交易中心的性质

建设工程交易中心是由建设工程招标投标管理部门或政府建设行政主管部门授权的、其他机构建立的、自收自支、不以营利为目的的事业性单位,根据政府建设行政主管部门的授权,对市场主体进行服务、监督和管理。因此,建设工程交易中心本身不是政府机构,而是服务性机构。

> **知识链接**
>
> **建设工程交易中心的设置要求**
>
> 建设工程交易中心不得重复设立,一般来说,一个地区只设立一个建设工程交易中心,不得根据行政管理部门的不同而分别设立。

2. 建设工程交易中心的基本功能

(1)信息服务功能

①建设工程交易中心建立建设工程翔实、准确的发包信息,反映项目的投资规模、结构特征、工艺技术以及对工程质量、工期、承包单位的基本要求,并在建设工程招标发包前提供给有资格的承包单位。

②建设工程交易中心提供建筑企业和监理、咨询等中介服务单位的资质、业绩和在施工程等资料信息。

③建设工程交易中心建立项目经理和其他技术、经济、管理人才以及建筑产品价格、建筑材料、机械设备、新技术、新工艺、新材料和新设备等信息库。

(2)场所服务功能

建设工程交易中心应为承、发包双方提供组织开标、评标、定标和工程承包合同签署等承发包交易活动的场所和其他相关服务。

(3)集中办公功能

建设工程交易中心集中统一办理工程报建、招标投标、合同造价、质量监督、监理委托、施工许可等有关手续。

(4)监督管理功能

建设工程交易中心的交易活动在当地建设主管部门的监督下进行,所有招标投标活动和订立的合同须经过备案登记,从而杜绝暗箱操作。

3.建设工程交易中心的工作原则

(1)信息公开原则

建设工程交易中心将掌握的有关工程发包、政策法规、招标投标单位资质、造价指数、招标规则、评标标准等各项信息公开,以便建设市场各方主体均能及时获得所需要的建设工程信息资料。

(2)依法管理原则

建设单位在工程立项后,应按规定在建设工程交易中心办理工程报建和各项登记、审批手续,接受建设工程交易中心对其工程项目管理资格的审查,招标发包的工程应在建设工程交易中心发布工程信息。工程承包单位和监理、咨询等中介服务单位,均应按照建设工程交易中心的规定承接施工和监理、咨询业务。未按规定办理前一道审批、登记手续的,建设工程交易中心不予办理任何后续管理部门手续。

(3)公平竞争原则

建设工程交易中心对招标投标单位的市场行为进行严格监督,反对垄断,反对不正当竞争,严格审查标底,监控评标和定标过程,防止不合理的压价和垫资承包工程,保证经营业绩良好的承包单位具有相对的竞争优势。

(4)属地进入原则

建设工程交易中心只对本地区管辖范围内的建设工程交易开放,对非本地区的建设工程交易行为不予接受。即本地区的建设工程交易行为只能进入本地区建设工程交易中心进行,不得到外地建设工程交易中心进行交易。

4.建设工程交易中心运作的一般程序

按照有关规定,建设工程项目进入建设工程交易中心后,一般按以下程序运行:

(1)建设工程备案报建。

(2)确定招标方式,发布招标信息,编制招标文件。

(3)招投、投标、评标。

(4)订立合同并备案。

(5)办理质量监督、安全监督、建筑节能等手续。

(6)申请领取施工许可证。

1.3 建设工程承发包概述

1.3.1 建设工程承发包的概念

建设工程承发包是指在建设工程交易活动中,建设单位将建设工程勘察、设计、施工、安装等全部工作或其中一项或几项工作交给勘察、设计、施工、安装单位完成,并根据合同约定支付报酬的行为。其中,建设单位是将建设工程勘察、设计、施工、安装等全部工作或其中一项或几项工作委托他人完成并支付报酬的法人或非法人组织,是发包人,在我国又被称为业主或甲方。勘察、设计、施工、安装单位是接受建设单位委托,按照合同约定承建建设工程的企业,是承包人,在我国又被称为乙方。

微课

工程承发包与工程招投标

1.3.2 建设工程承发包方式的类型

1. 根据承发包的关系分类

根据承发包的关系,建设工程承发包方式可分为总发包、平行承发包和联合承发包。

(1)总发包

总发包是指建设单位将建设工程的全部工作发包给一家承包单位,再由该承包单位把其中一部分工程工作发包给其他承包单位的一种承发包方式。其中,直接从建设单位承接建设工程工作的承包单位是总包单位,从总包单位承接建设工程工作的承包单位是分包单位。施工总分包模式如图1-2所示。

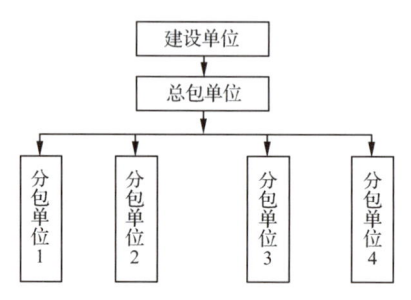

图1-2 施工总分包模式

总包单位根据总包合同约定对建设单位承担工程责任,分包单位根据分包合同约定对总包单位承担工程责任,总包单位和分包单位就建设分包工程对建设单位承担连带工程责任。

实行总发包方式时,必须遵守以下规定:
①总包单位和分包单位应具备与承接建设工程相应的资质。
②建设单位不得直接指定分包单位,但分包单位必须经过建设单位的认可。
③分包单位必须自行完成分包工程工作,个人不得承接分包工程。
④不得将建设工程进行转包、再次分包、肢解分包。

> **知识链接**
>
> **建设工程专业分包与转包**
>
> 建设工程专业分包是指总承包人或者勘察、设计、施工承包人承包工程以后,根据承包合同约定或者在征得发包人的同意后,将专业工程交由具有法定资质的专业承包企业完成的行为。
>
> 建设工程转包是指承包单位以营利为目的,不行使承包人的管理职能,将承包的工程全部转手给其他单位承包,不对工程承担任何技术、质量、法律责任的行为。工程转包的形式通常包括三种情形:承包单位将其承包的全部建筑工程转包给他人;承包单位将其承包的全部工程肢解后,以分包名义转包给他人;单位或者个人在未取得相应资质的前提下,借用符合资质的施工企业的名义承揽施工任务。

(2)平行承发包

平行承发包是指发包人直接将建设工程发包给各承包人,由各承包人独立完成各自建设工程工作的一种承发包方式。采取平行承发包方式,发包人直接分别与各承包人签订工程合同,略去了总包环节。由于各承包人之间不存在合同关系,所以难以明确责任,容易出现矛盾和争议。采取平行承发包方式,发包人必须具备较强的管理能力,能够协调好各承包人之间的关系。平行承发包模式如图1-3所示。

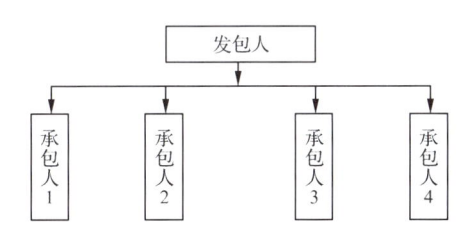

图1-3 平行承发包模式

(3)联合承发包

联合承包是指由两家或两家以上的承包单位组成承包联合体,发包人将建设工程发包给承包联合体,承包联合体内部的各承包人根据联合承包合同约定的各自投入资金份额和承担建设工程工作,享有权利并分担风险的一种承发包方式。联合承发包模式如图1-4所示。

图1-4 联合承发包模式

实行联合承发包方式时,必须遵守以下规定:
①承包联合体内部的各承包单位对建设单位承担连带责任。
②两个以上不同资质等级的单位实行联合共同承包的,应按照资质等级低的单位的业务许可范围承揽工程。

2. 根据承发包的范围分类

根据承发包的范围,建设工程承发包方式可分为建设工程项目总承包、阶段承包和专项承包。

(1)建设工程项目总承包

建设工程项目总承包又可以进一步分为全过程总承包,设计、施工和采购供应总承包,设计、施工总承包。

①全过程总承包

全过程总承包是指建设单位将建设工程的全部工作(工程前期准备、设计、施工、采购供应等)发包给一家总包单位,由总包单位负责建设工程的组织实施的一种承发包方式。全过程总承包方式在我国又被称为交钥匙方式、成套合同方式、一揽子承包方式等。

②设计、施工和采购供应总承包

设计、施工和采购供应总承包是指建设单位将建设工程的设计、施工、采购供应工作发包给一家总包单位,由总包单位负责建设工程的组织实施的一种承发包方式。而工程的前期准备工作,例如立项、规划、可行性研究等工作由建设单位自行完成或者发包给另外的承包单位。

③设计、施工总承包

设计、施工总承包是指建设单位将建设工程的设计、施工工作发包给一家总包单位,由总包单位负责建设工程的组织实施的一种承发包方式。而工程的前期准备工作和采购供应工作由建设单位自行完成或者发包给另外的承包单位。

(2)阶段承包

阶段承包是指发包人、承包人就建设过程中某一阶段或某些阶段工程进行承发包的方式。例如勘察单位承接建设工程勘察工作、设计单位承接建设工程设计工作、施工单位承接建设工程施工工作等。

(3)专项承包

专项承包又称为专业承包,是指发包人、承包人就建设过程中某一专业工程进行承发包的方式。例如勘察设计阶段的工程地质勘察工作、施工阶段的分部分项工程施工工作等。

3. 根据承发包双方建立交易关系的方法分类

根据承发包双方建立交易关系的方法,建设工程承发包方式可分为招标投标承包和协商承包。

(1)招标投标承包

招标投标承包是指建设单位和承包单位通过招标投标建立交易关系的一种承发包方式。招标投标承包是普遍采用的承发包方式。

(2)协商承包

协商承包是指建设单位和承包单位通过自行协商一致建立交易关系的一种承发包方式。

1.4 建设工程招标投标概述

1.4.1 建设工程招标投标的概念和意义

1. 建设工程招标投标的概念

建设工程招标是指招标人依法提出招标建设工程项目及其相应要求和条件，通过发布招标公告或投标邀请书，潜在投标人参加投标，从中择优选择中标人的行为。

建设工程投标是指投标人为了承接建设工程，在同意招标文件内容和提出的条件下，向招标人报送投标方案，参加投标竞争的行为。

2. 建设工程招标投标的意义

实行建设工程招标投标是使我国建筑工程趋于市场化、规范化的重要制度，对于推动建筑行业的发展具有十分重大的意义。具体体现在以下方面：

（1）有利于供求双方的择优选择

承包商根据招标文件，结合自身资质等级、人员配备情况、工程承建能力等因素决定是否参加投标。招标单位根据投标文件，组织开标、评标，确定中标单位。招标投标制度有利于供求双方的相互选择，择优确定工程承包商。

（2）有利于不断降低社会平均劳动消耗水平

在建设工程市场中，不同承包商的个别劳动消耗水平是有差异的。招标投标制度实现了承包商在竞争中的优胜劣汰，有利于个别劳动消耗水平最低或接近最低的承包商获胜。在招标投标过程中，每个投标单位都必须在降低自身个别劳动消耗水平方面做出努力，这样将逐步降低社会平均劳动消耗水平。

（3）有利于形成由市场定价的价格体制

实行招标投标制度基本形成了由市场定价的价格体制，承包商在价格、技术等多方面的竞争，使工程造价趋于合理，有利于节约投资，提高效益。

（4）有利于公开、公平、公正的原则得以贯彻

在招标投标过程中，有专门的部门进行管理，有严格的程序必须遵循，有专家的群体评估和决策，能够避免盲目竞争和徇私舞弊现象的发生，使价格形成过程透明化、规范化。

3. 建设工程招标投标的类型

建设工程招标投标的内容十分广泛，招标投标类型多种多样，按照不同标准可以进行不同分类。

（1）按照工程建设程序分类

工程建设过程可分为决策阶段、勘察设计阶段和施工阶段，因此按照工程建设程序，建设工程招标投标可分为项目可行性研究招标投标、勘察设计招标投标、施工招标投标。

①项目可行性研究招标投标

建设单位为择优选取建设方案，进行项目的可行性研究，通过招标方式寻找满意的咨询单位。工程咨询单位根据招标文件的要求进行投标。中标单位最终的工作成果是项目的可行性

研究报告。

②勘察设计招标投标

建设单位根据批准的可行性研究报告,择优选择相应单位完成勘察设计工作的招标投标。

勘察和设计是两种不同性质的工作,可由勘察单位和设计单位分别完成,也可由具有勘察资质的设计单位单独完成。

设计工作可分为建设方案设计和施工图设计。施工图设计可由方案设计或扩大初步设计中标单位承担,一般不单独进行招标投标。

③施工招标投标

工程方案设计或施工图设计完成后,建设单位择优选择施工单位完成施工工作的招标投标。

(2)按照工程承包范围分类

按照工程承包范围,建设工程招标投标可分为项目总承包招标投标、施工总承包招标投标、专项工程承包招标投标。

①项目总承包招标投标

建设单位择优选择项目总承包单位的招标投标。这类招标投标可分为两种类型:

- 工程项目实施阶段的全过程招标投标

即从项目勘察、设计到最终交付使用的一次性招标投标。

- 工程项目建设的全过程招标投标

即从项目可行性研究到最终交付使用的一次性招标投标。建设单位只需提出项目投资、使用要求及竣工、交付使用期限,总承包单位进行项目的可行性研究、勘察设计、材料设备采购、施工、试生产、交付使用等一系列工作,也就是所谓的"交钥匙工程"。

②施工总承包招标投标

建设单位择优选择施工总承包单位的招标投标。由于我国建筑行业长期采取设计和施工分离的运行体制,目前同时具备设计和施工能力的施工企业为数较少。因此在国内工程招标投标中,总承包招标投标一般是指施工总承包招标投标。

③专项工程承包招标投标

在工程承包招标投标中,对某项比较复杂或专业性强、施工和制作要求特殊的单项工程,单独进行招标投标。

(3)按照工程专业分类

按照工程专业,建设工程招标投标常见的分类包括房建工程施工招标投标、市政工程施工招标投标、交通工程施工招标投标、水利工程施工招标投标等。

房建工程施工招标投标可分为土建工程施工招标投标、安装工程施工招标投标和装饰工程施工招标投标等。

除了施工招标投标外,还包括勘察设计招标投标、建设监理招标投标、材料设备采购招标投标等。

(4)按照工程是否具有涉外因素分类

按照工程是否具有涉外因素,建设工程招标投标可分为国内工程招标投标和国际工程招标投标。

4.建设工程招标投标的基本原则

根据《招标投标法》(2017年修正版)第五条的规定,招标投标活动应当遵循公开、公平、公正和诚实信用的原则。国家鼓励利用信息网络进行电子招标投标。数据电文形式与纸质形式的招标投标活动具有同等法律效力。

(1)公开原则

公开原则要求招标信息公开。根据《招标投标法》(2017年修正版)的规定,依法必须进行施工招标项目的招标公告,应在国家指定的报刊和信息网络上发布。招标信息如:招标人的名称和地址,招标项目的内容、规模、资金来源、实施地点和工期,对投标人的资质等级的要求等要求公开。

公开原则还要求招标投标的过程公开。招标投标活动在县级以上人民政府下设的建设工程招标投标中心进行,招标、投标、开标、评标的程序在相关规定下进行。

(2)公平原则

根据《招标投标法》(2017年修正版)的规定,依法必须进行招标的项目,其招标投标活动不受地区或者部门的限制。任何单位和个人不得违法限制或者排斥本地区、本系统以外的法人或者其他组织参加投标,不得以任何方式非法干涉招标投标活动。《招投标法实施条例》(2019修正版)第三十二条规定,招标人不得以不合理的条件限制、排斥潜在投标人或者投标人。

(3)公正原则

公正原则要求招标人在招标投标活动中按照统一标准衡量每个投标人的优劣。在资格审查、评标等环节坚持统一标准,客观公正地对待每一个投标人。

(4)诚信原则

诚信原则要求在招标投标活动中,招标人不得发布虚假招标信息,不得擅自终止招标。投标人不得以他人名义投标,不得与招标人或其他投标人串通投标。中标通知书发出后,招标人不得擅自改变中标结果,中标人不得擅自放弃中标项目。

1.4.2 建设工程招标投标的主体

建设工程招标投标的主体是指从事建设工程招标投标活动的法人或非法人组织。

1.招标主体

招标主体有法人和非法人组织两种类型:

(1)法人

法人是指法律赋予相应人格,具备民事权利能力及民事行为能力并且能够依法独立享有民事权利、承担民事义务的社会组织。具体包括:企业法人、机关法人、事业单位法人、社会团体法人。

(2)非法人组织

非法人组织是指不具备法人条件的组织。具体包括:个人独资企业、合伙企业、不具备法人资格的专业服务机构等。

> **知识链接**
>
> 招标人必须是法人或者非法人组织，自然人不能成为招标人。

2. 投标主体

投标人（投标主体）是指响应招标、参加投标竞争的法人或者非法人组织。我国的有关法律、法规对投标人的资格进行了限定：

《工程建设项目施工招标投标办法》（2013年修正版）第三十五条规定，招标人的任何不具备独立法人资格的附属机构（单位），或者为招标项目的前期准备或者监理工作提供设计、咨询服务的任何法人及其任何附属机构（单位），都无资格参加该招标项目的投标。

《招标投标法实施条例》（2019年修正版）第三十四条规定，与招标人存在利害关系可能影响招标公正性的法人、非法人组织或者个人，不得参加投标。单位负责人为同一人或者存在控股、管理关系的不同单位，不得参加同一标段投标或者未划分标段的同一招标项目投标。违反上述规定的，相关投标均无效。

根据项目的招标范围不同，建设项目的投标人可以是勘察单位、设计单位、施工单位、监理单位以及材料、设备的供应单位。此外，倘若招标文件允许，也可以由两个及以上的单位组成联合体进行投标。

1.4.3 建设工程招标的方式

1. 公开招标

公开招标又称为无限竞争性招标，是指招标人以招标公告的方式，邀请不特定的法人、非法人组织或者自然人参加投标的一种招标方式。公开招标方式被认为是最系统、最完整、规范性最好的招标方式。

公开招标的优点是：参与投标人数多，投标人之间的竞争大，招标人选择范围大，有利于降低工程造价、缩短工期和保证工程质量；招投标程序透明度高，较大程度上避免了弄虚作假、行贿等行为。

公开招标的缺点是：招标人对资格预审和评标工作量加大，招标时间延长，招标费用支出增加；投标人数量多，竞争激烈，投标风险大。

公开招标方式的适用范围：国家和地方重点建设项目，全部使用国有资金投资或国有资金投资占控股或主导地位的建设项目，投资额度大、工艺或结构复杂的大型建设项目，应当公开招标。

2. 邀请招标

邀请招标又称为有限竞争性招标，是指招标人以投标邀请书的方式，邀请特定的法人、非法人组织或者自然人参加投标的一种招标方式。一般来说，被邀请的潜在投标人不得少于3家。

邀请招标的优点是：招标工作量相对较小，招标费用少；投标人数量少，增加了投标人的中标机会，降低了投标的风险。

邀请招标的缺点是：投标人数量少，竞争不激烈；招标人可能漏掉更好的投标人。

《招标投标法实施条例》（2019年修正版）第八条规定，国有资金占控股或者主导地位的依

法必须进行招标的项目,应当公开招标;但有下列情形之一的,可以邀请招标:
(1)技术复杂、有特殊要求或者受自然环境限制,只有少量潜在投标人可供选择。
(2)采用公开招标方式的费用占项目合同金额的比例过大。

> **知识链接**
>
> 建设工程原则上应当按照公开招标或邀请招标方式进行招标,《招标投标法实施条例》(2019年修正版)第九条规定,除招标投标法第六十六条规定的可以不进行招标的特殊情况外,有下列情形之一的,可以不进行招标:
> (一)需要采用不可替代的专利或者专有技术;
> (二)采购人依法能够自行建设、生产或者提供;
> (三)已通过招标方式选定的特许经营项目投资人依法能够自行建设、生产或者提供;
> (四)需要向原中标人采购工程、货物或者服务,否则将影响施工或者功能配套要求;
> (五)国家规定的其他特殊情形。
> 其中《招标投标法》(2017年修正版)第六十六条规定,涉及国家安全、国家秘密、抢险救灾或者属于利用扶贫资金实行以工代赈、需要使用农民工等特殊情况,不适宜进行招标的项目,按照国家有关规定可以不进行招标。

1.4.4 建设工程招标的适用范围

根据国家发展和改革委员会发布的《必须招标的工程项目规定》(2018年6月1日起施行),必须进行招标的建设工程的具体范围如下:

1. 全部或者部分使用国有资金投资或者国家融资的项目
(1)使用预算资金200万元人民币以上,并且该资金占投资额10%以上的项目;
(2)使用国有企业事业单位资金,并且该资金占控股或者主导地位的项目。

2. 使用国际组织或者外国政府贷款、援助资金的项目
(1)使用世界银行、亚洲开发银行等国际组织贷款、援助资金的项目;
(2)使用外国政府及其机构贷款、援助资金的项目。

不属于前两款规定情形的大型基础设施、公用事业等关系社会公共利益、公众安全的项目,必须招标的具体范围由国务院发展改革部门会同国务院有关部门按照确有必要、严格限定的原则制订,报国务院批准。

上述规定范围内的项目,其勘察、设计、施工、监理以及与工程建设有关的重要设备、材料等的采购达到下列标准之一的,必须招标:
(1)施工单项合同估算价在400万元人民币以上;
(2)重要设备、材料等货物的采购,单项合同估算价在200万元人民币以上;
(3)勘察、设计、监理等服务的采购,单项合同估算价在100万元人民币以上。

同一项目中可以合并进行的勘察、设计、施工、监理以及与工程建设有关的重要设备、材料等的采购,合同估算价合计达到前款规定标准的,必须招标。

1.4.5 建设工程招标代理机构

1.建设工程招标代理机构的概念

建设工程招标代理机构是指依法设立从事招标代理并提供相关服务的社会中介机构。1984年成立的中国技术进出口总公司国际金融组织和外国政府贷款项目招标公司（之后更名为中技国际招标公司）是中国第一家建设工程招标代理机构。

2.建设工程招标代理机构的性质

建设工程招标代理机构既不是行政机构，也不是从事生产经营的企业，而是以接受招标人委托代为组织招标活动并提供服务的社会中介组织机构。建设工程招标代理机构与国家行政机关、其他国家机关以及政府设立或指定的招标投标交易服务机构不得存在隶属关系或者其他利益关系。

3.建设工程招标代理机构的工作范围

《招标投标法》（2017年修正版）第十五条规定，招标代理机构应当在招标人委托范围内办理招标事宜。

招标代理机构不得无权代理、越权代理，不得明知委托事项违法而进行代理。

招标代理机构不得在所代理的招标项目中投标或者代理投标，也不得为所代理的招标项目的投标人提供咨询服务；未经招标人同意，不得转让招标代理业务。

1.4.6 建设工程招标投标行政监管机构及监管方法

1.建设工程招标投标行政监管机构

住房和城乡建设部是我国最高级别的建设工程监管机构，负责国家级大型工程的监督管理工作。省、直辖市、自治区人民政府建设行政主管部门，负责本省、直辖市、自治区区域内的政府投资和省级建设工程的监督管理工作。市级人民政府建设行政主管部门，负责本市及所属县区内建设工程的监督管理工作。

一般来说，根据同级人民政府建设行政主管部门的授权，各级招标投标管理办公室具体负责本行政区域内建设工程招标投标的监管工作。我国部分地区将招标投标管理办公室和招标投标交易中心合并在一起，以便开展招标投标监管工作。

除建设行政主管部门和招标投标交易中心外，我国各级监察部门也可以对招标投标活动中发生的违规行为进行监督。必要时可以提请公安、检察部门介入调查。

2.建设工程招标投标行政监管方法

为了实现对建设工程招标投标活动的有效监管，我国目前实行的监管方法大致分为：

（1）法制化的监督手段

经过多年探索，我国制定并不断完善有关建设工程招标投标的法律制度，这些法律制度指导并规范了建设工程招标投标活动，起到了净化建设工程交易市场的作用。

（2）建设工程登记备案制度

我国对建设工程实行登记备案制度。建设工程招标文件须在招标公告发布（或发出投标邀请函）之前进行登记备案。在登记备案时，建设工程招标投标行政监管机构要重点审查招标文件是否存在违反法律、法规和规章规定的内容。当发现招标文件存在违反法律、法规和规章规定的内容时应及时告知招标人，由招标人自行改正后重新备案。未经备案或者违反法律、法规和规章规定的招标文件不得作为招标投标的依据。

按照我国行政等级划分,国家和省为主投资的建设工程项目,到省建设行政主管部门登记备案。市(地)为主投资的建设工程项目,到市(地)建设行政主管部门登记备案。县(市)为主投资的建设工程项目,到县(市)建设行政主管部门登记备案。外商独资、外商控股企业投资、国内私人投资的建设工程项目,到工程所在地的市(地)、县(市)建设行政主管部门登记备案。50万元以下的建设工程项目和设备更新,可以不登记备案。

(3)招标投标管理制度

①实施行政监管

对建设工程招标投标活动实施行政监管,实行电子招投标,对招标代理机构行为监管,依法查处招标代理机构违法违规行为,及时归集相关处罚信息并向社会公开,维护建筑市场秩序。

②构建信用体系

做好省级建筑市场监管一体化工作平台建设,规范招标代理机构信用信息采集、报送机制,建设工程信息公开化,推行建设工程信用共享共用。建立失信联合惩戒机制,强化信用对招标代理机构的约束作用,构建"一处失信、处处受制"的市场环境。

③查处投诉举报

建立健全公平、高效的投诉举报处理机制,及时受理并依法处理建设工程领域的招投标投诉举报,保护招标投标活动当事人的合法权益,维护招标投标活动的正常市场秩序。

④推进行业自律

政府支持行业协会研究制定从业机构和从业人员行为规范,发布行业自律公约,加强对招标代理机构和从业人员行为的约束和管理。鼓励行业协会开展招标代理机构资信评价和从业人员培训工作,提升招标代理服务能力。

思考与习题

一、选择题

1.下列有关投标主体资格说法正确的是( )。

A.招标主体的不具有独立法人资格的附属单位可以参与投标

B.为招标项目的前期准备提供咨询服务的单位可以参与投标

C.甲单位与乙单位的单位负责人是同一人,乙单位可以参加甲单位招标项目的投标

D.招标代理机构不得在所代理的招标项目中投标

2.应当招标的工程建设项目,根据招标人是否具有( ),可以将组织招标分为自行招标和委托招标两种情况。

A.招标资质 B.招标许可 C.招标的条件与能力 D.评标专家

3.下列有关建设工程交易中心说法正确的是( )。

A.建设工程交易中心具备行政监督管理职能

B.建设工程交易中心不以营利为目的

C.一个地区可以根据建设工程的实际情况,设立两个建设工程交易中心

D.只有省级城市能够设立建设工程交易中心

4.建设工程项目总承包招标投标是指（　　）阶段的招标投标。
A.从项目建议书开始到竣工验收　　B.从可行性研究开始到竣工验收
C.从项目立项开始到竣工验收　　D.从破土动工开始到竣工验收

5.公开招标是指招标人以（　　）的方式邀请不特定的法人、非法人组织或者自然人投标。
A.投标邀请书　　B.合同谈判
C.行政命令　　D.招标公告

6.下列不属于《工程建设项目招标范围和规模标准规定》的关系社会公共利益、公众安全的公用事业项目的是（　　）。
A.邮政、电信枢纽、通信、信息网络等邮电通讯项目
B.供水、供电、供气、供热等市政工程项目
C.商品住宅，包括经济适用住房
D.科技、教育、文化等项目

7.《必须招标的工程项目规定》中规定施工单项合同估算价在（　　）万元人民币以上的,必须进行招标。
A.400　　B.100
C.150　　D.250

8.招标活动的公开原则首先要求（　　）要公开。
A.招标活动的信息　　B.评标委员会成员的名单
C.工程设计文件　　D.评标标准

二、多选题

1.下列有关建设工程市场特征说法正确的有（　　）。
A.建设工程市场采取现货的方式进行交易
B.建设工程市场采取资质认定的方式进行管理
C.建设工程市场采取整件一次性的方式进行定价
D.建设工程市场采取订立书面合同的方式进行风险分配

2.建设工程市场服务咨询机构包括（　　）。
A.招标投标代理机构　　B.承包单位
C.造价服务机构　　D.监理单位

三、简答题

1.简述建设工程市场的资质管理的内容以及为什么要对建设工程市场实行资质管理。
2.建设工程承发包方式可分为总分包、平行承发包和联合承发包,简述各自的风险分配方式有何不同。
3.简述建设工程招标代理机构的性质。
4.简述建设工程招标投标是如何具体实现行业管理的。
5.如何在建筑市场中,坚守职业精神。

自我测评

通过本章的学习,你是否掌握了建设工程交易中心的性质、建设工程招投标主体和方式等相关知识?下面赶快拿出手机扫描二维码测一测吧。

自我测评

绪论

第 2 章 建设工程施工招标

知识目标

1. 掌握施工招标的程序、招标文件和资格预审文件的编制。
2. 熟悉招标准备阶段的工作、招标阶段的工作和开标、评标、定标。
3. 了解电子招标和国际工程施工招标。

职业素质及职业能力目标

1. 培养学生在招标各工作阶段中知法、守法、诚信的职业精神。
2. 具备编制招标文件,主持开标、评标、定标的工作能力。

2.1 建设工程施工招标概述

2.1.1 建设工程施工招标的概念

建设工程施工招标是指在工程建设项目的初步设计或施工图设计完成后,用招标的方式选择施工单位的活动。

2.1.2 建设工程施工招标的程序

建设工程施工招标具有很强的法规性,其每一个步骤的工作都被纳入法律、法规的框架内,因此,我们必须遵守法律、法规的规定,严格按照施工招标程序开展招标工作。图 2-1 所示为施工招标程序。

微课
招标程序案例

2.2 招标准备阶段的工作

2.2.1 项目报建

项目报建是指建设单位在开工前的一定期限内向建设行政主管部门申报工程项目,办理工程项目登记手续。所有的工程项目都应报建,但不是所有的工程项目都必须进行招标投标。凡未报建的工程建设项目,不得办理招标投标手续和发放施工许可证。

工程项目的报建,按照分级管理权限,由建设行政主管部门负责。省级建设行政主管部门是本省工程项目报建的主管机关,由其所属的招标投标办公室具体组织实施。

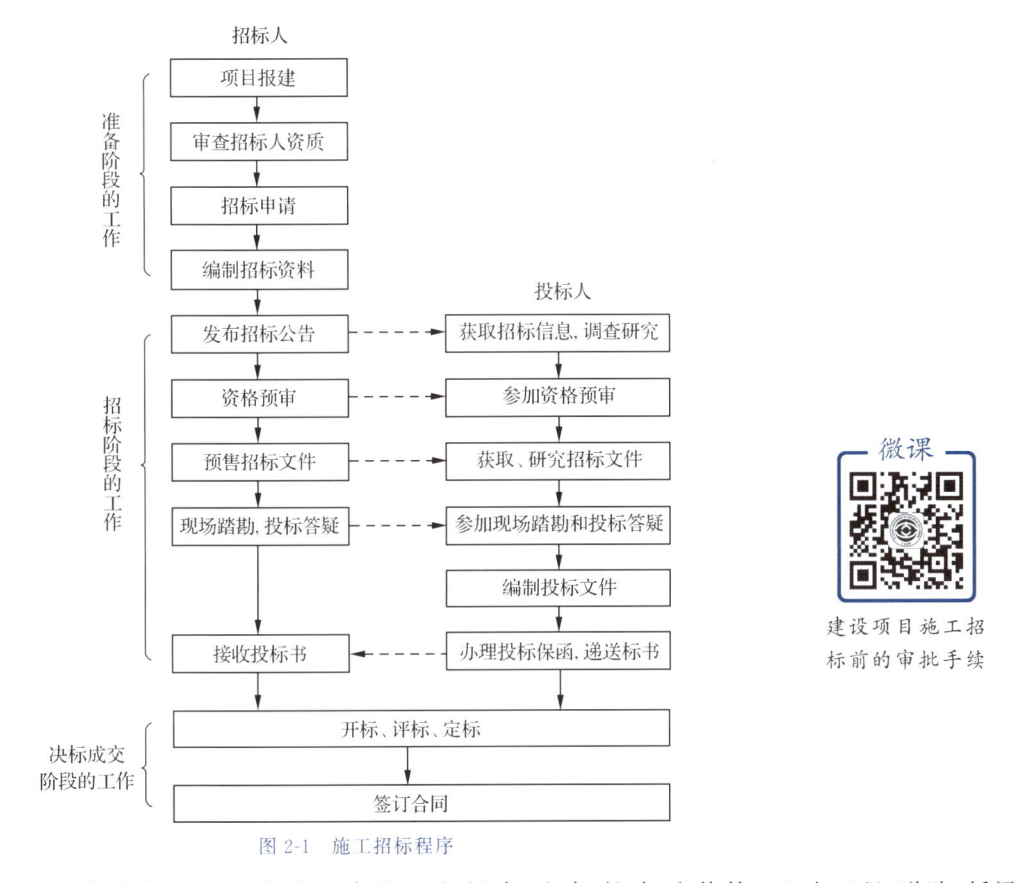

图 2-1 施工招标程序

项目报建的范围:各类房屋建筑(包括新建、改建、扩建、翻修等)、土木工程(道路、桥梁、房屋基础打桩等)、设备安装、管线道路铺设等。

报建内容包括:工程名称、建设地点、投资规模、资金来源、当年投资额、工程规模、开竣工日期、发包方式、工程筹建情况等。

> **知识链接**
>
> **关于项目报建制度的补充说明**
>
> 随着形势和环境的变化,各地政府对建设程序的控制方式也发生了一定的变化。因此,部分地区的项目报建制度已经被弱化或取消。

2.2.2 审查招标人资质

招标申请前,招标投标管理机构要审查建设单位是否具备自行办理招标的条件,对不具备的,应当委托具有相应资质的招标代理机构代理招标。

1. 建设单位自行办理招标应具备的条件

《招标投标法》(2017年修正版)第十二条规定,招标人具有编制招标文件和组织评标的能力,可自行办理招标事宜,并向有关行政监督部门备案。

《招标投标法实施条例》(2019年修正版)第十条规定:《招标投标法》第十二条第二款规定的招标人具有编制招标文件和组织评标能力,是指招标人具有与招标项目规模和复杂程度相适应的技术、经济等方面的专业人员。

2. 工程项目办理施工招标应具备的条件

招标人具备了相应的招标条件后,招标工程建设项目还应具备相应的条件。

《工程建设项目施工招标投标办法》(2013年修正版)第八条规定,依法必须招标的工程建设项目,应当具备下列条件才能进行施工招标:

(1)招标人已经依法成立。
(2)初步设计及概算应当履行审批手续的,已经批准。
(3)有相应资金或资金来源已经落实。
(4)有招标所需的设计图纸及技术资料。

2.2.3 招标申请及标段的划分

1. 招标申请

当建设单位自行组织招标已经得到批准,或者招标代理机构已经确定后,招标单位就可以填写"建设工程招标申请表(书)",在得到批准后,连同"工程建设项目报建审查登记表"报招标投标办公室审批后,才可以进行招标。

在招标申请时还应确定招标方式,即采用公开招标还是邀请招标。对于依法必须招标的项目原则上应当采用公开招标的方式。

"建设工程招标申请表(书)"的格式和内容全国各地不尽相同。

2. 标段的划分

工程项目规模较大、需要划分标段的,招标人可以将该工程项目划分为几个标段。

标段的划分是指建设单位(及其聘请的咨询人员)将拟招标项目划分为几个部分单独招标。这几个部分可以同时招标,也可以单独招标,同一投标人可以投一个或两个以上的标段。工程标段的划分有利于吸引更多的投标人参加投标,发挥各个承包商的专长,但是会加大施工管理的难度和干扰。

《招标投标法》(2017年修正版)第四条规定,任何单位和个人不得将依法必须进行招标的项目化整为零或者以其他任何方式规避招标。

招标人在划分标段时应考虑下列因素:

(1)法律法规

招标人在划分标段时应该符合《招标投标法》《工程建设项目招标范围和规模标准规定》中的规定,依法、合理地确定项目招标内容及标段规模,不得通过细分标段、化整为零的方式规避招标。

(2)工程特点

对场地集中、工程量小、技术不复杂的工程,不应分标;而对工地场面大、工作战线长、工量大、有特殊技术要求的工程,应考虑分标。

(3)对工程造价的影响

对小型工程,由一家承包商施工干扰小,便于管理,可望得到较低的报价;但是大型复杂的工程若不分标,则减少了承包商数量,竞争少,导致报价上涨。

(4)招标人的工程管理能力

若招标人的管理能力较弱,专业技术力量较差,则不宜划分过多标段,可以实行工程总承包模式;反之,招标人的管理能力强,专业技术力量强,可以多划分几个标段,通过引入竞争机制,择优选择承包人。

(5)其他因素

例如:竞争格局,招标人期望引进的承包人的规模和资质等级;技术层面(工程技术关联性、工程计量的关联性、工作界面的关联性);工期与工程规模。

> **知识链接**
>
> **招标工作小组**
>
> 若建设单位被批准自行办理招标,则应组建招标工作小组。招标工作小组的人数不定,往往视招标工程的规模而定,其构成通常包括:单位主要负责人(或主管部门负责人);熟悉工程技术、造价、采购、财务等的有关人员。

2.2.4 编制招标资料

在招标申请书批准之后、正式招标之前,建设单位应编制招标公告或投标邀请书、资格预审文件、招标文件等,并将这些文件报招标投标管理机构备案。

《招标投标法实施条例》(2019年修正版)第十五条规定,编制依法必须进行招标的项目的资格预审文件和招标文件,应当使用国务院发展改革部门会同有关行政监督部门制定的标准文本。

1.招标公告或投标邀请书

招标公告或投标邀请书的具体格式可以自定。《工程建设项目施工招标投标办法》(2013年修正版)第十四条规定,招标公告或者投标邀请书应当至少载明下列内容:

(1)招标人的名称和地址。
(2)招标项目的内容、规模、资金来源。
(3)招标项目的实施地点和工期。
(4)获取招标文件或者资格预审文件的地点和时间。
(5)对招标文件或者资格预审文件收取的费用。
(6)对投标人的资质等级的要求。

表2-1是住房和城乡建设部《房屋建筑与市政工程标准施工招标文件》(2010年版)中的招标公告。

表2-2是住房和城乡建设部《房屋建筑与市政工程标准施工招标文件》(2010年版)中的投标邀请书。

表 2-1　　　　　　　　　招标公告(未进行资格预审)

_____(项目名称)_____标段施工招标公告

1. 招标条件

　　本招标项目_____(项目名称)已由_____(项目审批、核准或备案机关名称)以_____(批文名称及编号)批准建设,招标人(项目业主)为_____,建设资金来自_____(资金来源),项目出资比例为_____。项目已具备招标条件,现对该项目的施工进行公开招标。

2. 项目概况与招标范围

　　_____〔说明本招标项目的建设地点、规模、合同估算价、计划工期、招标范围、标段划分(如果有)等〕。

3. 投标人资格要求

　　3.1 本次招标要求投标人须具备_____资质,_____(类似项目描述)业绩,并在人员、设备、资金等方面具有相应的施工能力,其中,投标人拟派项目经理须具备_____专业_____级注册建造师执业资格,具备有效的安全生产考核合格证书,且未担任其他在施建设工程项目的项目经理。

　　3.2 本次招标_____(接受或不接受)联合体投标。联合体投标的,应满足下列要求:_____。

　　3.3 各投标人均可就本招标项目上述标段中的_____(具体数量)个标段投标,但最多允许中标_____(具体数量)个标段(适用于分标段的招标项目)。

4. 投标报名

　　凡有意参加投标者,请于____年____月____日至____年____月____日(法定公休日、法定节假日除外),每日上午____时至____时,下午____时至____时(北京时间,下同),在_____(有形建筑市场/交易中心名称及地址)报名。

5. 招标文件的获取

　　5.1 凡通过上述报名者,请于____年____月____日至____年____月____日(法定公休日、法定节假日除外),每日上午____时至____时,下午____时至____时,在____(详细地址)持单位介绍信购买招标文件。

　　5.2 招标文件每套售价_____元,售后不退。图纸押金_____元,在退还图纸时退还(不计利息)。

　　5.3 邮购招标文件的,需另加手续费(含邮费)_____元。招标人在收到单位介绍信和邮购款(含手续费)后_____日内寄送。

6. 投标文件的递交

　　6.1 投标文件递交的截止时间(投标截止时间,下同)为____年____月____日____时____分,地点为_____(有形建筑市场/交易中心名称及地址)。

　　6.2 逾期送达的或者未送达指定地点的投标文件,招标人不予受理。

7. 发布公告的媒介

　　本次招标公告同时在_____(发布公告的媒介名称)上发布。

8. 联系方式

招 标 人:_____　　招标代理机构:_____
地　　址:_____　　地　　址:_____
邮　　编:_____　　邮　　编:_____
联 系 人:_____　　联 系 人:_____
电　　话:_____　　电　　话:_____
传　　真:_____　　传　　真:_____
电子邮件:_____　　电子邮件:_____
网　　址:_____　　网　　址:_____
开户银行:_____　　开户银行:_____
账　　号:_____　　账　　号:_____

　　　　　　　　　　　　　　　　　　　　　　　　_____年____月____日

表 2-2　　　　　　　投标邀请书（适用于邀请招标）

　　　　　　　　　　　　_____（项目名称）_____标段施工投标邀请书

_____（被邀请单位名称）：
1.招标条件
　　本招标项目_____（项目名称）已由_____（项目审批、核准或备案机关名称）以_____（批文名称及编号）批准建设，招标人（项目业主）为_____，建设资金来自_____（资金来源），出资比例为_____。项目已具备招标条件，现邀请你单位参加_____（项目名称）标段施工投标。

2.项目概况与招标范围
　　_____［说明本招标项目的建设地点、规模、合同估算价、计划工期、招标范围、标段划分（如果有）等］。

3.投标人资格要求
　　3.1 本次招标要求投标人具备_____资质，_____（类似项目描述）业绩，并在人员、设备、资金等方面具有相应的施工能力。
　　3.2 你单位_____（可以或不可以）组成联合体投标。联合体投标的，应满足下列要求：_____。
　　3.3 本次招标要求投标人拟派项目经理具备_____专业_____级注册建造师执业资格，具备有效的安全生产考核合格证书，且未担任其他在施建设工程项目的项目经理。

4.招标文件的获取
　　4.1 请于____年____月____日至____年____月____日（法定公休日、法定节假日除外），每日上午____时至____时，下午____时至____时（北京时间，下同），在_____（详细地址）持本投标邀请书购买招标文件。
　　4.2 招标文件每套售价_____元，售后不退。图纸押金_____元，在退还图纸时退还（不计利息）。
　　4.3 邮购招标文件的，需另加手续费（含邮费）_____元。招标人在收到邮购款（含手续费）后____日内寄送。

5.投标文件的递交
　　5.1 投标文件递交的截止时间（投标截止时间，下同）为____年____月____日____时____分，地点为_____（有形建筑市场/交易中心名称及地址）。
　　5.2 逾期送达的或者未送达指定地点的投标文件，招标人不予受理。

6.确认
　　你单位收到本投标邀请书后，请于_____（具体时间）前以传真或快递方式予以确认。

7.联系方式
招　标　人：_____　　招标代理机构：_____
地　　　址：_____　　地　　　址：_____
邮　　　编：_____　　邮　　　编：_____
联　系　人：_____　　联　系　人：_____
电　　　话：_____　　电　　　话：_____
传　　　真：_____　　传　　　真：_____
电子邮件：_____　　电子邮件：_____
网　　　址：_____　　网　　　址：_____
开户银行：_____　　开户银行：_____
账　　　号：_____　　账　　　号：_____

　　　　　　　　　　　　　　　　　　　　　　　　　　____年____月____日

2. 资格预审文件

以2011年版的《房屋建筑与市政工程标准施工招标资格预审文件》为例，资格预审文件包括如下内容：

(1) 资格预审公告

(2) 申请人须知

(3) 资格审查办法

(4) 资格预审申请文件格式

①资格预审申请函

②法定代表人身份证明或者授权委托书

③联合体协议书

④申请人基本情况表

⑤近年财务状况表

⑥近年完成的类似项目情况表

⑦正在施工的和新承接的项目情况表

⑧近年发生的诉讼和仲裁情况

⑨其他材料

(5) 项目建设概况

在使用标准文本时，需要编制者根据项目的具体情况和招标人的要求，将资格预审公告、申请人须知前附表、资格审查办法和项目建设概况补充完整。

3. 招标文件

以2010年版的《房屋建筑与市政工程标准施工招标文件》为例，施工招标文件包括如下内容：招标公告、投标人须知、评标方法、合同条款及格式、工程量清单、图纸、技术标准和要求、投标文件格式等八方面内容。

在使用标准文本时，需要编制者根据项目的具体情况和招标人的要求，将招标公告、投标人须知前附表、评标方法和工程量清单、技术标准和要求补充完整。

国家对招标项目的技术、标准有规定的，招标人应当按照其规定在招标文件中提出相应要求。招标人可以在招标文件中合理设置支持技术创新、节能环保等方面的要求和条件。

另外，招标人应在招标文件中规定实质性要求和条件，并用醒目方式标明。

4. 标底和招标控制价

招标人可以自行决定是否编制标底。标底是招标工程的预期价格，是招标人对拟建工程的心理价格。反映了拟建工程的资金额度，以明确招标人在财务上应承担的义务。按规定，我国施工招标的标底，应在批准的工程概算或修正概算内。标底只能作为评标的参考，不能作为评标的唯一依据，即不得以投标报价是否接近标底作为中标条件，也不得以投标报价超过标底浮动范围作为否决投标的条件。如果招标人需要编制标底，则一个招标项目只能有一个标底，而且在开标前标底必须保密。标底编制完后必须送招标投标管理部门办理备案。

招标控制价是指在工程发包的过程中，由招标人根据国家或省级、行业建设主管部门颁发的有关计价依据和办法，以及拟定的招标文件和招标工程工程量清单，结合工程具体情况编制的招标工程的最高投标限价。有的地方也称为拦标价、预算控制价。

《招标投标法实施条例》(2019年修正版)第二十七条规定，招标人设有最高投标限价的，应当在招标文件中明确最高投标限价或者最高投标限价的计算方法。招标人不得规定最低投标限价。此处的"最高投标限价"即招标控制价。

> **知识链接**
>
> 国有资金投资的建设工程招标,招标人必须编制招标控制价。
>
> 招标控制价应由具有编制能力的招标人或受其委托具有相应资质的工程造价咨询人编制和复核。
>
> 工程造价咨询人接受招标人委托编制招标控制价,不得再就同一工程接受投标人委托编制投标报价。
>
> 招标控制价按照清单计价规范的规定编制,不应上调或下浮。
>
> 招标控制价超过批准的概算时,招标人应将其报原概算审批部门审核。
>
> 招标人应在发布招标文件时公布招标控制价,同时应将招标控制价及有关资料报送工程所在地(或有该工程管辖权的行业管理部门)工程造价管理机构备查。

2.3 招标阶段的工作

2.3.1 发布招标公告或资格预审公告

公开招标的项目,招标文件、资格预审文件等经过当地招标投标管理部门审查并通过后,即可发布招标公告或资格预审公告。招标公告的内容和格式详见 2.2 部分表 2-1、表 2-2。

根据中华人民共和国国家发展和改革委员会令第 10 号《招标公告和公示信息发布管理办法》第八条,依法必须招标项目的招标公告和公示信息应当在"中国招标投标公共服务平台"或者项目所在地省级电子招标投标公共服务平台(以下统一简称"发布媒介")发布。省级电子招标投标公共服务平台应当与"中国招标投标公共服务平台"对接,按规定同步交互招标公告和公示信息。对依法必须招标项目的招标公告和公示信息,发布媒介应当与相应的公共资源交易平台实现信息共享。信息发布的媒介应与潜在投标人的分布范围相适应。例如面向国际公开招标的,就应该在国际性媒介上发布信息;面向全国公开招标的,就应该在全国性媒介上发布招标信息。一般来讲,招标人可以自行选择信息发布的媒介,但是依法必须进行招标的项目的资格预审公告和招标公告,应当在国务院发展改革部门依法指定的媒介发布。

在不同媒介发布的同一招标项目的资格预审公告或者招标公告的内容应当一致。指定媒介发布依法必须进行招标的项目的境内资格预审公告、招标公告,不得收取费用。此外,在指定媒介发布招标公告的同时,招标人根据项目的性质和需要,也可以在其他媒介发布招标公告,其公告内容应当与在指定媒介发布的招标公告相同。

招标人或其招标代理机构应当对其提供的招标公告和公示信息的真实性、准确性、合法性负责。发布媒介和电子招标投标交易平台应当对所发布的招标公告和公示信息的及时性、完整性负责。发布媒介应当按照规定采取有效措施,确保发布招标公告和公示信息的数据电文不被篡改、不遗漏和至少 10 年内可追溯。

采用邀请招标方式的,招标人要向 3 个以上具备承担招标项目的能力和资信的承包商发出投标邀请书。

招标人或者其委托的招标代理机构有下列行为之一的,由国家发展改革委员会和有关行政监督部门视情节依照《招标投标法》(2017年修正版)第四十九条、第五十一条的规定处罚：

(1)依法必须公开招标的项目不按照规定在发布媒介发布招标公告和公示信息；

(2)在不同媒介发布的同一招标项目的资格预审公告或者招标公告的内容不一致，影响潜在投标人申请资格预审或者投标；

(3)资格预审公告或者招标公告中有关获取资格预审文件或者招标文件的时限不符合招标投标法律法规规定；

(4)资格预审公告或者招标公告中以不合理的条件限制或者排斥潜在投标人。

招标人在发布招标公告、发出投标邀请书或者售出招标文件或资格预审文件后，除有正当理由外，不得终止招标。

2.3.2 资格预审

资格预审是指在正式投标以前，招标人对已经获取招标信息并愿意参加投标的报名者，从类似项目业绩、人员设备、资质等级、财务能力、社会信誉和生产经营状态等方面进行评价，确定合格的投标人名单的过程。合格者可以参加下一阶段的投标，不合格的将被淘汰。

招标人可以根据招标工程的需要，对投标申请人进行资格预审，也可以委托工程招标代理机构对投标申请人进行资格预审。实行资格预审的招标工程，招标人应当在资格预审公告中载明资格预审的条件和获取资格预审文件的办法。

1. 资格审查的内容

根据《工程建设项目施工招标投标办法》(2013年修正版)规定，资格审查应主要审查潜在投标人或者投标人是否符合下列条件：

(1)具有独立订立合同的权利。

(2)具有履行合同的能力，包括专业、技术资格和能力，资金、设备和其他物质设施状况，管理能力，经验、信誉和相应的从业人员。

(3)没有处于被责令停业，投标资格被取消，财产被接管、冻结，破产状态。

(4)在最近三年内没有骗取中标和严重违约及重大工程质量问题。

(5)国家规定的其他资格条件。

2. 资格预审的程序

(1)编制资格预审文件

资格预审文件由招标人或受其委托的招标代理机构进行编制，并报有关行政监督机构审查备案，其内容详见2.2。

(2)刊登资格预审公告

根据《招标投标法实施条例》的规定，招标人采用资格预审办法对潜在投标人进行资格审查的，应当发布资格预审公告。资格预审公告发布的媒介和招标公告相同。

(3)出售资格预审文件

在资格预审公告中指定的时间、地点出售资格预审文件，其价格以文件的成本费为准，或者要求申请人在指定的网站自行下载。资格预审文件的发售期不得少于5日。

(4)对资格预审文件的答疑、澄清

申请人就预审文件中不清楚的地方向招标人提出来，招标人应以书面形式向所有预审申请人做出答复。

根据《招标投标法实施条例》(2019年修正版)第二十一条的规定,招标人可以对已发出的资格预审文件或者招标文件的进行必要的澄清或者修改。澄清或者修改的内容可能影响资格预审申请文件或者招标文件编制的,招标人应当在提交资格预审申请文件截止时间至少3日前,或者投标截止时间至少15日前,以书面形式通知所有获取资格预审文件或者招标文件的潜在投标人;不足3日或者15日的,招标人应当顺延提交资格预审申请文件的截止时间。

(5)接收资格预审文件

招标人应当合理确定提交资格预审申请文件的时间。申请人要在规定的截止日期前将填好的资格预审文件送至招标人指定的地点。

(6)评审、澄清资格预审文件

国有资金占控股或者主导地位的依法必须进行招标的项目,招标人应当组建资格审查委员会审查资格预审申请文件。资格审查委员会及其成员应当遵守《招标投标法》(2017年修正版)和《招标投标法实施条例》(2019年修正版)有关评标委员会及其成员的规定。

资格预审的评审办法一般采用合格制或者有限数量制两种:资格预审采用合格制的,凡符合"资格审查办法前附表"规定的审查标准的申请人均通过资格预审;资格预审采用有限数量制的,审查委员会依据"资格审查办法前附表"规定的审查标准和程序,对通过初步审查和详细审查的资格预审申请文件进行量化打分,按得分由高到低的顺序确定通过资格预审的申请人。通过资格预审的申请人不超过资格审查办法前附表规定的数量。禁止采取抽签、摇号等方式进行投标资格预审。

在资格预审的评审过程中,审查委员会若发现预审文件中存在理解偏差、明显文字错误、资料遗漏等明显异常、但非实质性的问题,在不改变预审文件实质性内容的前提下,可以向申请人发出书面的问题澄清通知。申请人接到审查委员会发出的问题澄清通知后,应按审查委员会的要求提供书面澄清资料并按要求进行密封,在规定的时间递交到指定地点。申请人递交的书面澄清资料由审查委员会开启。

资格审查时,招标人不得以不合理的条件限制、排斥潜在投标人或者投标人,不得对潜在投标人或者投标人实行歧视待遇。任何单位和个人不得以行政手段或者其他不合理方式限制投标人的数量。招标人不得改变载明的资格条件或者以没有载明的资格条件对潜在投标人或者投标人进行资格审查。

【案例2-1】

某市用地方财政投资修建一市政道路。由于投资额较大,依法必须以招标的方式选择施工单位。招标人在国家及地方指定媒体上发布了资格预审公告。在购买资格预审文件后的3日内,资格预审申请人A向招标人提出了质疑,认为资格预审文件中关于"中央、军队在本省的施工单位和外省市进本省的施工单位还应持有本省建设厅注册登记或审批手续的证明文件"的规定,属于歧视性条款,严重违背了招标的公平、公正的原则。对于申请人A提出的质疑,招标人在收到其质疑函后做出了答复:"外省市投标人进入本省参与投标应该遵守本省的相关规定。"申请人A经查阅,发现该省建设厅颁发的文件中明确规定,中央、军队在本省的施工单位和外省市进本省的施工单位还应持有本省建设厅注册登记或审批手续的证明文件。

分析： 本案例中，该省建设厅文件以及资格预审文件中明确规定中央、军队在本省的施工单位和外省市进本省的施工单位还应持有本省建设厅注册登记或审批手续的证明文件，直接违反了《招标投标法》(2017年修正版)第六条关于依法必须进行招标的项目，其招标投标活动不受地区或者部门的限制，任何单位和个人不得违法限制或者排斥本地区、本系统以外的法人或者非法人组织参加投标的规定。按《立法法》，上述条款违反了其上位法《招标投标法》(2017年修正版)的规定，属于无效条款。

（7）评审结果的通知和确认

评审委员会按程序对所有的资格预审文件进行评审以后，确定出合格的投标人名单，并报招标投标管理机构核准。

资格预审结束后，招标人应当及时向资格预审申请人发出资格预审结果通知书或投标邀请书。告知获取招标文件的时间、地点和方法，并同时向资格预审不合格的投标申请人告知资格预审结果。根据我国《房屋建筑和市政基础设施工程施工招标投标管理办法》的规定，在资格预审合格的投标申请人过多时，可以由招标人从中选择不少于7家资格预审合格的投标申请人。

预审申请人收到资格预审合格通知书或投标邀请书以后，应以书面形式予以确认，并在规定的时间内领取招标文件、图纸及有关技术资料。

未通过资格预审的申请人不具有投标资格。通过资格预审的申请人少于3个的，应当重新招标。

3. 资格后审

并不是所有采用公开招标的项目都必须经过资格预审这一程序，如果招标人觉得时间仓促，或潜在投标人数量较少时，可以采用资格后审，即要求投标人将资格审核材料随同投标文件一并提交上来，待开标后由评标委员会按照招标文件规定的标准和方法对投标人的资格进行审查。资格后审不合格的投标文件应当被否决。资格后审时要求提供的材料和资格预审的大致相同。进行资格预审的项目，一般不再进行资格后审，但招标文件另有规定的除外。

> **知识链接**
>
> **资格预审与资格后审的区别**
>
> 资格预审是指在投标前对潜在投标人进行的资格审查。适用：技术复杂或投标文件编制费用较高，且潜在投标人数量较多。具体评审办法：合格制和有限数量制。一般采用合格制，潜在投标人过多的，可采用有限数量制。
>
> 资格后审是指在开标后对投标人进行的资格审查。适用：潜在投标人数量不多。具体评审办法：合格制。

> **知识链接**
>
> **联合体的资格预审**
>
> 联合体是指由两个及以上的法人或者非法人组织组成一个联合体,以一个投标人的身份共同投标。
>
> 联合体各方均应当具备承担招标项目的能力;国家有关规定或者招标文件对投标人资格条件有规定的,联合体各方均应当具备规定的资格条件。两个以上不同资质等级的单位实行联合承包的,同一专业的应当按照资质等级较低的单位的业务许可范围承揽工程。
>
> 联合体各方应当签订共同投标协议,明确约定各方拟承担的工作和责任,指定牵头人,并将共同投标协议连同投标文件一并提交招标人。
>
> 招标人不得强制投标人组成联合体共同投标,不得限制投标人之间的竞争。
>
> 资格预审文件规定接受联合体申请资格预审的,联合体申请人除了要满足预审文件中规定的特别要求外(通常在申请人须知前附表中规定),还应遵守以下规定:
>
> (1)联合体的每一个成员均须提交与单独参加资格预审的单位要求一样的全套文件。
>
> (2)资格预审合格后,联合体的成员构成不得改变,发生变动的,应事先征得招标人同意。
>
> (3)要提交联合体各方组成结构或职责以及财务能力、信誉情况等资料,审查联合体的每个成员是否具备承担相应工作的能力。
>
> (4)预审合格后的联合体各方不得再以自己名义单独或加入其他联合体在同一标段中参加资格预审。

2.3.3 发售招标文件

采取公开招标的,在完成投标人的资格预审后,招标人应按规定的手续、时间、地点向预审合格的潜在投标人发售招标文件及有关资料;采用邀请招标的,在发出投标邀请书后,即可按投标邀请书中约定的时间、地点向潜在投标人发售招标文件。招标人对于发出的招标文件可以酌收工本费,其中的设计文件,招标人可以酌收押金。对于开标后将设计文件退还的,招标人应当退还押金。

招标人应当在招标文件发出的同时,将招标文件报工程所在地的县级以上地方人民政府建设行政主管部门备案。建设行政主管部门发现招标文件有违反法律、法规内容的,应当责令招标人改正。

招标文件的出售时间不得少于 5 日。招标文件发出后,招标人不得向他人透露已经获取招标文件的潜在投标人的名称、数量以及可能影响公平竞争的有关招标投标的其他情况。

2.3.4 现场踏勘和投标答疑

招标文件发放后,招标人要在招标文件规定的时间内,组织投标人到工地现场进行踏勘,并召开标前会议,进行投标答疑。

1. 现场踏勘

现场踏勘由招标人组织，投标人派代表参加，招标人向其介绍工程场地和相关环境的有关情况。其目的在于：一方面使投标人了解工地现场和周围的环境情况，获取对投标有帮助的信息，以便于编标书、报价格；另一方面要求投标人通过自己的实地考察，做出关于投标策略和投标报价的决定，避免工程实施过程中投标人以不了解现场为由推卸应承担的责任。潜在投标人依据招标人介绍情况做出的判断和决策，由投标人自行负责。现场考察的费用由投标人自己负担。

招标人不得单独或者分别组织任何一个投标人进行现场踏勘。

投标单位在现场踏勘中如有疑问，应以书面形式准备好，向招标单位提出，也可以在标前会议上（如果召开标前会议的话）提交给招标人。

2. 投标答疑

对于投标人在针对招标文件或现场踏勘中提出的疑问，招标人可以书面形式或召开投标预备会（标前会议）的方式解答。但并不是所有的项目都必须召开投标预备会，如果需要召开，其时间和地点应在招标文件中载明。在投标预备会上，投标人可以书面提问，也可以即席提问，招标人有针对性地回答，但需同时将解答以书面方式通知所有购买招标文件的投标人，该解答的内容为招标文件的组成部分。

在有些项目的招标中，招标人对既不参加现场踏勘又不参加投标预备会的投标人，往往认为他对此次投标不够重视而取消其投标资格。如有此项要求，应在投标须知中说明。

2.3.5 招标文件的修订和补遗

招标文件出售后，招标人可以对其中某些条款进行修改，对疏漏或者不明确之处进行补遗。这种修订和补遗可以在投标预备会上进行，也可以在投标预备会之后进行。但是要遵守以下规定：

（1）招标人对已发出的招标文件进行必要的修订或者补遗的，应当在招标文件要求提交投标文件截止时间至少15日前做出，以保证投标人有充足的准备时间。

（2）该修订和补遗应以书面形式通知所有招标文件收受人。

（3）修订和补遗的内容视为招标文件的组成部分。

2.3.6 接收投标书

投标预备会结束以后，投标人应立即着手编制投标文件，并办理相关投标保函手续。在招标文件规定的地点和投标截止时间前，投标人应将投标书连同投标保证金一起送达招标人。招标人收到投标文件及其保证金后，应向投标人出具标明签收人和签收时间的凭证。投标人递交投标文件以后，在投标截止时间之前可以补充、修改或撤回投标文件。补充和修改的内容将作为投标文件的组成部分，投标截止时间后递交的补充和修改是无效的，而且投标截止时间后投标人撤回投标文件，投标保证金将被没收。

投标保证金是指投标人按照招标文件的要求向招标人出具的、以一定金额表示的投标责任担保。招标人要求投标人提交投标保证金的，应在招标文件中载明保证金的金额和提交的时间、提交方式等。依法必须进行施工招标的项目的境内投标单位，以现金或者支票形式提交的投标保证金应当从其基本账户转出。根据《招标投标法实施条例》（2019年修正版）的规定，投标保证金的金额不得超过招标项目估算价的2%。投标保证金的有效期应当与投标有效期一致。招标人应当在招标文件的投标须知前附表中载明投标有效期的天数。投标有效期从提交投标文件的截止之日起算。

> **知识链接**
>
> **投标有效期和投标保证金有效期**
>
> 投标有效期是指以递交投标文件的截止时间为起点,以招标文件中规定的时间为终点的一段时间。在这段时间内,投标人必须对其递交的投标文件负责,受其约束。
>
> 投标保证金有效期应当与投标有效期一致。

招标人应当确定投标人编制投标文件所需要的合理时间;依法必须进行招标的项目,自招标文件开始发出之日起至投标人提交投标文件截止之日止,最短不得少于20日。采用电子招标投标交易系统发出招标文件并接收投标文件的,可以将投标截止期限缩短5日,但最短不得少于10日;不属于法定招标项目,而是采购人自愿选择招标方式的,不受20日的限制。

2.4 决标成交阶段的工作

从开标到与中标人签订施工合同这一期间,属于决标成交阶段,这个阶段的主要工作就是开标、评标、定标和订立施工合同。在建筑工程施工招标投标的过程中,核心环节就是开标、评标和定标,而且,这些工作应该在招标文件规定的投标有效期内完成。在投标有效期结束前,出现特殊情况的,招标人可以书面形式要求所有投标人延长投标有效期。投标人同意延长的,不得要求或被允许修改其投标文件的实质性内容,并应当相应延长其投标保证金的有效期;投标人拒绝延长的,其投标失效,投标人有权收回其投标保证金。因延长投标有效期造成投标人损失的,招标人应当给予补偿,但因不可抗力需要延长投标有效期的除外。

2.4.1 开 标

1.开标的时间和地点

(1)开标的时间

根据《招标投标法》(2017年修正版)第三十四条规定,开标应当在招标文件中确定的提交投标文件截止时间的同一时间公开进行。这样规定的目的是为了防止不端行为有机可乘。

需要注意的是提交投标文件截止时间的规定方式。由于《招标投标法》(2017年修正版)规定逾期送达的投标文件将被拒绝,所以招标文件中规定的提交投标文件截止时间一定要详细到××年××月××日××时××分。根据《招标投标法实施条例》(2019年修正版)第四十四条的规定,投标人少于3个的,不得开标;招标人应当重新招标。

(2)开标的地点

开标的地点应当为招标文件中预先确定的地点。

(3)参加开标会议的单位

开标由招标人或其委托的代理机构主持,邀请所有投标人的法人代表或者其委托授权人参加。如果是依法必须招标的项目开标,则招标投标管理机构也要派人参加,监督开标过程;对于大型复杂的项目,也可以邀请公证机关进行公证。但需要申明的是,招标投标管理机构和公证机关不能越俎代庖,代替招标人主持开标,更加不能干扰接下来的评标、定标工作。

2.开标的程序

开标会议应遵循如下程序:

(1)投标人签到

签到记录是证明投标人是否出席开标会议的证明。有的项目,投标人未参加开标会议的,其标书将被否决。如果有这种要求,应当在招标文件中载明。

(2)招标人主持开标会议

投标截止时间一到,主持人宣布开标,并介绍参加开标会议的单位、人员以及项目的有关情况、唱标和记录人员名单、招标文件规定的评标定标办法。如果设有标底的,在开标时公布标底。

(3)检验投标文件的密封性

投标文件的密封性一般由投标人或其推选的代表检查,未按招标文件要求进行密封的投标文件将被招标人拒绝接受。

投标文件的密封和标志要求,应该在招标文件中载明。

(4)唱标

经检验确认各标书的密封无异常后,唱标人按投递标书的先后顺序,当众拆封投标文件,逐一宣读投标人名称、投标报价、工期、质量、投标保证金等主要内容。

(5)开标过程记录

开标过程应当记录,通常还要求全体与会人员签字确认,存档备查。

(6)宣布拒收的投标文件

根据《招标投标实施条例》(2019年修正版)第三十六条规定:投标文件有下列情况之一的,招标人应当拒收:

①未通过资格预审的申请人提交的。

②逾期送达的。

③未按招标文件要求密封的。

(7)宣布开标会议结束,进入评标阶段

公开开标符合平等竞争的原则,邀请所有投标人参加,一方面是为了使投标人了解开标是否依法进行,起到监督作用;另一方面,投标人还可以了解其他投标人的情况,做到知己知彼,以衡量自己中标的可能性。

开标后由于部分投标书被否决,导致有效投标不足3家的,应重新招标。

2.4.2 评　标

评标是指评标委员会根据招标文件确定的评审标准和方法,对所有的投标文件进行审查和评比,选出中标候选人的过程。评标要本着公平、公正、科学、择优的原则进行。根据《招标投标法》(2017年修正版)规定,招标人应当采取必要的措施,保证评标在严格保密的情况下进行,并由招标人依法组建的评标委员会负责。

1.评标委员会

(1)组建评标委员会

评标工作由评标委员会主持进行。依法必须进行招标的工程,评标委员会由招标人的代表和有关技术、经济等方面的专家组成,成员人数为5人以上的单数,其中招标人、招标代理机构以外的技术、经济等方面专家不得少于成员总数的2/3。专家成员应当从依法组建的评标专家库内相关专业的专家名单中以随机抽取的方式确定。任何单位和个人不得以明示、暗示等任何方式指定或者变相指定参加评标委员会的专家成员。但是技术复杂、专业性强或者国家有特殊要求,采取随机抽取方式确定的专家难以保证胜任评标工作的项目,可以由招标人直接确定。

与投标人有利害关系的人不得进入相关工程的评标委员会。评标委员会成员的名单一般在开标前确定,在中标结果确定前应当保密。

根据《评标委员会和评标方法暂行规定》(2013年修正版)第十二条的规定,有下列情形之一的,不得担任评标委员会成员:

①投标人或者投标人主要负责人的近亲属。

②项目主管部门或者行政监督部门的人员。

③与投标人有经济利益关系,可能影响对投标公正评审的。

④曾因在招标、评标以及其他与招标投标有关活动中从事违法行为而受过行政处罚或刑事处罚的。

评标委员会成员有前款规定情形之一的,应当主动提出回避。

(2)评标专家的条件

评标专家应满足以下条件:

①从事相关专业领域工作满8年并具有高级职称或者同等专业水平。

②熟悉有关招标投标的法律、法规,并具有与招标项目相关的实践经验。

③能够认真、公正、诚实、廉洁地履行职责。

(3)评标委员会的职责要求

评标委员会成员应当客观、公正地履行职责,遵守职业道德,对所提出的评审意见承担个人责任。

评标委员会成员不得与任何投标人或者与招标结果有利害关系的人进行私下接触;不得收受投标人、中介人、其他利害关系人的财物或者其他好处;不得向招标人征询其确定中标人的意向;不得接受任何单位或者个人明示或者暗示提出的倾向于或者排斥特定投标人的要求;不得有其他不客观、不公正履行职务的行为。

评标委员会应当根据招标文件规定的评标标准和方法,对投标文件进行系统的评审和比较。招标文件中没有规定的标准和方法不得作为评标的依据。

评标委员会可以书面方式要求投标人对投标文件中含义不明确、对同类问题表述不一致或者有明显文字和计算错误的内容做必要的澄清、说明或者补正。澄清、说明或者补正应以书面方式进行,并不得超出投标文件的范围或者改变投标文件的实质性内容。

在评标过程中依法确定有效投标和否决投标。

编写评标报告,推荐中标候选人。

2.评标的方法

根据《评标委员会和评标方法暂行规定》(2013年修正版)规定,评标可以采用经评审的最低投标价法、综合评估法或者法律、法规允许的其他评标方法。

(1)经评审的最低投标价法

经评审的最低投标价法一般适用于具有通用技术、性能标准或者招标人对其技术、性能没有特殊要求的招标项目。

采用经评审的最低投标价法的,评标委员会应当根据招标文件中规定的评标价格调整方法,对所有投标人的投标报价以及投标文件的商务部分做必要的价格调整。中标人的投标应当符合招标文件规定的技术要求和标准,但评标委员会无须对投标文件的技术部分进行价格折算。根据经评审的最低投标价法完成详细评审后,评标委员会应当拟定一份"标价比较表",连同书面评标报告提交招标人。"标价比较表"应当载明投标人的投标报价、对商务偏差的价格调整和说明以及经评审的最终投标价。

值得注意的是,"经评审的最低投标价"和"最低投标报价"是两种不同的概念,经评审的最低投标价是一种评标价。这种方法的真正内涵是:能够满足招标文件的实质性要求、并且经评审的投标价格最低(评标价最低),但投标价格低于成本的除外。

【案例2-2】

在某地集中绿地建设项目的政府采购中,采用"经评审的最低投标价法"中标的评标方法,共有A、B、C、D 4家投标单位。在第一阶段技术标的评审中,A投标单位的技术标在施工方案和项目经理的安排上没有积极响应招标文件的要求,专家一致认为是重大偏差,作为废标处理。在第二阶段商务标的评审中,专家发现投标报价最低的C投标人的投标文件中,其人行道项目遗漏,经专家询标、重新计算报价后,其经评审的投标价大于第二低报价的D投标人。经最终评审,D投标人的投标报价为"经评审的最低投标价",于是专家推荐D投标人为中标单位。

【案例2-3】

在某学校阶梯教室装修项目的采购中,5家投标人都通过了第一阶段技术标的评审。在商务标的评审中,因最低投标报价值相对较低,为防止产生低于成本的报价,专家们在105个清单子目中逐一对最低和次低报价的投标人的报价进行审查和比较,发现:

(1)在大理石子目中次低报价者重复报价。

(2)在模板的报价中相差较大。专家通过评审发现导致报价差异较大的原因为次低报价者采用新模板费用一次报价,而最低报价者以摊销次数折算后进行报价。

(3)在其余局部的子目报价中,最低报价者的价格只是略微偏低,并未低于市场价格。

专家通过对最低报价和次低报价的价格修正,最低报价者的经评审的投标价格仍然比次低报价者的经评审的投标价格少5万多元。最终,最低报价仍为经评审的最低投标价。这也充分体现了中标单位自身的实力和在市场上的竞争力。

(2)综合评估法

不宜采用经评审的最低投标价法的招标项目,一般应当采取综合评估法进行评审。采用综合评估法的,应当对投标文件提出的工程质量、施工工期、投标价格、施工组织设计或者施工方案、投标人及项目经理业绩等,能否最大限度地满足招标文件中规定的各项要求和评价标准进行评审和比较。以评分方式进行评估的,对于各种评比奖项不得额外计分。

衡量投标文件是否最大限度地满足招标文件中规定的各项评价标准,可以采取折算为货币的方法、打分的方法或者其他方法。需量化的因素及其权重应当在招标文件中明确规定。

评标委员会对各个评审因素进行量化时,应当将量化指标建立在同一基础或者同一标准上,使各投标文件具有可比性。

对技术部分和商务部分进行量化后,评标委员会应当对这两部分的量化结果进行加权,计算出每一投标的综合评估价或者综合评估分。

根据综合评估法完成评标后,评标委员会应当拟定一份"综合评估比较表",连同书面评标报告提交招标人。"综合评估比较表"应当载明投标人的投标报价、所做的任何修正、对商务偏差的调整、对技术偏差的调整、对各评审因素的评估以及对每一投标的最终评审结果。

根据招标文件的规定,允许投标人投备选标的,评标委员会可以对中标人所投的备选标进行评审,以决定是否采纳备选标。不符合中标条件的投标人的备选标不予考虑。

3.评标的工作程序

建设工程的评标程序:评标准备、初步评审、详细评审、编写评标报告。

(1)评标准备

①评标委员会成员签到

评标委员会成员到达评标现场时应在签到表上签到以证明其出席。

②评标委员会的分工

评标委员会首先推选一名专家作为评标委员会主任。招标人也可以直接指定评标委员会主任。评标委员会主任负责评标活动的组织领导工作。评标委员会主任在与其他评标委员会成员协商的基础上,可以将评标委员会划分为技术组和商务组。

③熟悉招标文件资料

评标委员会成员应认真研究招标文件,了解和熟悉招标的目标,招标项目的范围和性质,招标文件规定的主要技术要求、标准和商务条款,招标文件规定的评标标准、评标方法和在评标过程中考虑的相关因素。

④对投标文件进行基础性数据分析和整理工作(本章中简称为"清标")

在不改变投标人投标文件实质性内容的前提下,评标委员会应当对投标文件进行清标,从而发现并提取其中可能存在的对招标范围理解的偏差、投标报价的算术性错误、错漏项、投标报价构成不合理、不平衡报价等存在明显异常的问题,并就这些问题整理形成清标成果。

(2)初步评审

初步评审是指从所有能进入评标的投标书中筛选出符合最低要求的合格投标书,剔除所有无效的和严重违法的投标书,从而减少详细评审阶段的工作量,以保证评审工作的顺利进行,并在投标有效期一栏中规定的时间内完成。初步评审工作包括:

①形式评审

形式评审是指根据评标方法前附表中规定的评审因素和评审标准,对投标人名称、投标函签字盖章、投标文件格式、联合体投标(如有)以及报价的唯一性(如果规定)等进行的评审。

②资格评审

如果事先未对投标人进行资格预审,则资格评审的内容包括:营业执照、安全生产许可证、资质等级、财务状况、类似项目业绩、项目经理及其他要求。如果投标人已经经过资格预审筛选,则主要评审投标人通过预审后,在资质、财务、信誉及联合体成员组成等方面是否发生重大变化。

③响应性评审

响应性评审是指对投标人是否在实质上响应招标文件的要求进行的评审。虽然不同的招标文件对响应性指标有不同的要求,但其主要内容通常包括:投标内容、工期、质量、投标保证金的金额及有效期、双方的权利及义务、已标价的工程量清单、技术标准和要求、投标价格(是否超出招标控制价)和分包计划等。

未能在实质上响应的投标文件,评标委员会专家应否定其投标文件。而所谓的"投标文件实质上响应招标文件的要求"的本质就是投标文件中不能出现"重大偏差"。

我国七部委颁布的《评标委员会和评标方法暂行规定》(2013年修正版)第二十四至二十六条有如下规定:

评标委员会应当根据招标文件,审查并逐项列出投标文件的全部投标偏差。

投标偏差分为重大偏差和细微偏差。

下列情况属于重大偏差:

- 没有按照招标文件要求提供投标担保或者所提供的投标担保有瑕疵。
- 投标文件没有投标人授权代表签字和加盖公章。
- 投标文件载明的招标项目完成期限超过招标文件规定的期限。
- 明显不符合技术规格、技术标准的要求。
- 投标文件载明的货物包装方式、检验标准和方法等不符合招标文件的要求。
- 投标文件附有招标人不能接受的条件。
- 不符合招标文件中规定的其他实质性要求。

投标文件有上述情形之一,为未能对招标文件做出实质性响应,其投标应当作废标处理。招标文件对重大偏差另有规定的,从其规定。

细微偏差是指投标文件在实质上响应招标文件要求,但在个别地方存在漏项或者提供了不完整的技术信息和数据等情况,并且补正这些遗漏或者不完整不会对其他投标人造成不公平的结果。细微偏差不影响投标文件的有效性。

评标委员会应当书面要求存在细微偏差的投标人在评标结束前予以补正。拒不补正的,

重大偏差案例

在详细评审时可以对细微偏差做不利于该投标人的量化。量化标准应当在招标文件中规定。

④施工组织设计和项目管理机构评审

对投标人的施工组织设计和项目管理机构进行的评审内容通常包括施工方案、项目各目标的管理体系及相应的保证措施、进度计划、人材机的配备计划等。

⑤判断投标文件是否为有效投标文件

评标委员会根据招标文件中列示的否决投标条件判断投标人的投标文件是否为有效投标文件。根据《招标投标法实施条例》(2019年修正版)第五十一条的规定,有下列情形之一的,评标委员会应当否决其投标:

- 投标文件未经投标单位盖章和单位负责人签字。
- 投标联合体没有提交共同投标协议。
- 投标人不符合国家或者招标文件规定的资格条件。
- 同一投标人提交两个以上不同的投标文件或者投标报价,但招标文件要求提交备选投标的除外。
- 投标报价低于成本或者高于招标文件设定的最高投标限价。
- 投标文件没有对招标文件的实质性要求和条件做出响应。
- 投标人有串通投标、弄虚作假、行贿等违法行为。

⑥算术错误修正

评标委员会应依据招标文件中规定的相关原则对投标报价中存在的算术错误进行修正,并根据算术错误修正结果计算评标价。除招标文件另有约定外,应当按下述原则进行修正:

- 用数字表示的数额与用文字表示的数额不一致时,以文字数额为准。
- 单价与工程量的乘积与总价之间不一致时,以单价为准。若单价有明显的小数点错位,应以总价为准,并修改单价。

按上述规定调整后的报价经投标人确认后产生约束力。

⑦澄清、说明或补正

在初步评审过程中,评标委员会可以书面方式要求投标人对投标文件中含义不明确、对同类问题表述不一致或者有明显文字和计算错误的内容做必要的澄清、说明或者补正。投标人应当根据问题澄清通知要求,以书面形式予以澄清、说明或者补正,但不得改变投标文件的实质性内容,也不得通过修正或撤销其不符合要求的差异或保留,使原先没有实质上响应的投标成为具有响应性的投标。评标委员会不得向投标人提出带有暗示性或诱导性的问题,或向其明确投标文件中的遗漏和错误。

投标人资格条件不符合国家有关规定和招标文件要求的,或者拒不按照要求对投标文件进行澄清、说明或者补正的,评标委员会可以否决其投标。

(3)详细评审

只有通过了初步评审、被判定为合格的投标方可进行详细评审。

详细评审的内容要依据招标文件中规定的评标方法来确定,不能一概而论。详细评审可以采用经评审的最低投标价法或综合评估法。

在详细评审过程中,评标委员会要判定各投标报价是否低于成本价,低于成本价的,评标委员会应当否决其投标。投标人成本价的计算和评审办法应该在招标文件中载明。

评标委员会经过初步评审和详细评审,否决不合格投标后,因有效投标不足3个使得投标明显缺乏竞争的,评标委员会可以否决全部投标。投标人少于3个或者所有投标被否决的,招标人应当依法重新招标。

(4)编写评标报告

评标完成后,评标委员会应当向招标人提交书面评标报告和中标候选人名单。

评标报告一般包括以下内容:基本情况和数据表;评标委员会成员名单;开标记录;符合要求的投标一览表;废标情况说明;评标标准、评标方法或者评标因素一览表;经评审的价格或者评分比较一览表;经评审的投标人排序;推荐的中标候选人名单与签订合同前要处理的事宜;澄清、说明、补正事项纪要等内容。

评标报告由评标委员会全体成员签字。对评标结论持有异议的评标委员会成员可以书面方式阐述其不同意见和理由。评标委员会成员拒绝在评标报告上签字且不陈述其不同意见和理由的,视为同意评标结论。评标委员会应当对此做出书面说明并记录在案。

向招标人提交书面评标报告后,评标委员会即告解散。评标过程中使用的文件、表格以及其他资料应当即时归还招标人。

2.4.3 定 标

评标工作结束以后,接下来的工作就是定标。定标就是从评标委员会推荐的中标候选人名单中确定中标人。

1.定标的原则

根据《工程建设项目施工招标投标办法》(2013年修正版)规定,在确定中标人之前,招标人不得向中标人提出压低报价、增加工作量、缩短工期或其他违背中标人意愿的要求,以此作为发出中标通知书和签订合同的条件。

采用经评审的最低投标价法的,能够满足招标文件的实质性要求,并且经评审的最低投标价的投标,应当推荐为中标候选人。

采用综合评估法的、最大限度地满足招标文件中规定的各项综合评价标准的投标,应当推荐为中标候选人。

中标人的投标应当符合下列条件之一:

(1)能够最大限度满足招标文件中规定的各项综合评价标准。

(2)能够满足招标文件的实质性要求,并且经评审的投标价格最低;但是投标价格低于成本的除外。其中第二项中标条件适用于具有通用技术、性能标准或者招标人对其技术、性能没有特殊要求的招标项目。

2.定标的程序

(1)公示中标候选人

依法必须进行招标的项目,招标人应当自收到评标报告之日起3日内公示中标候选人,公示期不得少于3日。评标委员会推荐的中标候选人不应超过3人,并标明排列顺序。

(2)确定中标人,并向其发出中标通知书,并同时将中标结果通知其他所有未中标的投标人

中标人由招标人根据中标候选人名单确定。招标人也可以授权评标委员会直接确定中标人。但是,招标人在评标委员会依法推荐的中标候选人以外确定中标人的,以及依法必须进行

招标的项目,在所有投标被评标委员会否决后自行确定中标人的,中标无效。投标人以他人名义投标或者以其他方式弄虚作假、骗取中标的,中标无效,给招标人造成损失的,依法承担赔偿责任;构成犯罪的,依法追究刑事责任。

中标通知书对招标人和中标人具有法律约束力。中标通知书发出后,招标人改变中标结果或者中标人放弃中标的,应当承担法律责任。

根据《招投标法实施条例》(2019年修正版)第五十五条规定,国有资金占控股或者主导地位的依法必须进行招标的项目,招标人应当确定排名第一的中标候选人为中标人。排名第一的中标候选人放弃中标、因不可抗力不能履行合同、不按照招标文件要求提交履约保证金,或者被查实存在影响中标结果的违法行为等情形,不符合中标条件的,招标人可以按照评标委员会提出的中标候选人名单排序依次确定其他中标候选人为中标人,也可以重新招标。

(3)签订施工合同

招标人和中标人应当在投标有效期内并在自中标通知书发出之日起30日内,按照招标文件和中标人的投标文件订立书面合同。招标人和中标人不得再行订立背离合同实质性内容的其他协议。如果背离合同实质性内容签订合同的,该合同应当认定为无效合同。

联合体中标的,联合体各方应当共同与招标人签订合同,就中标项目向招标人承担连带责任。依法必须进行招标的项目,招标人应当自确定中标人之日起15日内,向有关行政监督部门提交招标投标情况的书面报告。

(4)退还投标保证金

招标人最迟应当在书面合同签订后5日内向中标人和未中标的投标人退还投标保证金及银行同期存款利息。

【案例2-4】

某国外援助资金建设项目施工招标,该项目是职工住宅楼和普通办公大楼,标段划分为甲、乙2个标段。招标文件中规定:国内投标人有7.5%的评标价优惠;同时投2个标段的投标人也给予如下优惠——若甲标段中标,乙标段扣减4%作为评标价优惠;合理工期为24~30个月内,评标基准工期为24个月,每增加1个月在评标价中加10万元。经资格预审有A、B、C、D、E 5家承包商获得投标资格,其中A、B投标人同时对甲、乙2个标段进行投标;B、D、E为国内承包商。承包商的投标情况见表2-3。

表2-3　　　　　　　　　　承包商投标情况

投标人	报价/百万元		投标工期/月	
	甲标段	乙标段	甲标段	乙标段
A	10	10	24	24
B	9.7	10.3	26	28
C		9.8		24
D	9.9		25	
E		9.5		30

评标过程如下：

1. 甲标段评标

表 2-4　　　　　　　　　　　甲标段评标及结果

投标人	报价/百万元	修正因素		评标价/百万元
		工期/百万元	本国优惠/百万元	
A	10	24－24＝0	＋(10×7.5%)＝＋0.75 (A 为国外承包商)	10.75
B	9.7	(26－24)×0.1＝＋0.2		9.9
D	9.9	(25－24)×0.1＝＋0.1		10

根据经评审的最低投标价的定标原则，评标价最低的投标人中标，则甲标段的中标人应为 B。

2. 乙标段评标

表 2-5　　　　　　　　　　　乙标段评标及结果

投标人	报价/百万元	修正因素			评标价/百万元
		工期/百万元	两个标段优惠/百万元	本国优惠/百万元	
A	10	24－24＝0		＋(10×7.5%)＝＋0.75	10.75
B	10.3	(28－24)×0.1＝＋0.4	－(10.3×4%)＝－0.412		10.288
C	9.8	24－24＝0		＋(9.8×7.5%)＝＋0.735	10.535
E	9.5	(30－24)×0.1＝＋0.6			10.1

根据经评审的最低投标价的定标原则，评标价最低的投标人中标，则乙标段的中标人应为 E。

【案例 2-5】

综合评估法评标（百分法）

某工程建设项目采用公开招标方式招标，有 A、B、C、D、E、F 6 家承包商参加投标，经资格预审 6 家承包商都满足业主要求。该工程的评标委员会由 1 名招标人代表和 6 名从专家库中抽取的评标专家共 7 名委员组成。招标文件中规定的评标方法如下：

技术标共计 40 分，其中施工方案 15 分、总工期 8 分、工程质量 6 分、项目班子 6 分、企业信誉 5 分。技术标各项内容的得分为：在各评委打分的基础上去掉一个最高分和一个最低分后的算术平均值。技术标合计得分不满 28 分者，不再评其商务标。

商务标共计 60 分。以控制价的 50% 加上承包商报价的算术平均数的 50% 作为基准价，但是最高（最低）报价高于（低于）次高（次低）报价的 15% 者，在计算承包商报价的算术平均数时不予考虑，且商务标得分为 15 分。以基准价为满分（60 分），报价比基准价每下降 1% 的，扣 1 分，最多扣 10 分；报价比基准价每增加 1% 的，扣 2 分，且扣分不保底。

评分的最小单位为 0.5,计算结果保留两位小数。

各承包商的报价和控制价汇总见表 2-6。

表 2-6　　　　　　　　各承包商的报价和控制价汇总　　　　　　　单位:万元

投标单位	A	B	C	D	E	F	控制价
报价	13 656	11 108	14 303	13 098	13 241	14 125	13 790

评标过程如下:

1.技术标的评审

各承包商技术标中的施工方案部分得分见表 2-7。

表 2-7　　　　　　　　　各承包商施工方案得分及平均分

投标单位＼评委	1	2	3	4	5	6	7	平均得分
A	13.0	11.5	12.0	11.0	11.0	12.5	12.5	11.9
B	14.5	13.5	14.5	13.0	13.5	14.5	14.5	14.1
C	12.0	10.0	11.5	11.0	10.5	11.5	11.5	11.2
D	14.0	13.5	13.5	13.0	13.5	14.5	14.5	13.8
E	12.5	11.5	12.0	11.0	11.5	12.5	12.5	12.0
F	10.5	10.5	10.5	10.0	9.5	11.0	10.5	10.5

A 承包商分别去掉一个最高分 13.0 和一个最低分 11.0,其余五个得分的算术平均值为 $(11.5+12.0+11.0+12.5+12.5)/5 = 11.9$ 分,以此类推,可得其余承包商的施工方案平均分(表 2-7)。

根据表(2-7)的计算方法,可得技术标中的总工期、工程质量、项目班子和企业信誉四项的得分,见表 2-8。

表 2-8　　　　　　　　各承包商技术标其他项得分及合计

投标单位	施工方案	总工期	工程质量	项目班子	企业信誉	合计
A	11.9	6.5	5.5	4.5	4.5	32.9
B	14.1	6.0	5.0	5.0	4.5	34.6
C	11.2	5.0	4.5	3.5	3.0	27.2
D	13.8	7.0	5.5	5.0	4.5	35.8
E	12.0	7.5	5.0	4.0	4.0	32.5
F	10.5	8.0	4.5	4.0	3.5	30.5

由于 C 承包商的技术标仅得 27.2 分,小于 28 分的最低限,按规定不再继续评审其商务标,实际上其投标已被否决。

2.商务标的评审

计算最高报价与次高报价的比例:$(14\ 303-14\ 125)/14\ 125=1.3\%<15\%$

计算最低报价与次低报价的比例:$(13\ 098-11\ 108)/13\ 098=15.2\%>15\%$

故而最低报价 B 承包商的报价 11 108 万元在计算基准价时不给予考虑,则基准价为

$13\ 790\times50\%+(13\ 656+13\ 098+13\ 241+14\ 125)/4\times50\%=13\ 660$ 万元

各承包商商务标得分见表2-9。

表2-9　　　　　　　　各承包商商务标得分

投标人	报价/万元	报价与基准价的比例/%	扣分	得分
A	13 656	(13 656/13 660)×100=99.97	(100-99.97)×1=0.03	59.97
B	11 108			15.00
D	13 098	(13 098/13 660)×100=95.89	(100-95.89)×1=4.11	55.89
E	13 241	(13 241/13 660)×100=96.93	(100-96.93)×1=3.07	56.93
F	14 125	(14 125/13 660)×100=103.40	(103.40-100)×2=6.80	53.20

3.计算各承包商的综合得分,见表2-10。

表2-10　　　　　　　　各承包商的综合得分

投标单位	技术标得分	商务标得分	综合得分
A	32.9	59.97	92.87
B	34.6	15.00	49.60
D	35.8	55.89	91.69
E	32.5	56.93	89.43
F	30.5	53.20	83.70

根据综合评估法的定标原则,综合得分最高的中标,故应推荐A承包商为第一中标候选人。

2.5　电子招标

2.5.1　电子招标投标系统简介

电子招标投标活动是指以数据电文形式,依托电子招标投标系统完成的全部或者部分招标投标交易、公共服务和行政监督活动。

数据电文是指以电子、光学、磁或者类似手段生成、发送、接收或者储存的信息。数据电文形式与纸质形式的招标投标活动具有同等法律效力。

电子招标投标系统根据功能的不同,可分为交易服务平台、公共服务平台和行政监督平台。

交易服务平台是以数据电文形式完成招标投标交易活动的信息平台。公共服务平台是满足交易平台之间信息交换、资源共享需要,并为市场主体、行政监督部门和社会公众提供信息服务的信息平台。行政监督平台是行政监督部门和监察机关在线监督电子招标投标活动的信息平台。

建设和运营电子招标投标交易平台组织必须是依法设立的招标投标交易场所、招标人、招标代理机构以及其他依法设立的法人组织。

电子招标投标交易平台应当具备下列主要功能：
(1)在线完成招标投标全部交易过程。
(2)编辑、生成、对接、交换和发布有关招标投标数据信息。
(3)提供行政监督部门和监察机关依法实施监督和受理投诉所需的监督通道。
(4)《电子招标投标办法》和《电子招标投标系统技术规范》规定的其他功能。
电子招标投标系统架构如图 2-2 所示。

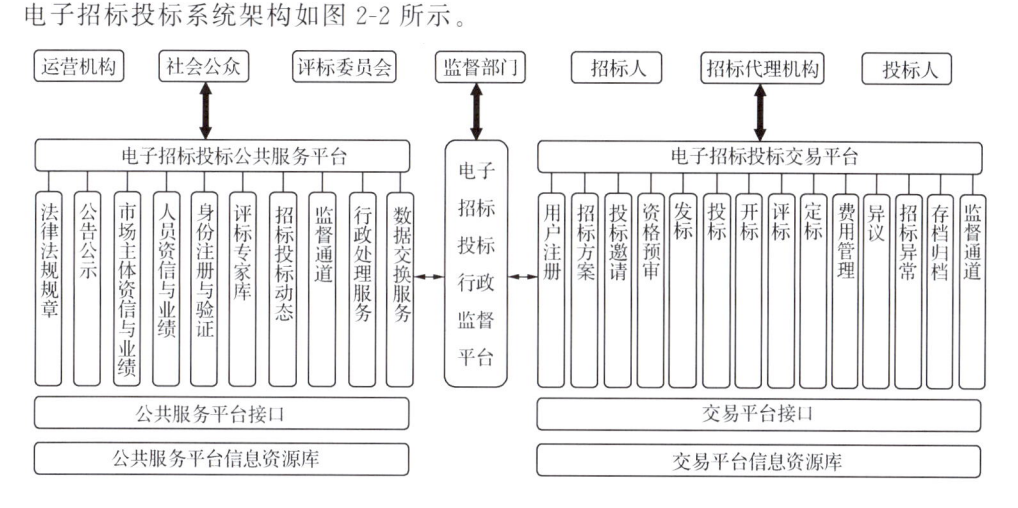

图 2-2 电子招标投标系统架构

2.5.2 电子招标的程序

1.用户注册

招标人或者其委托的招标代理机构以及投标人欲进行电子招标投标的，都应当事先在约定的电子招标投标交易平台上注册登记。电子招标投标交易平台可以是招标人或其委托的招标代理机构建立的，也可以是第三方建立的，如果使用后者建立的招标投标交易平台，则招标人还应当与电子招标投标交易平台运营机构签订使用合同，明确服务内容、服务质量、服务费用等权利和义务，并对服务过程中相关信息的产权归属、保密责任、存档等依法做出约定。

2.制订并提交招标方案

(1)招标人制订招标计划

招标计划通常包括：

①设定招标项目团队成员组成及其职责分工。

②收集整理项目信息，如招标项目编号、招标项目名称、招标人代码、招标代理机构的名称及代码、招标内容与范围、招标方案的说明、招标方式、招标组织形式、附件等。

③确定招标项目不同标段之间的关系。

(2)向招标投标交易平台提交招标方案

招标投标交易平台具备招标项目任务计划的编制、报审、下达、调整等管理功能。招标方案信息应采用招标投标交易平台使用的数据项格式。数据项应包括招标项目编号、招标项目名称、标段(包)编号、工作任务计划、项目团队成员组成及其职责分工等。

3.编制招标资料

招标方案制订以后，同普通招标投标一样，要编制招标公告、资格预审公告、资格预审文件以及招标文件等。但是数据电文形式的资格预审公告、招标公告、资格预审文件、招标文件等应当标准化、格式化，并符合有关法律、法规以及国家有关部门颁发的标准文本的要求。

4. 发布招标公告或资格预审公告、投标邀请书

与普通招标投标相比，电子招标的招标人或者其委托的招标代理机构应当在资格预审公告、招标公告或者投标邀请书中载明潜在投标人访问电子招标投标交易平台的网络地址和方法。依法必须进行公开招标项目的上述相关公告应当在电子招标投标交易平台和国家指定的招标公告媒介同步发布。在招标投标交易平台上发布信息应采用规定的数据项格式。

招标公告数据项包括招标项目编号、招标项目名称、相关标段（包）编号和投标资格、招标文件获取时间及获取方法、投标文件递交截止时间及递交方法、公告发布时间、附件等。

资格预审公告数据项包括招标项目编号、招标项目名称、相关标段（包）编号和投标资格、资格预审文件获取时间及获取方法、资格预审申请文件递交截止时间及递交方法、资格预审公告发布时间、附件等。

投标邀请书的数据项包括标段（包）编号、标段（包）名称、投标资格、招标文件获取时间及获取方法、投标文件递交截止时间及递交方法、回复截止时间、投标邀请发出时间、附件等。

5. 资格预审

电子招标的资格预审文件需要加载至电子招标投标交易平台，供潜在投标人下载或者查阅。其数据项包括标段（包）编号、申请资格、申请有效期、申请文件递交截止时间、申请文件递交方法、开启时间、开启方式、评审办法、附件等。

6. 现场踏勘及资格预审文件、招标文件的澄清与修改

招标人对资格预审文件、招标文件进行澄清或者修改的，应当通过电子招标投标交易平台以醒目的方式公告澄清或者修改的内容，并以有效方式通知所有已下载资格预审文件或者招标文件的潜在投标人。澄清与修改的数据项包括标段（包）编号、澄清与修改文件编号、对文件澄清与修改的内容、澄清与修改递交时间、附件等。

在投标截止时间前，电子招标投标交易平台运营机构不得向招标人或者其委托的招标代理机构以外的任何单位和个人泄露下载资格预审文件、招标文件的潜在投标人名称、数量以及可能影响公平竞争的其他信息。

7. 开标、评标和中标

开标时由参加开标的人员通过网络远程办理电子签到，系统验证和显示投标单位是否达到法定数量，如果达到要求就启动开标；反之，取消开标。开标启动后系统会验证并公布投标文件不被篡改、不被遗漏及其投标过程情况，显示投标文件解密并记录解密过程。解密后读取、记录、展示各投标文件的数据，如标段（包）编号、投标人名称、报价、工期（交货期）、投标保证金额、投标保证金到账时间、投标文件递交时间等招标文件所确定的唱标内容，最后根据系统的记录功能编辑并显示开标会议记录，各参与单位进行电子签名确认。

转入评标后，招标投标交易平台通过公共服务平台链接依法建立的专家库，随机抽取评标专家，并对评标委员会进行职责分工，与此相关的数据项包括专家编号、专家姓名、通知时间、通知方式等。评标委员会名单在评标前应保密。

评标委员会按招标文件约定的评标方法、评审因素和标准设置评审表格和评审项目。然后对投标文件进行解析、对比，辅助评分或计算评标价，汇总计算投标人的综合评分或评标价并进行排序。

评标中需要投标人对投标文件澄清或者说明的,招标人和投标人应当通过招标投标交易平台交换数据电文。

评审结束后,评标委员会应在招标投标交易平台上编辑并提交评标报告,各评标专家进行电子签名,推荐中标候选人名单。

最后,招标人应将中标候选人名单在公共服务平台上进行公示,经公示无异议后确定中标人,公示中标结果。

2.6 国际工程招标

2.6.1 国际工程及国际工程招标

国际工程是指一个工程项目从咨询、融资、采购、承包、管理以至培训等各个阶段的参与者来自不止一个国家,并且按照国际上通用的工程项目管理模式进行管理的工程。

我们可以从以下两个方面去理解国际工程的内涵:

1. 从地域上讲,国际工程包含国内和国外两个市场

对我国而言,国际工程包括我国公司去海外参与投资和实施的各项工程以及国际组织和外国公司到中国来投资和实施的工程。

国际工程市场具有以下特点:

(1)合同主体的多样性

签约的各方来自不同的国家,涉及不同的语言、法律和工程惯例,发生纠纷时解决问题较复杂。

(2)货币和支付方式的多样性

业主使用的货币、支付货币以及承包商使用的货币不完全相同,支付手段也很多,现金只是其一。承包商要时刻注意汇率的浮动和利率的变换。

(3)政治、经济形势的影响权重加大

某些国家对承包商实行国别、地区限制或歧视性政策。国际政治形势的变化会导致工程中断。

(4)使用的规范、标准庞杂,差异大

国际工程常采用在在国际上被广泛接受的标准和规范。

2. 从业务上讲,国际工程包括工程咨询和工程承包两大行业

(1)国际工程咨询

国际工程咨询包括对工程项目前期的投资机会研究、预可行性研究、可行性研究、项目评估、勘测、设计、招标文件编制、监理、管理、后评价等。它是以高水平的智力劳动为主的行业,一般为业主服务,有时也可应承包商聘请为其进行施工管理、成本管理等。

(2)国际工程承包

国际工程承包是指通过对工程项目进行投标,承揽设计、施工、设备采购及安装调试、分包、提供劳务等全部或者部分业务。具体的承包范围应视业主的招标范围而定。

国际工程招标是指招标人通过国内和国际的新闻媒介发布招标信息,吸引所有感兴趣的投标人参与投标竞争,通过评标、比较和优选,确定中标人的过程。目前多数国家都制定了适合本国特点的招标投标法规,以统一其国内的招标投标活动,但还没有形成一种各国都应遵守的带有强制性的招标投标规定。国际工程招标也都根据国家或地区的习惯选用一种具有代表性、适用范围广,并且适用于本地区的某一国家的招标法规。如世界银行贷款项目招标和采购法规、英国招标法规和法国使用的工程招标制度等。

2.6.2 国际工程招标的方式

国际工程招标的方式主要有两大类,即国际竞争性招标和国际有限招标。

1. 国际竞争性招标

国际竞争性招标又称为国际公开招标,是在世界范围内进行招标,国内外合格的承包商均可以投标。一般要求招标人制作完整的英文标书(其他文字的标书较少),在国际上通过各种宣传媒介刊登招标公告。它的优点是:首先,由于投标竞争激烈,招标人可以以有利的价格采购到需要的设备和工程;其次,可以引进先进的设备、技术和管理经验,可以促进发展中国家的制造商和承包商提高产品和工程建造质量,提高国际竞争力;最后,这种方式最大限度地做到了公开、公平竞争,因而减少了在采购中作弊的可能。但是,这种方式费时费钱。

2. 国际有限招标

国际有限招标是一种有限竞争性招标,与国际竞争性招标相比,它有一定的局限性,即对参加投标的人选有一定的限制,不是任何对发包项目有兴趣的承包商都有机会投标。

国际有限招标又分为一般限制性招标和特邀招标两种方式:

一般限制性招标与国际竞争性招标类似,只是更强调投标人的资信。这种招标方式也必须在国内外主要报刊上刊登广告,只是必须注明是有限招标和对投标人选的限制范围。

特邀招标即特别邀请性招标。采用这种方式时,一般不在报刊上刊登广告,而是根据招标人自己积累的经验和资料或由咨询公司提供的承包商名单,如果是世界银行或某一外国机构资助的项目,招标人要征得资助机构的同意后对某些承包商发出邀请。经过对应邀人进行资格预审后,再行通知其提出报价,递交投标书。其优点是经过选择的承包商在经验、技术和信誉方面都比较可靠,基本上能保证招标的质量和进度;缺点在于发包人所了解的承包商的数量有限,在邀请时很有可能漏掉一些在技术上和报价上有竞争能力的后起之秀。

国际有限招标是国际竞争性招标的一种修改方式。这种方式通常适用于以下情况:

(1)工程量不大、投标人数量有限或有其他不宜进行国际竞争性招标的项目。如对工程有特殊要求的项目。

(2)某些大而复杂且专业性很强的工程项目,如综合的石化项目。能够胜任的承包商很少,招标成本高。为了节省时间和费用,又能取得较好的报价,招标人可以在少数几家合格的潜在投标人范围内选择。

(3)由于工程性质特殊,要求有专门经验的技术队伍和熟练的技工以及专用的技术装备,只有少数承包商能够胜任。

(4)由于工期紧迫或保密要求及其他原因不宜公开招标。

(5)工程规模太大,中、小型公司不能胜任,只好邀请若干家大公司投标的项目。

(6)工程项目招标通知发出后无人投标或投标商的数量不足法定人数(至少3家),招标人可再邀请少数公司投标。

有些项目使用两阶段招标,即第一阶段按国际竞争性招标方式组织招标,要求投标人提交不带报价的技术建议。招标人再根据投标人提交的技术建议确定技术标准和要求,编制招标文件;第二阶段,招标人向在第一阶段提交技术建议的投标人提供招标文件,投标人按照招标文件的要求提交包括最终技术方案和投标报价的投标文件。

我国面向国际招标的项目大致有:
(1)世界银行和其他国际金融组织贷款的建设项目。
(2)外国政府贷款的建设项目。
(3)外商投资项目。

2.6.3 国际工程招标的程序

1. 发布招标公告、资格预审公告或投标邀请书

凡是公开进行国际招标的项目,均应在官方的报纸上刊登发布招标公告或资格预审公告。有些招标公告还可寄送给有关国家驻工程所在国的大使馆。世界银行贷款项目的招标公告除在工程所在国的报纸上刊登外,还要求在此之前60日向世界银行递交一份总的公告,世界银行将它刊登在《联合国开发论坛报》商业版(Development Business)、世界银行的《国际商务机会周报》(IBOS,International Business Opportunities Services)等刊物上。

投标邀请书通常只向被邀请的承包商或有关单位发出,不要求在报刊上刊登招标通告。邀请书的内容除了有礼貌地表达邀请的意向外,还要说明工程简况、工期等主要情况,欢迎被邀请人何时在何地可以获得招标文件及相关资料。

2. 资格预审

国际工程招标的招标人对潜在投标人几乎完全不了解,因此往往在发出招标文件之前需要对投标人进行资格预审。资格预审文件内容至少包括以下几个方面:工程项目总体描述;简要合同规定;资格预审文件说明;要求潜在投标人填写的各种表格和工程主要图纸。

3. 发售招标文件

在发售招标文件之前,必须认真准备好正式的招标文件。多数工程项目的招标文件是由咨询设计公司编制的。招标文件的发售应按照在招标公告或者投标邀请书中指定的时间、地点进行。

4. 现场考察和标前会议

国际工程招标过程中,投标人往往对工程所在地的情况不了解,所以现场考察尤为重要。即便招标人不统一组织投标人现场考察,投标人也应自行到现场了解情况后再报价。考察现场时尤其要注意收集现场的水文地质条件、气候特点、交通条件、物资供应条件、当地的人文特点和生活习性、宗教、法律、政治和经济的稳定性等信息。投标人应当在规定的标前会议日期之前将问题用书面形式寄给招标机构,招标机构将其汇集起来研究后,给出统一的解答。

5. 编制、递送投标文件

投标人按照前期收集的信息和招标文件的要求编制投标文件,并按招标文件的要求装订、密封、填写标志。投递方式最好是在当地直接递交给招标人,或委托当地代理人递交,以便及时获得招标机构已收到投标书的回执(通常招标机构应设加锁密封的收标箱)。如果允许邮递投标,则应当说明由投标人自己保证在开标日期之前,招标机构能够收到该投标书,而不是"以邮戳为准"。

投标保证书通常用单独的信封密封,与投标书同时投递。

6. 开标

公开招标项目的开标会议通常由招标人主持，而且应当公开进行。除招标人和投标人参加外，还可邀请当地有声望的工程界人士和公众代表参加。

在开标会议上，开标的顺序为：首先由招标人当众开启投标箱，投标人检查密封情况；然后按投标书投递时间顺序开启投标书的密封袋，并检查投标书的完整情况。

招标人当众宣读投标人投标报价。若投标人在致函中已说明了自动降低的价格，则宣读其降低的价格；若降价是附带条件的，则不宣读这种附带条件的降价，以便在同等条件下进行对比。同时，还要当众宣布其投标保证书的金额和开具保函银行的名称，检查保证金的金额和银行是否符合招标文件的规定。如果投标人的投标保证书不合格，则宣布该投标书被拒绝接受，作为废标退还其保函，取消其参加竞争的资格。

所有投标人的投标总价及保证书的金额均列表当场登记，由招标机构的招标委员和公众监督人士共同签字，表示不得再修改报价。有的甚至要求各投标人在其附有总报价的投标致函上签字，以表示任何人无法作弊进行修改。

7. 评标

国际工程招标的评标过程和评标标准各国做法不一，更多的是按照项目所在国的国内做法进行评定。但是必须在招标文件中载明。

8. 定标、合同授予

尽管评标标准和办法各国不尽相同，但是几乎无一例外的是评标委员会应推荐中标候选人。在中标候选人中选定中标人后，业主往往要与中标人进行合同谈判，合同谈判的基础是招标投标文件。谈判结束后即签订书面合同。

思考与习题

一、选择题

1. 招标的组织形式有（　　）。
   A. 公开招标　　　B. 邀请招标　　　C. 自行招标　　　D. 委托代理招标

2. 招标文件发出以后，招标人不得擅自更改其内容，确需必要的澄清、修改或补充的，应当在招标文件要求提交投标文件的截止时间至少（　　）日前，书面通知所有获得招标文件的投标人。
   A. 5　　　　　　B. 7　　　　　　C. 10　　　　　　D. 15

3. 《招标投标法》规定，依法必须招标的项目自招标文件开始发出之日起至投标人提交投标文件截止之日止，不得少于（　　）日。
   A. 20　　　　　B. 30　　　　　C. 10　　　　　D. 15

4. 根据《工程建设项目施工招标投标办法》（2013年修正版）规定，招标人和中标人应当在投标有效期内并在自中标通知书发出之日起（　　）日内，按照招标文件和中标人的投标文件订立书面合同。
   A. 20　　　　　B. 30　　　　　C. 10　　　　　D. 15

5. 下列关于建设工程招标投标的说法，正确的是（　　）。
   A. 在投标有效期内，投标人可以补充、修改或者撤回其投标文件

B.投标人在招标文件要求提交投标文件的截止时间前,可以补充、修改或者撤回投标文件

C.投标人可以挂靠或借用其他企业的资质证书参加投标

D.投标人之间可以先进行内部竞价,内定中标人,然后再参加投标

6.某依法必须招标的工程建设项目,评标委员会推荐了3名中标候选人。评标结果公示后,有投标人质疑:排名第一的中标候选人的项目经理(建造师)正在其他在建工程担任项目经理,根本不可能按招标文件要求到位履职。招标人调查后确认属实,在此情况下,招标人可以( )。

A.按评标委员会提出的中标候选人名单排序确定中标人

B.重新组建评标委员会评标,并报有关监管部门核准

C.向有关行政监督部门报告,由行政监督部门决定中标人

D.要求原评标委员会复评标后,确定排名第二的中标候选人为中标人

7.下列( )情形下,评标委员会应当否决其投标。

A.投标文件未经投标单位盖章和单位负责人签字

B.投标文件的数字表示金额与文字描述不一样

C.投标人不符合国家或者招标文件规定的资格条件

D.同一投标人提交两个以上不同的投标文件或者投标报价,但招标文件要求提交备选投标的除外

E.投标报价低于成本或者高于招标文件设定的最高投标限价

二、思考题

1.在招标各阶段的工作中,招标人应如何贯彻"公开、公平、公正、诚信"原则?

2.评标专家在评标中应如何坚守职业精神?

三、案例分析

某办公楼的招标人于2019年3月20日向具备承担该项目能力的甲、乙、丙3家承包商发出投标邀请书,其中说明,3月25日在该招标人总工程师室领取招标文件,4月5日14时为投标截止时间。该3家承包商均接受邀请,并按规定时间提交了投标文件。

开标时,由招标人检查投标文件的密封情况,确认无误后,由工作人员当众拆封,并宣读了该3家承包商的名称、投标价格、工期和其他主要内容。

评标委员会委员由招标人直接确定,共由4人组成,其中招标人代表2人、经济专家1人、技术专家1人。

招标人预先与咨询单位和被邀请的这3家承包商共同研究确定了施工方案。经招标工作小组确定的评标指标及评分方法如下:

报价不超过标底(35 500万元)的±5%者为有效标,超过者为废标。报价为标底的98%者得满分,在此基础上,报价比标底每下降1%,扣1分,每上升1%,扣2分(计分按四舍五入取整)。

定额工期为500 d,评分方法是:工期提前10%为100分,在此基础上每拖后5 d扣2分。

企业信誉和施工经验得分在资格审查时评定。

上述4项评标指标的总权重分别为：投标报价45%；投标工期25%；企业信誉和施工经验均为15%。

各投标单位的有关情况见表2-11。

表2-11　　　　　各投标单位的有关情况

投标单位	报价/万元	总工期/d	企业信誉得分	施工经验得分
甲	35 642	460	95	100
乙	34 364	450	95	100
丙	33 867	450	100	95

问题：(1)从所介绍的背景资料来看，该项目的招标投标过程中有哪些方面不符合《招标投标法》的规定？

(2)请按综合得分最高者中标的原则确定中标单位。

四、操作模拟题

1. 根据给定的一个工程项目编制一份招标公告（或投标邀请书）。
2. 分小组模拟开标。
3. 分小组模拟评标。

自我测评

通过本章的学习，你是否掌握了建设工程施工招标的相关知识？下面赶快拿出手机扫描二维码测一测吧。

建设工程施工招标

第 3 章 建设工程施工投标

知识目标

【知识目标】
1. 熟悉投标的程序、各阶段的主要工作以及投标报价的组成。
2. 掌握投标文件的内容以及编制方法。
3. 掌握投标报价的策略和技巧。
4. 熟悉电子招标、国际工程招标、传统招标的不同之处。

职业素质及职业能力目标

1. 分析投标各工作环节中的职业风险,培养学生职业坚守的精神。
2. 具备编制招标文件的工作能力。

3.1 建设工程施工投标概述

3.1.1 建设工程施工投标的概念

与招标工程相对应的是投标人的投标行为。招标投标过程是招标人和投标人站在不同立场进行的一种活动的两个方面。建设工程施工投标是指投标人响应招标人号召,参加投标竞争,以获得工程承包权的活动。

目前,承包商获得工程承包权的主要方式是投标。特别是国家、地方政府投资的项目,必须采取招标投标的方式。因此,承包商参与市场竞争,通过投标获得工程承包权是承包商立足市场、得以生存的手段。

3.1.2 建设工程施工投标的程序

建设工程施工投标的一般程序,主要经历以下几个环节:
(1) 收集招标信息资料,进行投标决策。
(2) 参加资格审查。
(3) 购买招标文件,缴纳投标保证金。

(4)组织投标班子,或委托投标代理人研究招标文件。
(5)参加现场踏勘和投标预备会。
(6)编制和递送投标文件。
(7)接受评标组织就投标文件中不清楚的问题进行的询问,举行澄清会谈。
(8)接受中标通知书,签订合同,提供履约担保,分送合同副本。

1. 收集招标信息资料

投标前期,投标人必须对项目及项目所在地的政治、经济、法律、社会或自然条件等因素进行收集、整理和分析,判断这些因素对投标或中标后合同履行的影响,从而决定是否进行投标。一般收集的信息资料包括以下几个方面:

(1)收集招标信息资料

①收集并筛选工程项目招标信息

对于实行招标的项目,一般在官方网站有各种项目的招标信息,投标人应该对这些招标项目信息进行分析、判断和筛选,确定适合自身的投标项目;对于非招标项目,投标人可直接与业主进行洽谈、询问,证实招标项目是否已立项批准以及资金是否落实。

②进一步调查了解招标工程的基本情况

招标工程的基本情况包括工程性质、规模、技术复杂程度、工程现场的地理环境条件与施工条件、工期、工程的材料供应条件、质量要求及交工条件等。

③业主方面的条件

业主方面的条件包括业主的信誉,资金来源有无保障,工程款支付能力等;是否要求承包商垫资承包,是否延期支付。

④调查市场情况

市场情况包括:当地施工材料供应情况和市场价格水平;当地劳务技术水平、劳动力价格;其他竞争对手的数量、质量、投标的积极性等。

⑤了解工程所在地的自然条件

工程所在地的自然条件包括项目所在的地理位置、地形、地貌、气候条件、水文地质条件、气象情况等。

(2)进行投标决策投标人根据收集的信息资料进行分析判断,做出是否进行投标的决策。

2. 进行投标决策

投标决策包括三方面内容:其一,针对工程项目是否投标进行决策;其二,对投什么性质的标进行决策;其三,对投标中采用的策略和技巧进行决策。投标决策的正确与否,关系到能否中标和中标后的效益;关系到施工企业的发展前景和职工的经济利益。因此,企业的决策班子必须充分认识到投标决策的重要意义,认真对待。决策前注意分析论证,避免决策的模糊性、随意性和盲目性。

影响投标人进行投标决策的因素很多,可以从主观因素和客观因素两方面进行分析。

(1)主观因素

主观因素主要取决于投标人的实力,投标人的实力表现在以下几个方面:

①技术方面的实力

技术方面的实力表现在:拥有精通与招标工程相关的各种专业人才,如估算师、建筑师、工程师、会计师和管理专家等;有与工程相应的工程项目设计、施工专业特长,能解决技术难度大和各类工程施工中的技术难题的能力;有与国内外招标项目同类型工程的施工经验;有一定技术实力的合作伙伴,如实力强的分包商、合营伙伴和代理人。

②经济方面的实力

经济方面的实力主要表现在:具有垫付资金的能力;具有一定的固定资产和机具设备及投入所需的资金;具有一定的资金周转能力,可支付施工用款;具有支付各种担保的能力;具有承担不可抗力带来的风险的能力;具有支付各种税款和保险的能力。

③管理方面的实力

管理方面的实力主要表现在:如何控制成本,控制质量,控制进度,控制安全,加强管理,向管理要效益。

④信誉方面的实力

承包商要有良好的信誉,这是投标中标的一条重要标准。要建立良好的信誉,就必须遵守法律和行政法规,或按国际惯例办事;同时,认真履约,保证工程的施工安全、工期和质量,而且各方面的实力雄厚。

(2)客观因素

客观因素主要是非投标人自身原因的外因,客观因素主要有:

①业主和监理工程师的情况

业主的合法地位、支付能力、履约能力;监理工程师处理问题的公正性、合理性等,也是投标决策的影响因素。

②竞争对手和竞争形势的分析

应注意竞争对手的实力、优势及投标环境的优劣情况决定是否投标。另外,竞争对手的在建工程完成情况也十分重要。如果竞争对手的在建工程即将完工,竞争对手可能由于急于获得新承包工程项目,投标报价不会很高;如果竞争对手在建工程规模大、时间长,如仍参加投标,则投标标价可能很高。从总的竞争形势来看,大型工程的承包公司技术水平高,善于管理大型复杂工程,其适应性强,可以承包大型工程;中、小型工程由中、小型工程公司或当地工程公司承包可能性大。

③法律、法规的情况

对于国内工程承包,自然适用本国的法律和法规,而且其法制环境基本相同。如果是国际工程承包,则有一个法律适用问题。

④风险问题

在国内承包工程,其风险相对要小一些,国际承包工程则风险要大得多。

投标与否,要考虑的因素很多,需要投标人广泛、深入地调查研究,系统地积累资料,并做出全面的分析,才能正确做出投标决策。

投标人应对承包工程的成本、利润进行预测和分析,以供投标决策之用。

3.向招标人申报资格审查

投标人在获悉招标公告或投标邀请后,应当按照招标公告或投标邀请书中所提出的资格审查要求,向招标人申报资格审查。

4.购买招标文件,缴纳投标保证金

投标人经资格审查合格后,便可向招标人申购招标文件和有关资料,同时缴纳投标保证金。

投标保证金是为防止投标人对其投标活动不负责任而设定的一种担保形式,是招标文件中要求投标人向招标人缴纳的一定数额的金钱以保护招标人的利益。

缴纳办法:按招标文件的要求进行。

5.组织投标班子或委托投标代理人

投标人在通过资格审查并购领招标文件和有关资料之后,就要按招标文件确定的投标准备时间着手开展各项投标准备工作。首先组建投标班子或委托投标代理人。一般投标班子应包括下列三类人员:

(1)经营管理类人员

经营管理类人员一般是从事工程承包经营管理工作的公司经营部门管理人员和拟定的项目经理。经营部门管理人员应具备一定的法律、法规知识,掌握调查和统计资料,具有较强的社会活动能力和公共关系能力,项目经理应熟悉项目运行的内在规律,具有丰富的实践经验和大量的市场信息。他们在投标班子中起核心作用,负责工作的全面筹划和安排。

(2)专业技术类人员

专业技术类人员主要指工程施工中的各类专业技术人员。如土木工程师、水暖电工程师、专业设备工程师等。他们有较强的实际操作能力和专业技能,在投标时能从公司的实际技术水平出发,结合自己的专业能力确定各项专业施工方案。

(3)商务金融类人员

商务金融类人员指从事有关金融、贸易、财税、保险、会计、采购、合同、索赔等工作的人员。投标报价的工作主要由这部分人员具体负责。

投标人也可以委托投标代理人代理投标业务。

6.参加现场踏勘和投标预备会

投标人拿到招标文件后,应进行全面细致的调查研究,特别是投标须知前附表、评标方法、专用条款、技术标准和要求、图纸、工程量清单等部分。若有疑问或不清楚的问题需要招标人予以澄清和解答的,应及时向招标人以书面形式提出,招标人以书面形式或召开投标预备会的方式解答,同时将解答以书面方式通知所有购买招标文件的潜在投标人。该解答的内容作为招标文件的组成部分。

投标人在进行现场踏勘之前,应有针对性地拟订出踏勘提纲,确定重点,需要澄清和解答的问题,做到心中有数。投标人参加现场踏勘的费用,由投标人自己承担。

投标人进行现场踏勘时,需要了解以下信息:

(1)工程的范围、性质以及与其他工程之间的关系。

(2)投标人参与投标的工程与其他承包商或分包商工程之间的关系。

(3)现场地貌、地质、水文、气候、交通、电力、水源等情况,有无障碍物等。

(4)进出现场的方式,现场附近有无食宿条件、材料供应条件、其他加工条件、设备维修条件等。

(5)现场附近治安情况。

7.编制和递交投标文件

经过现场踏勘和投标预备会后,投标人可以着手编制投标文件。投标文件是投标人参与竞争的经济技术性文件,其编制质量的好坏决定了投标人是否中标。

8.出席开标会议，参加评标期间的澄清会谈

投标人在编制、递交了投标文件后，要积极准备出席开标会议。参加开标会议对投标人来说，既是权利也是义务。投标人参加开标会议，要注意其投标文件是否被正确启封、宣读，对于被错误地认定为无效的投标文件或唱标出现的错误，应当场提出异议。

在评标期间，评标委员会要求澄清投标文件中不清楚问题的，投标人应积极予以说明、解释、澄清。澄清投标文件一般可以采用向投标人发出书面询问，由投标人书面做出说明或澄清的方式，也可以采用召开澄清会的方式。在澄清会上，评标委员会有权对投标文件中不清楚的问题，向投标人提出询问。有关澄清的要求和答复，最后均应以书面形式进行。所有说明、澄清和确认的问题，经招标人和投标人双方签字后，作为投标书的组成部分。在澄清会谈中，投标人不得更改投标报价、工期等实质性内容，开标后和定标前提出的任何修改声明或附加优惠条件，一律不得作为评标的依据。但评标委员会按照投标须知规定，对确定为实质上响应招标文件要求的投标文件进行校核时发现的计算上或累计上的错误，可以进行修改。

9.接受中标通知书，签订合同，提供履约担保，分送合同副本

经评标，投标人被确定为中标人后，应接受招标人发出的中标通知书。招标人和中标人应当在投标有效期内并在自中标通知书发出之日起 30 日内，按照招标文件和中标人的投标文件订立书面合同。招标人和中标人不得再行订立背离合同实质性内容的其他协议。

同时，招标文件要求中标人提交履约保证金或其他形式履约保函的，中标人应该提交；拒绝提交的，视为放弃中标项目。招标人报请招标投标管理机构批准同意后取消其中标资格，并按规定不退还其投标保证金，并考虑在其余中标候选人中重新确定中标人，与之签订合同，或重新招标。中标人与招标人正式签订合同后，应按要求将合同副本分送有关主管部门备案。

招标人不得擅自提高履约保证金，不得强制要求中标人垫付中标项目建设资金。

3.2 投标文件的编制

3.2.1 投标文件的组成

投标文件的组成内容应在招标文件中做出明确规定，根据《中华人民共和国简明标准施工招标文件》(2012 年版)规定，投标文件由以下几部分组成：投标函及投标函附录、法定代表人身份证明、授权委托书、投标保证金、已标价工程量清单、施工组织设计、项目管理机构、资格审查资料等。

上述资料在装订时往往分开装订，分开装订的要求在招标文件的投标须知前附表中应做出详细规定。通常上述资料可以分成三大部分：资信部分、商务标、技术标。

资信部分包括：投标人基本情况表、近 3 个年度财务状况表、正在施工的和新承接的项目情况表及其他资料，如投标文件真实性和不存在限制投标情形的声明，近 3 年向招标投标行政监督部门提起的投诉情况，完全响应招标文件的承诺，无拖欠施工人员和民工工资承诺，关于限制投标情形的声明，关于信誉要求的声明，严禁转包和违法分包的承诺，压证施工承诺。

商务标的组成包括：投标函及投标函附录、授权委托书、投标保证金、法定代表人身份证明、已标价工程量清单。

技术标的组成包括：施工组织设计、项目组织机构（包括项目管理机构组成表以及主要人员简历表）。

3.2.2 投标文件的编制步骤

投标文件是投标人参与竞争的、反映投标人综合实力的经济技术性文件，其编制质量直接影响投标人能否中标。投标文件的编制步骤如下：

1.结合现场踏勘和投标预备会的结果，进一步分析招标文件

招标文件是编制投标文件的主要依据，因此，投标人必须结合已获取的有关信息认真细致地加以分析研究，特别要重点研究其中的投标须知、专用条款、设计图纸、工程范围以及工程量表等，要弄清到底有没有特殊要求或有哪些特殊要求。

在投标实践中，报价偏差较大甚至造成投标被否决的情况主要有两个：一是没有弄清招标文件中关于报价的规定；二是造价估算误差太大。因此，标书编制前，认真研究投标文件是非常必要的。

2.根据工程类型编制施工规划或施工组织设计

施工规划或施工组织设计是用于指导具体施工的技术性文件，在投标文件中属于技术标。施工规划或施工组织设计一般包括施工方案、施工方法、施工进度计划、施工机械、材料、设备的选定和临时生产、生活设施的安排，劳动力计划以及施工现场平面和空间的布置。

施工组织设计的编制水平反映的是投标人的技术实力，不但是决定投标人能否中标的关键因素，而且施工进度安排是否合理，施工方案选择是否合理，对工程成本和工程报价有直接影响。一个合理的施工组织设计可以降低报价。工程技术人员应认真编制施工组织设计，为准确估算工程造价提供依据。

3.计算或校核招标文件中的工程量

在这一阶段，如果招标人只提供图纸与设计说明，投标人就需要自己计算工程量。如果招标人提供了工程量清单，投标人应复核招标人工程量清单的工程量是否准确。投标人是否校核招标文件中的工程量清单或校核得是否准确，将直接影响到投标报价和中标机会，因此，投标人应认真对待。在校核中发现相差较大时，投标人不能随意变更工程量，而应致函或直接找业主澄清，尤其是总价合同，如果业主在投标前未进行更正，而且该工程量对投标人不利，投标人在投标时应附说明。投标人在核算工程量时，应结合招标文件中的技术规范弄清工程量中每一细目的具体内容，以避免在计算报价时出错。

4.根据工程价格构成进行工程估价，确定利润方针，计算和确定报价

投标报价是投标的核心环节，投标人要根据工程价格构成对工程进行合理估价，确定切实可行的利润方针，正确计算和确定投标报价。投标人不得以低于成本的报价竞标。

5.装订、密封投标文件

投标文件编制完成后，应按照招标文件的要求进行装订和密封，并按要求在包封上进行准确标志，通常包封上应写明招标项目名称、招标人的名称和在投标截止时间前不得启封等字样。正本、副本的份数也要符合招标文件的要求。

6.递送投标文件

递送投标文件是指投标人在招标文件要求提交投标文件的截止时间前,将所有准备好的投标文件密封送达投标地点。招标人收到投标文件后,应当签收保存,不得开启。投标人在递交投标文件以后、投标截止时间之前,可以对所递交的投标文件进行补充、修改或撤回,并书面通知招标人,但所递交的补充、修改或撤回通知必须按招标文件的规定编制、密封和标志。补充、修改的内容为投标文件的组成部分。

3.2.3 投标报价

1.投标报价的概念

《建设工程工程量清单计价规范》(GB 50500—2013)规定,投标价是投标人参与工程项目投标时报出的工程造价,即指在工程发包过程中,由投标人或其委托具有相应资质的工程造价咨询机构按照招标文件的要求以及有关计价规定,依据发包人提供的工程量清单、施工设计图纸,结合工程项目特点、施工现场情况及企业自身的施工技术、装备和管理水平等,自主确定的工程造价。

投标报价是投标人希望达成工程承包交易的期望价格,投标报价不能高于招标人设定的招标控制价。

2.投标报价的编制依据

(1)《建设工程工程量清单计价规范》(GB 50500—2013)。

(2)国家或省级、行业建设主管部门颁发的计价办法。

(3)企业定额,国家或省级、行业建设主管部门颁发的计价定额和计价办法。

(4)招标文件、招标工程量清单及其补充通知、答疑纪要。

(5)建设工程设计文件及相关资料。

(6)施工现场情况、工程特点及投标时拟订的施工组织设计或施工方案。

(7)与建设项目相关的标准、规范等技术资料。

(8)市场价格信息或工程造价管理机构发布的工程造价信息。

(9)其他的相关资料。

3.投标报价的编制原则

(1)投标报价由投标人自主确定,但必须执行《建设工程工程量清单计价规范》(GB 50500—2013)的强制性规定。投标报价应由投标人或受其委托具有相应资质的工程造价咨询人编制。

(2)投标人的投标报价不得低于工程成本。《招标投标法》(2017年修正版)第四十一条规定:"中标人的投标应当符合下列条件之一:(一)能够最大限度地满足招标文件中规定的各项综合评价标准;(二)能够满足招标文件的实质性要求,并且经评审的投标价格最低;但是投标价格低于成本的除外。"《评标委员会和评标方法暂行规定》第二十一条规定:"在评标过程中,评标委员会发现投标人的报价明显低于其他投标报价或者在设有标底时明显低于标底,使得其投标报价可能低于其个别成本的,应当要求该投标人做出书面说明并提供相关证明材料。投标人不能合理说明或者不能提供相关证明材料的,由评标委员会认定该投标人以低于成本报价竞标,其投标应作废标处理。"上述法律、法规的规定,明确了投标人的投标报价不得低于成本。

(3)投标人必须按招标工程量清单填报价格。实行工程量清单招标，招标人在招标文件中提供工程量清单，其目的是使各投标人在投标报价中具有共同的竞争平台。为了避免出现差错，要求投标人必须按照招标人提供的工程量清单填报投标价格，填写的项目编码、项目名称、项目特征、计量单位、工程量必须与招标工程量清单一致。

(4)投标报价要以招标文件中设定承发包双方的责任划分，作为设定投标报价费用项目和费用计算的依据。承发包双方责任划分不同，会导致合同风险分摊不同，从而导致投标人报价不同；不同的工程承发包模式会直接影响工程项目投标报价的费用内容和计算深度。

(5)应以施工方案、技术措施等作为投标报价计算的基本条件。企业定额反映企业技术和管理水平，是计算人工、材料、机械台班消耗量的基本依据；投标人在投标报价时应充分利用现场考察、市场价格信息和行情资料等编制投标报价。

(6)投标人的投标报价高于招标控制价的应予废标。

4.投标报价的计价方法

(1)工料单价法

以工料单价乘以分部分项工程量，合计得到直接工程费，直接工程费汇总后再加措施费、间接费、利润和税金生成工程承发包价。

(2)综合单价法

综合单价分为全费用综合单价和部分费用综合单价。全费用综合单价中，其单价内容包含人工费、材料费、施工机具使用费、企业管理费、利润、规费和税金。部分费用综合单价中，其单价不包括规费和税金。我国的工程量清单采用的是部分费用综合单价。

综合单价如果是全费用综合单价，则综合单价乘以各分项工程量汇总后，就生成工程承发包价格。但如果是部分费用综合单价，则综合单价分别乘以各分项工程量汇总后，还需要加上规费和税金，才能得到工程承发包价。

5.投标报价的组成

根据住房和城乡建设部、财政部关于《建筑安装工程费用项目组成》的规定，建筑安装工程费用的构成如下：

(1)按照费用构成要素划分

建筑安装工程费用项目按费用构成要素划分为人工费、材料费、施工机具使用费、企业管理费、利润、规费和税金。其中人工费、材料费、施工机具使用费、企业管理费和利润包含在分部分项工程费、措施项目费、其他项目费中。

(2)按照工程造价形成划分

建筑安装工程费用按工程造价形成顺序划分为分部分项工程费、措施项目费、其他项目费、规费和税金，其中分部分项工程费、措施项目费、其他项目费包含人工费、材料费、施工机具使用费、企业管理费和利润。

6.投标报价的调整

在投标文件的编制过程中，造价人员估算出来的初始报价往往不能作为最终的投标报价，投标人需要根据工程特点、企业投标目的、投标竞争的激烈程度以及企业的投标策略等因素进行价格调整，最终形成投标报价。

3.3 投标报价的策略与技巧

3.3.1 投标报价的策略

在工程量清单计价的环境下,如何进行投标报价,采用何种策略,运用什么技巧十分关键。投标人应根据其经营状况和经营目标,既要考虑自身的优势和劣势,也要考虑市场竞争的激烈程度及竞争对手的实际情况,结合项目的整体特点、施工条件等因素综合确定报价策略。

投标人的报价策略可以分为以下三种:

1. 生存型策略

投标报价以克服生存危机为目的,可以少考虑利润,甚至不考虑利润而争取中标。这种策略在报价中不考虑风险费,是一种冒险行为。如果风险发生,承包商要承担极大的风险和损失,如果风险不发生,意味着承包商的报价是成功的。该投标策略的特点:第一,业主按最低价确定中标单位;第二,这种报价策略属于正当的商业竞争行为。

生存型策略主要适用于以下情形:

(1)面临工程断档,有大量的设备处理费用。

(2)某些分期建设工程,为了获取业主信任而承包后续工程,对一期工程以低报价中标。

2. 竞争型策略

投标报价以竞争为手段,以开拓市场、低盈利为目标,在精确计算成本的基础上,充分估计各竞争对手的报价目标,以有竞争力的报价达到中标的目的。

竞争型策略主要适用于以下情形:

(1)工作简单,工程量大,一般承包商均可承担,如大量的土石方工程。

(2)市场竞争激烈,承包商急于打入该市场创建业绩。

(3)该项目本身前景看好,可为本单位创建业绩。

(4)有可能中标后将工程的一部分以更低的价格分包给专业承包商。

(5)竞争对手多。

(6)该项目分期执行或该单位能以上乘质量赢得信誉,续签其他项目。

这种策略是大多数企业采用的,也称为保本低利策略。

3. 营利型策略

这种策略是投标报价充分发挥自身优势,以实现最佳盈利为目标。

营利型策略主要适用于以下情形:

(1)施工条件差,难度高、支付条件不好,工期要求苛刻,为联合伙伴陪标的项目。

(2)特殊工程,如港口海洋工程,需要特殊设备。

(3)业主要求很多且工期紧急的工程,可增收加急费。

(4)投标单位施工能力强,信誉度高,竞争对手少,专业要求高,技术密集型工程或对招标人有名牌效应,投标单位主要目的是扩大影响。

(5)支付条件不理想。

3.3.2 投标报价的技巧

投标报价的技巧是投标时所采用的有效方法。对于投标单位来说,报价高了,要承担不能中标的风险;报价低了,又可能承担不能营利甚至亏损的风险。投标人能否科学、合理地运用投标技巧,使其在投标报价中发挥作用,关系到能否中标以及盈利的多少,是整个投标报价工作的关键所在。

1. 不平衡报价法

不平衡报价是指一个工程项目的投标报价,在总价基本确定后,如何调整内部各个项目的报价,以期既不提高总价,不影响中标,又能在结算时得到更理想的经济效益。其核心思想是"多收钱、早收钱",基本做法如下:

(1) 能早日结账收款的项目报高一些(如基础工程、土方开挖等),后期项目(如机电设备安装)适当降低。

(2) 经过工程量核算,预计工程量会增加的项目单价可适当提高,这样结算时可以多收款;预计工程量会减少的项目单价适当降低,这样结算时损失也不大。

(3) 暂定项目,这类项目要具体分析,肯定要做的单价提高,不一定要做的单价降低。

(4) 单价包干混合合同,包干价项目宜报高价,其他单价项目可适当降低。

不平衡报价要建立在对工程量清单仔细分析核对的基础上,特别是降低报价的项目。因为如果这类项目在实施过程中工程量没有减少反而增加,会给承包商造成重大损失。另外,单价调整的痕迹太明显可能在评标阶段引起评标专家的怀疑,导致投标被否决。在合同履行中会引起业主的反感,导致后期合同履行不顺利;因此采用该方法时应注意:

(1) 报价前要对工程量表中的工程量仔细分析核对。

(2) 价格浮动要在合理的幅度范围内(一般为10%左右)。

2. 多方案报价法

当发现工程范围不很明确,条款不清楚或不公正,或技术规范要求过于苛刻时,应在充分估计投标风险的基础上,按多方案报价法处理。即按原招标文件报一个价,然后再提出"如某条款(如某规范规定)有……变动,报价可降低……"报一个较低的价。这样可以降低总价,吸引业主;或是对局部工程提出按成本补偿合同方式处理。其余部分报一个总价。

采用该策略必须注意以下两点:

(1) 招标文件中允许有备选方案时,投标人才可以做出不同的方案和不同报价,否则会导致投标被否决。

(2) 原方案必须满足招标文件的要求,在原方案通过评标后,再按照备选方案的建议报价。

3. 突然袭击法

突然袭击法又称为突然降价法,是指报价时先按一般情况报价,快到投标截止时再突然降价,确定最终投标报价。这是一种迷惑竞争对手,争取中标的方法。例如:鲁布革饮水系统工程招标时,大成公司在临近开标前把总价突然降低8.04%,从而击败竞争对手前田公司以最低价中标。

采用这种方法时,一定要在准备投标报价的过程中考虑好降价的幅度,在临近投标截止日期前,根据情报信息与分析判断,再做出最后决策。

应用突然降价法时一般采取降价函,内容包括降价系数、降价后的最终报价和降价理由。

4.暂定工程量报价法

暂定工程量主要有以下三种情况：

(1)业主规定了暂定工程量的分项内容和暂定总价,并规定在总报价中必须加入这笔固定金额,由于分项工程量不够准确,允许将来按投标单位所报单价和实际完成工程量付款。

(2)业主列出了暂定工程量的项目和数量,没有限制这些工程量的估计总价款,要求投标单位既可列出单价,也可按暂定项目的数量计算总价,结算按照实际的量和所报单价支付。

(3)只是暂定了工程的一笔固定金额,其用途由业主确定。

对于第(1)种情况,由于暂定总价款是固定的,对各投标人的总报价水平没有任何影响,因此投标时应适当提高暂定工程量的单价。这样做,既不会因为今后工程量变更而吃亏,也不会削弱投标报价的竞争力。

对于第(2)种情况,投标人按照正常的价格报价。同时分析工程量的准确性,估计今后实际工程量会增加的,则可以提高单价;反之,则降低单价。

对于第(3)种情况,对投标人无实际意义,按招标文件要求的暂定款列入总报价即可。

5.先亏后盈法

先亏后盈法是指投标人为了开辟某一市场,打进某一地区而采取的一种不惜代价,只求中标的方案。应用这种手法的承包商必须有较好的资信条件,并且提出的实施方案也先进可行,同时要加强对公司情况的宣传,否则即使标价低,业主也不一定选中。如果其他承包商遇到这种情况,不一定和这类承包商硬拼,而应力争第二、三标,再依靠自己的经验和信誉争取中标。

对于大型分期建设的工程,在一期工程投标时,可以将部分间接费分摊到二期工程中,少计利润以争取中标,这样在二期工程投标时,凭借一期工程的经验、临时设施以及创建的信誉,比较容易承揽到二期工程。但是要注意分析二期工程的可能性,如果二期工程开发前景不明确,后续资金来源不明,则不考虑采用该策略。

使用该策略存在一定风险：

(1)《招标投标法》(2017年修正版)第三十三条规定,投标人不得以低于成本的报价竞标。采用该策略,很可能因为在专家评标时被认定为低于成本价而导致投标被否决。

(2)如果后期工程不能中标,前期工程的亏损是无法弥补的。

6.联合保标法

在竞争对手众多的情况下,可以采取几家实力雄厚的承包商联合起来控制标价,一家出面争取中标,再将其中部分项目转让给其他承包商分包,或轮流相互保标。

该策略的实质是投标人之间的串标行为,如被业主发现,或其他非利益的投标人举报,则可能被取消投标资格。

微课

串通投标
的行为

7.开口升级报价法

开口升级报价法将报价看成协商的开始,首先对图纸和说明进行分析,将工程中的一些难题,如特殊基础等造价最多的部分抛开作为"活口",抛开将标价降至无法与之竞争的数额.利用这种"最低报价"吸引业主,从而取得与业主谈判的机会。由于特殊条件施工要求的灵活性,利用"活口"进行升级加价,可以达到最后中标的目的。

应用该策略时应注意：

(1)在报价单中应加以说明。

(2)针对特殊条件的施工。

3.4 电子投标

电子投标的程序如下:

电子投标的程序与传统投标的程序基本一致,不同的是所有的投标相关事宜通过信息技术的方式完成。其程序包括以下两个阶段:

1. 投标阶段

(1)用户注册

投标人应当在资格预审公告、招标公告或者投标邀请书载明的电子招标投标交易平台注册登记,如实递交有关信息,并经电子招标投标交易平台运营机构验证。

(2)参加资格审查

投标人通过资格预审公告、招标公告或者投标邀请书载明的电子招标投标交易平台递交数据电文形式的资格预审申请文件或者投标文件。

(3)购买招标文件

投标人进入电子招投标交易平台报名,购买招标文件,并导出招标文件、工程量清单及图纸等资料。

(4)校对工程量清单,并编制投标文件

工程量清单在下载过程中数据转换可能出现错误,投标人必须复核工程量数据的准确性。

投标人按照招标文件和电子招标投标交易平台的要求可以在线或离线编制并加密投标文件。投标人未按规定加密的投标文件,电子招标投标交易平台应当拒收并提示。

(5)递交投标文件

投标人应当在投标截止时间前完成投标文件的传输递交,并可以补充、修改或者撤回投标文件。投标截止时间前未完成投标文件传输的,视为撤回投标文件。投标截止时间后送达的投标文件,电子招标投标交易平台应当拒收。

电子招标投标交易平台收到投标人送达的投标文件,应当即时向投标人发出确认回执通知,并妥善保存投标文件。在投标截止时间前,除投标人补充、修改或者撤回投标文件外,任何单位和个人不得解密、提取投标文件。

2. 开标、评标和中标阶段

电子开标按照招标文件确定的时间,在电子招标投标交易平台上公开进行,所有投标人均应当准时在线参加开标。

开标时,电子招标投标交易平台自动提取所有投标文件,提示招标人和投标人按招标文件规定方式按时在线解密。解密全部完成后,应当向所有投标人公布投标人名称、投标价格和招标文件规定的其他内容。

因投标人原因造成投标文件未解密的,视为撤销其投标文件;因投标人之外的原因造成投标文件未解密的,视为撤回其投标文件,投标人有权要求责任方赔偿因此遭受的直接损失。部分投标文件未解密的,其他投标文件的开标可以继续进行。

招标人可以在招标文件中明确投标文件解密失败的补救方案,投标文件应按照招标文件的要求做出响应。

电子评标应当在有效监控和保密的环境下在线进行。

根据国家规定应当进入依法设立的招标投标交易场所的招标项目,评标委员会成员在依法设立的招标投标交易场所登录招标项目所使用的电子招标投标交易平台进行评标。评标的内容和评标方法等和传统评标一致。

评标中需要投标人对投标文件澄清或者说明的,招标人和投标人应当通过电子招标投标交易平台交换数据电文。

评标委员会完成评标后,应当通过电子招标投标交易平台向招标人提交数据电文形式的评标报告。

依法必须进行招标的项目中标候选人和中标结果应当在电子招标投标交易平台进行公示和公布。

招标人确定中标人后,应当通过电子招标投标交易平台以数据电文形式向中标人发出中标通知书,并向未中标人发出中标结果通知书。

招标人应当通过电子招标投标交易平台,以数据电文形式与中标人签订合同。

3.5 国际工程施工投标

3.5.1 国际工程投标的程序

国际工程投标(主要指施工投标)的程序大体上可分为四个主要过程,即工程项目的投标决策、投标前的准备工作、计算工程报价以及投标文件的编制和发送。

1. 工程项目的投标决策

影响投标决策的因素较多,但综合起来主要有以下三个方面:

(1) 业主方面的因素

业主方面主要考虑工程项目的背景条件。如业主的信誉和工程项目的资金来源;招标条件的公平合理性;业主所在国的政治、经济形势;对外商的限制条件等。

(2) 工程方面的因素

工程方面主要有工程性质和规模;施工的复杂性;工程现场的条件;工程准备期和工期;材料和设备的供应条件等。

(3) 承包商方面的因素

承包商方面主要考虑自身的经历和施工能力;在技术上能否胜任该工程;能否满足业主提出的付款条件和其他条件;本身垫付资金的能力;对投标对手情况的了解和分析等。

2. 投标前的准备工作

当承包商分析、研究并做出决策对某工程进行投标后,应进行充分的准备工作,主要包括:

(1) 在工程所在国登记注册

国际工程中,有些国家允许国外公司参加本国的工程建设投标活动,要求必须在本国注册登记,取得在该国进行经营活动的执照。登记注册有两种方式:一是先投标,经评标获得工程合同后才允许注册;二是先注册登记,在该国取得法人地位后再参加投标。如果属于第二种情况，则办理注册登记手续作为投标前的准备工作。

(2) 选择咨询单位及雇用代理人

在投标时，可以考虑选择一个咨询机构。在激烈竞争的公开招标形势下，一些专门的咨询公司应运而生，它们拥有经济、技术、法律和管理等各方面的专家，经常收集、积累各种资料、信息，因而能比较全面而准确地为投标者提供决策所需要的资料。

代理人即在工程所在地区能代表投标人的利益开展某些工作的人。一个好的代理人应该在当地，特别是在工商界有一定的社会活动能力，有较好的声誉，熟悉代理业务。

某些国家规定，外国承包企业必须有代理人才能在本国开展业务。即使没有这个规定，承包商到一个新的地区和国家投标时，也需要雇用代理人作为自己的帮手。承包人雇用代理人的最终目的是拿到工程，因此双方必须签订代理合同，规定双方的权利和义务。有时还需按当地惯例去法院办理委托手续。代理人协助投标人拿到工程，并获得该项工程的承包权，经与业主签约后，代理人才能得到较高的代理费(合同总价的1‰～3‰)。

(3) 选择合作伙伴

有些国家要求外国承包商在本地投标时，要尽量或必须和本地承包商合作，这就要求外国承包商在本地选择合适的合作伙伴。同时，由于国际工程承包通常工程规模都逐步增大，技术日趋复杂，所以承包商之间必须合作，组成联合体进行投标。

(4) 参加资格预审，购买招标文件，调查施工现场及市场，办理投标保函等。

按照招标文件提供的资格预审文件的格式填报相关资料。通过资格审查后，可购买招标文件，对施工现场及市场情况进行踏勘、调查、收集相关资料，并办理相关投标保函等。

3. 计算工程报价

承包商在严格按照招标文件的要求编制投标文件时，应根据招标工程项目的具体内容、范围，并根据自身的投标能力和工程承包市场的竞争状况，详细地计算招标工程的各项单价和汇总价，其中包括考虑一定的利润、税金和风险系数。

4. 投标文件的编制和发送

投标文件应完全按照招标文件的要求编制。目前，国际工程投标中多数采用规定的表格形式填写，这些表格形式在招标文件中已给定，投标单位只需将规定的内容、计算结果按要求填入即可。投标文件中的内容主要有投标书、投标保证书、工程报价表、施工规划及施工进度、施工组织机构及主要管理人员人选及简历、其他必要的附件及资料等。

投标书的内容、表格等全部完成后，即将其装封，按招标文件指定的时间、地点报送。

3.5.2 国际工程投标应注意的事项

(1) 参加国际工程投标应注意及时办理相关手续，具体如下：

① 经济担保(或保函)

如投标保证书、履约保证书以及预付款保证书。

② 保险

一般有如下保险：

- 工程保险 按全部承包价投保，中国人民保险公司按工程造价2‰～4‰的保险费率计取保险费。

- 第三方责任险 招标文件中规定有投保额，一般与工程险合并投保。

- 施工机械损坏险 投重置价值投保,保险年费率一般为 15‰~25‰。
- 人身意外险 中国人民保险公司对工人规定投保额为 2 万元,技术人员较高,年费率皆为 1‰。
- 货物运输险 分平安险、水渍险、一切险、战争险等,中国人民保险公司规定投保额为 110％的利率货价,一般以一揽子险(即一切险＋战争险)投保。

③代理费(佣金)

在国际上投标后能否中标,除了靠施工企业自身的实力(技术、财力、设备、管理、信誉等)和标价的优势外,还需要物色得力的代理人,一旦中标就得付标价 1％~3％的代理费。

(2)不得任意修改投标文件中原有的工程量清单和投标书的格式。

(3)计算数据要正确无误。无论单价、总价、分部合计、总标价或外文大写数字,均应仔细核对。尤其在实行单价合同承包制工程中的单价,更应正确无误。否则中标订立合同后,在整个施工期间均须按错误合同单价结算造价,而蒙受不应有的损失。

(4)递交文件不宜太早,一般在招标文件规定的截止日期前一两日内密封送交指定地点。

总之,要避免因为细节的疏忽和技术上的缺陷而使投标书无效。

思考与习题

一、选择题

1.招标人组织现场踏勘后,对投标人在答疑会上提出的问题,招标人应当(　　)。
A.以口头的形式答复提出人　　B.以书面的形式答复提出人
C.以书面的形式答复所有投标人　　D.可以不向其他的投标人答复

2.在投标报价中采用不平衡报价时,对预计今后工程量会增加的项目,单价可(　　)。
A.适当降低　　B.适当提高　　C.不改变　　D.咨询招标单位意见

3.《招标投标法》(2017 年修正版)规定,投标文件应对招标文件提出的要求和条件(　　)。
A.提出修改的意见　　B.做出实质性响应
C.提出要约的条件　　D.通过谈判协商后确定

4.在编制投标报价时,如招标人给出的工程量清单有较大误差时,投标人可以(　　)。
A.直接改变工程量　　B.找造价主管部门澄清
C.致函或找业主澄清　　D.找其他投标人商量

5.根据有关法律规定,施工投标保证金不得超过招标项目(　　)的 2％。
A.估算价　　B.投标价
C.合同价格　　D.签约合同价格

6.某市火电站建设项目进行招标,招标人规定投标人提交投标文件截止日期为 2016 年 11 月 20 日,投标人在投标文件截止日期前已提交投标文件。2016 年 11 月 18 日,投标人向招标人提出撤回提交的投标文件,此时(　　)。
A.招标人不允许投标人撤回提交的投标文件
B.招标人与投标人协商是否可撤回提交的投标文件
C.招标人通过行政主管部门商议是否允许投标人撤回提交的投标文件

D.招标人允许投标人撤回提交的投标文件

7.某高速公路项目进行招标,按照《招标投标法》(2017年修正版)的规定,开标后允许( )。

A.投标人更改投标书的内容和报价
B.投标人再增加优惠条件
C.评标委员会要求投票人澄清问题
D.招标人更改招标文件中说明的评标、定标办法

8.投标截止时间前未完成投标文件传输的,视为投标人( )投标文件。

A.撤回　　　　B.放弃　　　　C.终止　　　　D.撤销

二、简答题

1.简述建设工程施工投标的程序。
2.现场踏勘主要工作内容包括哪些?
3.投标文件包括哪些内容?
4.主要的投标策略有哪些?
5.投标人可以运用哪些投标技巧?
6.电子投标程序性的规定有哪些?
7.投标中,投标人可能存在哪些职业风险,应如何规避?

三、案例分析

案例一:

某政府机关新建高层办公大楼幕墙工程公开招标,有6家具有建筑幕墙施工资质的企业参加投标。开标后,招标人按照法定程序组织评标委员会进行评标,评标的标准和方法在开标会议上公布,并作为招标文件附件发送给各投标人。评标委员会在对各投标人的资信、商务、技术标书评审过程中发现:A投标人出具的《安全生产许可证》已过期;B投标人在投标函上填写的内容,大写与小写不一致。经综合评审按照得分的多少,评标委员会推荐C、D、E公司分别为第一、第二和第三中标候选人,后招标人认为D公司具有建筑幕墙工程丰富的施工经验,最后宣布由D公司中标。在签订合同时,考虑到D公司投标报价高于C公司,招标人要求D公司以C公司的投标报价承包本项目,D公司欣然同意并签订了合同。

(1)本案工程评标的标准和方法在开标会议上公布是否合法?请说明理由。
(2)投标人A的投标是否为有效标?请说明理由。
(3)投标人B的投标是否为有效标?请说明理由。
(4)招标人确定D公司为中标人有无不妥?请说明理由。
(5)招标人同D公司签订合同的行为有无不妥?请说明理由。

案例二:

某依法进行招标的政府投资建设工程项目已核准的招标方式为公开招标。招标人委托某招标代理机构代理施工招标,并委托具有相应资质的工程造价咨询单位编制工程量清单及招标控制价。招标人提出以下要求:

要求1:考虑到该项目建设工期紧,为缩短招标时间,要求采用邀请招标方式,招标文件发售时间为3日。

要求2:为控制工程造价,工程造价咨询单位编制的招标控制价不超过经批准的初步设计概算的95%。

要求3：为防止投标人恶意低价竞标，规定本次招标的最低投标限价为招标控制价的85%。

要求4：为加强监督，邀请项目所在地的行政监督部门某处担任本项目评标专家。

项目如期开标，在开标过程中发生以下事件：

事件1：投标人A未按照招标文件规定递交投标保证金，于是招标代理机构当场宣布投标人A的投标文件为无效投标。

事件2：投标截止时间为上午10时00分，接受地点为开标现场会议室。投标人B于开标当日9时59分进入该会议室大门，将投标文件递交给招标代理机构的时间为10时01分，招标代理机构拒收该投标文件。

事件3：行政监督部门某科长检查了投标文件的密封情况，宣布所有投标文件均密封完好。

事件4：招标代理机构工作人员依次拆封所有已接收的投标文件，且依次公布了投标人的投标报价、投标保证金递交情况、工期等内容。投标人C的投标文件中投标报价小写为2 234 567元，大写为贰佰贰拾叁肆伍佰陆拾柒元，唱标人员核查投标文件后，最终宣布其投标报价为贰佰贰拾叁万肆仟伍佰陆拾柒元。所有投标人在开标现场未提出异议，投标人C的委托代理人在开标记录上签字确认。

事件5：所有投标人离开开标现场后，投标人D向招标人提出书面异议，内容为："投标人C的投标报价应当在开标现场否决。"

问题：

1. 逐一指出招标人要求1～要求4中不妥之处，并简要说明理由。
2. 逐一指出事件1～事件4中的不妥之处，并简要说明理由。
3. 招标人是否应该接受事件5中投标人D的书面异议？简要说明理由。

自我测评

通过本章的学习，你是否掌握了建设工程施工投标的相关知识？下面赶快拿出手机扫描二维码测一测吧。

建设工程施工投标

第4章 招标投标实务

知识目标

1. 掌握招标文件的编制方法和内容。
2. 掌握投标文件的编制方法和内容。

职业素质及职业能力目标

1. 培养学生的团队协作能力和创新思维。
2. 具备编制招标文件、投标文件的能力。
3. 具备分析问题、解决问题的能力。

微课

模拟开标

4.1 招标实务

某工程招标文件实例

目录

第一卷　第一章　招标公告
　　　　第二章　投标人须知
　　　　第三章　评标方法
　　　　第四章　合同条款及格式
　　　　第五章　工程量清单（略）
第二卷　第六章　图纸（略）
第三卷　第七章　技术标准和要求
第四卷　第八章　投标文件格式

4.1.1 第一卷

第一章　招标公告（另册）

第二章　投标人须知

投标人须知前附表

条款号	条款名称	编列内容
1.1.2	招标人	名称：××县××乡政府 地址：四川省××县×××街××号 联系人：×× 电话：135××××××××
1.1.3	招标代理机构	名称：中国××××××总公司 地址：成都市××区×××广场×座×楼×××室 联系人：×× 电话：028-××××××××
1.1.4	项目名称	××县××乡××××建设项目
1.1.5	建设地点	××州××县
1.2.1	资金来源	国家投资
1.2.2	出资比例	100％
1.2.3	资金落实情况	已落实
1.3.1	招标范围	工程量清单表中所包含的项目全部内容（详见工程量清单）
1.3.2	计划工期	计划工期：各标段均为 5 个月 计划开工日期：2020 年 6 月 20 日；计划竣工日期：2020 年 11 月 20 日
1.3.3	质量要求	合格
1.4.1	投标人资质条件、能力和信誉	资质条件：具备房屋建筑施工总承包三级或三级以__上__资质 财务要求：近 3 年(2017、2018 及 2019 年)无亏损,负债率不高于 60％ 业绩要求：近__1__年已完成不少于__4__个类似项目。 近__/__年正在施工和新承接的项目共不少于__/__个类似项目。 类似项目是指：近一年(2019 年至今)开工并完工不小于本工程规模类似房建工程。 信誉要求：没有处于投标禁入期内(附承诺书)。 项目经理(建造师,下同)资格：建造师(临时建造师),专业房屋建筑工程专业,级别二级,具有安全生产考核合格证、中级职称。 参加本项目投标时没有在其他未完工程项目担任项目经理,中标后至完工前也不得在其他项目担任项目经理。 技术负责人资格：房屋建筑专业高级职称。 其他要求：符合评审要求
1.4.2	是否接受联合体投标	☑不接受 □接受,应满足下列要求
1.4.3	限制投标的情形	除投标人不得存在的 12 种情形之一外,投标人也不得存在下列情形之一： (13)四川省国家投资建设项目的第一中标候选人以资金、技术、工期等非正当理由放弃中标的,在__3__年内不接受其投标； (14)在四川省地震灾后重建工程中违法、违规的企业和个人被有关行政主管部门行政处罚的,在__5__年(限定在 3 至 5 年)内不接受其投标； (15)近半年内在所有招标投标和合同履行过程中被监督部门行政处罚的； (16)近 3 年内在招标投标和合同履行过程中有腐败行为并被司法机关认定为犯罪的； (17)近 3 年内,在招标人(包括与本项目招标人有股权或隶属关系的招标人)的既往项目合体履行过程中,被监督部门或司法机关认定投标人不履行合同、项目经理或主要技术负责人被招标人撤换的； (18)投标人与招标人相互参股或相互任职。 有下列情形之一,不得在同一项目(标段)中同时投标： (1)法定代表人为同一人； (2)母公司与其全资子公司； (3)母公司与其控股公司(直接或间接持股不低于 30％)； (4)被同一法人直接或间接持股不低于 30％的两个及两个以上法人； (5)具有投资参股关系的关联企业； (6)相互任职或工作的

续表

条款号	条款名称	编列内容
1.9.1	踏勘现场	☑不组织,由投标人自行踏勘现场 □组织
1.10.1	投标预备会	☑不召开,本工程不统一组织答疑,投标人有任何疑问请于2018年5月25日15:00前以加盖公章的书面形式提交到招标代理机构。招标代理机构将对上述时间内提交的书面问题做出书面回答 □召开,召开时间
1.10.2	投标人提出问题的截止时间	2020年 5 月 25 日 15:00 时(北京时间)
1.10.3	招标人书面澄清的时间	招标代理机构将于2020年 5 月 25 日 17:00 时前对投标人的问题以补遗书的形式进行书面回答
1.11	分包	☑不允许 □允许
1.12	偏离	不允许
2.1	构成招标文件的其他材料	补遗书
2.2.1	投标人要求澄清招标文件的截止时间	投标截止时间15日前
2.2.2	投标截止时间	2020年 6 月 9 日 10 时 30 分
2.2.3	投标人确认收到招标文件澄清的时间	收到招标文件澄清后24小时内
2.3.2	投标人确认收到招标文件修改的时间	投标人收到编号的补遗书后24小时内
3.1.1	构成投标文件的其他材料	(1)投标文件真实性和不存在限制投标情形的声明 (2)电子文件,其应包括所有投标文档内容(除企业有关证明数据复印件外),电子文件应采用Word或Excel(商务标还应采用预算软件格式文件)格式编制,电子文件必须是光盘(VCD、DVD格式)或U盘,其外壳应注明工程名称、标段号(如有时)、投标人名称,且保证在评标时能正常读取
3.3.1	投标有效期	投标截止之日起60日
3.4.1	投标保证金	投标保证金的形式:投标保证金必须通过投标人的基本账户以银行转账方式缴纳。 投标保证金的金额:各标段均为 3 万元。 转账的投标保证金应在2020年 6 月 5 日 17:00 前到达招标人以下账号: 开户单位:中国××××总公司成都办事处 开户银行:招商银行××××支行 账　　号:××××××××××× 银行地址:成都市一环路××××××× 联系电话:028-××××××××× 投标人凭银行进账单换取收据,招标人凭银行收款回单(已进招标人账户)向投标人出具收据,收据复印件应按要求装订在投标文件里与投标文件同时递交

续表

条款号	条款名称	编列内容
3.4.3	投标保证金的退还	投标保证金退还到投标人的基本账户。退还投标保证金时投标人须提供以下资料： (1)写明投标单位基本账户银行账号的单位介绍信及经办人身份证复印件(出示身份证原件) (2)投标保证金收据原件 (3)与招标人签订的合同原件及履约担保收据复印件(仅对中标人适用) (4)支付招标代理服务费用后(仅对中标人适用)
3.4.4	投标保证金不予退还的情形	"拒签合同"是指： (1)明示不与招标人签订合同； (2)没有明示但不按照招标文件、中标人的投标文件、中标通知书要求与招标人签订合同。 投标人在投标活动中串通投标、弄虚作假的，投标保证金也不予退还
3.5.2	近年财务状况的年份要求	3 年(2017、2018、2019 年)
3.5.3	近年完成的类似项目的年份要求	1 年(2019 年至今)
3.5.5	近年发生的诉讼及仲裁情况的年份要求	3 年(2017、2018、2019 年)
3.6	是否允许递交备选投标方案	☑不允许 □允许
3.7.1	投标文件格式	(1)不得对招标文件格式中的内容进行删减或修改，以空格(下划线)标示由投标人填写的内容，确实没有需要填写的，应在空格中用"/"标示。但招标文件中另有规定的从其规定。 (2)投标人在投标文件中填写或自行增加的内容，不得与招标文件的强制性审查标准和禁止性规定相抵触
3.7.3	签字、盖章要求	(1)所有要求签字的地方都应用不褪色的墨水或签字笔本人亲笔手写签字(包括姓和名)，不得用盖章(如签名章、签字章等)代替，也不得由他人代签。 (2)所有要求盖章的地方都应加盖投标人单位(法定名称)章(鲜章)，不得使用专用印章(如经济合同章、投标专用章等)或下属单位印章代替。 (3)要求法定代表人或其委托代理人签字的地方，法定代表人亲自投标而不委托代理人投标的，由法定代表人签字；法定代表人授权委托代理人投标的，由委托代理人签字
3.7.4	投标文件副本份数	___1___ 份 投标文件副本应由已签字、盖章、编页码、小签的正本复制(复印)而成(包括证明文件)。正、副本内容应一致。 配套电子文档 1 套，应以 U 盘形式提交(需扫描才能文档化的资料可以不提供电子文档，工程量清单报价表采用 Excel 格式，同时还应提供专业预算软件格式电子文档)，中标单位按业主要求的份数再另外提供副本
3.7.5	装订要求	投标文件的正本和副本一律用 A4 复印纸(图、表及证件可以除外)编制和复制。 投标文件的正、副本应采用粘贴方式于左侧装订，不得采用活页夹等可随时拆换的方式装订，不得有零散页。 投标文件应严格按照第八章"投标文件格式"中的目录次序装订；若同一册的内容较多，可装订成若干分册，并在封面标明次序及册数。 投标文件中的证明、证件及附件等的复制件应集中紧附在相应正文内容后面，并尽量与前面正文部分的顺序相对应。 修改的投标文件的装订也应按本要求办理

续表

条款号	条款名称	编列内容
4.1.1	投标文件的包装和密封	投标文件的正本和副本应分开包装,正本一个包装,副本一个包装,当副本超过一份时,投标人可以每一份副本一个包装。 每一个包装都应在其封套的封口处加贴封条,并在封套的封口处加盖投标人单位章(鲜章)
4.1.2	封套上写明	招标人的地址:___四川××县×××街××号___ 招标人名称:××县××乡××××××建设项目第_×___施工投标文件 在__××__年_×_月_×_日_10_时_30_分前不得开启
4.2.2	递交投标文件地点	四川省×××建设工程交易中心
4.2.3	是否退还投标文件	☑否 □是
5.1	开标时间和地点	开标时间:2020_年_6_月_9_日_10_时_30_分(同投标截止时间) 开标地点:四川省××州建设工程交易中心
5.2	开标程序	(1)密封情况检查:由投标人代表按4.1条要求交叉检查 (2)开标顺序:按标段顺序,随机
6.1.1	评标委员会的组建	评标委员会共_5_人。
6.3	评标方法	经评审的最低投标价法
7.1	是否授权评标委员会确定中标人	□是 ☑否,推荐的中标候选人数:招标人授权评标委员会在投标单位通过形式评审、资格评审、响应性评审及施工组织设计和项目管理机构评审的前提下,推荐出投标报价由低到高的一至三名为中标候选人(投标报价低于成本的除外),并标明排名顺序
7.3.1	履约担保及投标控制价	履约保证金包括基本履约保证金和差额履约保证金。 (1)履约保证金=基本履约保证金+差额履约保证金。 (2)基本履约保证金=中标价的10%(含5%的民工工资保证金) (3)差额履约保证金=3×(投标最高限价×85%-中标净价) 投标最高限价:人民币_(详见工程量清单)_万元。 履约担保的形式: 履约担保总金额中,其中现金占_100_%,保函担保占_/_%。现金担保必须通过中标人的基本账户以银行转账方式缴纳,保函担保应符合招标文件第四章"合同条款及格式"规定的履约担保格式要求
10		需要补充的其他内容
10.1	编页码和小签	投标文件从目录第一页开始连续、逐页编页码(包括无任何内容的页),位置:页面底端(页脚),对齐方式:居中。 页码从阿拉伯数字1开始顺序排列。 投标人应在页码旁小签。小签可签全名,也可只签姓。 是由投标人的法定代表人还是其授权的委托代理人小签,以及小签的要求,按3.7.3签字的要求办理
10.2	招标代理服务费	中标的投标人支付。招标代理服务费不计入投标报价,中标后,按"国家计委关于印发《招标代理服务收费管理暂行办法》的通知""计价格〔2002〕1980号"规定的招标代理服务收费标准,以及招标人和招标代理机构签订并已备案的《四川省国家投资工程建设项目委托招标代理合同》(四川省发展和改革委员会、四川省工商行政管理局制定的规范文本)中确定的上(下)浮动幅度(20%),计算出招标代理服务费,支付给招标代理机构

续表

条款号	条款名称	编列内容
10.3	报价唯一	只能有一个有效报价。即： (1)单价和总价都只允许有一个报价,有选择和保留的报价将不予接受。 (2)开标记录表中记录的投标报价、投标文件中投标函的投标总报价(大写)和报价汇总表中的总价金额,三者应完全一致(按要求小数点后四舍五入的除外)
10.4	低于成本报价	凡投标价低于控制价85%的报价,一律为废标
10.5	中标价	以中标的投标人在投标函中的投标总报价为准。按第三章"评标方法"3.1.3对投标报价进行修正的,以投标人接受的修正价格为中标价。 评标价不作为中标价;无论是采用综合评估法还是经评审的最低投标价法,都不保证报价最低的投标人中标,也不解释原因
10.6	确定中标人	招标人按照评标委员会推荐中标候选人的顺序确定中标人。但当投标人被推荐为中标候选人的合同段数量多于可以中标的合同数量时,按如下方式确定中标人： (1)由招标人选择中标的合同段。 招标人选择该投标人中标的合同段的原则是：该投标人在该合同段的中标价在中标候选人中最低。 (2)根据《工程建设项目施工招标投标办法》第五十八条,招标人应当确定排名第一的中标候选人为中标人。排名第一的中标候选人放弃投标、因不可抗力提出不能履行合同,或者招标文件规定应当提交履约保证金而在规定的期限内未能提交的,招标人可以确定排名第二的中标候选人为中标人。 (3)根据"四川省人民政府关于严格规范国家投资工程建设项目招标投标工作的意见"川府发〔2007〕14号(二十二),招标人应依法确定中标人。第一中标候选人以资金、技术、工期等非正当理由放弃中标,没收投标保证金;不能弥补第一、第二中标候选人报价差额的,招标人应当依法重新招标
10.7	建设资金拨付	项目业主的建设资金只能拨付中标人在项目实施地银行开设、留有投标文件承诺的项目经理印鉴的企业法人账户。 招标人支付给中标人的预付款一般不少于建设项目当年投资额的10%;进度款按规定支付,额度一般不少于已完工程造价的90%。招标人不按要求支付预付款和进度款的,按法律规定和合同约定承担违约责任。具体由专用合同条款约定
10.8	合同履行过程中物价波动引起的价格调整	可以调整。在履行合同时,应按照合同约定的单价和价格作价进行支付,即投标报价表中标明的单价和价格在合同执行过程中是固定不变的,但因物价波动引起的价格变化可做调整;但因法律变化引起的价格调整除外
10.9	压证施工制度	实行项目经理、项目主要技术负责人压证施工制度
10.10	严禁转包和违法分包	严禁转包和违法分包。未经行政主管部门批准,中标人不得变更项目经理、项目总监和主要技术负责人。 除招标文件未明确可以分包的,中标人不得进行任何形式的分包。 中标人派驻施工现场的项目经理、项目总监、主要技术负责人与投标文件承诺不符的,视同转包
10.11	增加工程量的管理	增加的工程量超过该单项工程合同价的15%的,必须按经施工单位申报、监理签字、业主认可、概算批准部门会同行政主管部门评审的程序办理
10.12	合同备案	承包合同按有关规定备案。 双方当事人就合同产生纠纷时,以备案的中标合同作为根据

续表

条款号	条款名称	编列内容
10.13	招标文件内容冲突的解决及优先适用次序	(1)招标人编制的内容与国家发改委等9部委令2007年第56号规定"不加修改地引用"部分和《省进一步要求》不相抵触。如不一致或抵触,不一致或抵触的内容无效,以"不加修改地引用"和《省进一步要求》的内容为准。 (2)招标人发出的招标文件(包括修改、澄清或补遗文件)与招标投标行政监督备案的招标文件不一致,以备案的招标文件为准,并对不一致的地方进行修改。没有备案资料的招标文件(包括修改、澄清或补遗文件)不作为评标的依据。 (3)招标文件中招标人编制的内容前后有矛盾或不一致,有时间先后顺序的,以时间在后的修改、澄清或补正文件为准;没有时间先后顺序的,以公平的原则进行处理,或参照10.14(3)的原则处理
10.14	招标文件的解释	(1)对《标准施工招标文件》中不加修改地引用的内容做出解释,按照部门各自职责分工,分别由省发展改革部门、行业主管部门负责。 (2)《省进一步要求》由制定部门按职责分工做出解释。 (3)招标人自行编写的内容由招标人(招标代理机构)解释。对招标人自行编写的内容解释有争议的,由备案的行政监督部门按照招标文件所使用的词句、招标文件的有关条款、招标的目的、习惯以及诚实信用原则,确定该条款的真实意思。有两种以上解释的,做出不利于招标人一方的解释
10.15	招标文件中的注	《省进一步要求》中的注(有些含有说明性和要求性内容,仿宋五号字体,统称为注),本招标文件因编制体例需要,未全部标注或引用。但对本招标文件的理解和对投标人、投标文件的编制要求,仍应以《省进一步要求》中的注为准
10.16	投标文件的真实性要求	投标人所递交的投标文件(包括有关资料、澄清)应真实可信,不存在虚假(包括隐瞒)。投标人声明不存在限制投标情形的,构成隐瞒,属于虚假投标行为。 如投标文件存在虚假,在评标阶段,评标委员会应将该投标文件作为废标处理;中标候选人确定后发现的,招标人和招标投标行政监督部门可以取消中标候选人或中标人资格
10.17	中标后递交履约保证金的时间及签订合同的时间	中标通知书发出后7个日历天内,应按招标文件规定的额度向招标人提交履约保证金,否则按有关规定办理; 中标通知书发出后20个日历天内,在递交了履约保证金后,与招标人签订施工合同
10.18	民工工资保证金	中标人还需要缴纳民工工资保证金(现金担保),从中标人的银行基本账户转账。保证金金额为中标价的5%。 缴纳时间及方式:中标通知书发出后10个日历天递交

注:本投标人须知前附表与招标文件的其他内容不一致时,以本表内容为准

1．总则

1.1 项目概况

1.1.1 根据《中华人民共和国招标投标法》等有关法律、法规和规章的规定,本招标项目已具备招标条件,现对本工程施工进行招标。

1.1.2 本招标项目招标人:见投标人须知前附表。

1.1.3 本工程招标代理机构:见投标人须知前附表。

1.1.4 本招标项目名称:见投标人须知前附表。

1.1.5 本工程建设地点:见投标人须知前附表。

1.2 资金来源和落实情况

1.2.1 本招标项目的资金来源：见投标人须知前附表。

1.2.2 本招标项目的出资比例：见投标人须知前附表。

1.2.3 本招标项目的资金落实情况：见投标人须知前附表。

1.3 招标范围、计划工期和质量要求

1.3.1 本次招标范围：见投标人须知前附表。

1.3.2 本工程的计划工期：见投标人须知前附表。

1.3.3 本工程的质量要求：见投标人须知前附表。

1.4 投标人资格要求

1.4.1 投标人应具备承担本工程施工的资质条件、能力和信誉。

(1)资质条件：见投标人须知前附表。

(2)财务要求：见投标人须知前附表。

(3)业绩要求：见投标人须知前附表。

(4)信誉要求：见投标人须知前附表。

(5)项目经理资格：见投标人须知前附表。

(6)其他要求：见投标人须知前附表。

1.4.2 本项目不接受联合体投标。

1.4.3 投标人不得存在下列情形之一：

(1)为招标人不具有独立法人资格的附属机构（单位）。

(2)为本工程前期准备提供设计或咨询服务的，但设计施工总承包的除外。

(3)为本工程的监理人。

(4)为本工程的代建人。

(5)为本工程提供招标代理服务的。

(6)与本工程的监理人或代建人或与招标代理机构同为一个法定代表人的。

(7)与本工程的监理人或代建人或招标代理机构相互控股或参股的。

(8)与本工程的监理人或代建人或招标代理机构相互任职或工作的。

(9)被责令停业的。

(10)被暂停或取消投标资格的。

(11)财产被接管或冻结的。

(12)在最近三年内有骗取中标或严重违约或重大工程质量问题的。

1.5 费用承担

投标人准备和参加投标活动发生的费用自理。

1.6 保密

参与招标投标活动的各方应对招标文件和投标文件中的商业和技术等秘密保密，违者应对由此造成的后果承担法律责任。

1.7 语言文字

除专用术语外，与招标投标有关的语言均使用中文。必要时专用术语应附有中文注释。

1.8 计量单位

所有计量均采用中华人民共和国法定计量单位。

1.9 踏勘现场

1.9.1 投标人自行踏勘项目现场。

1.9.2 投标人踏勘现场发生的费用自理。

1.9.3 除招标人的原因外，投标人自行负责在踏勘现场中所发生的人员伤亡和财产损失。

1.9.4 招标人在踏勘现场中介绍的工程场地和相关的周边环境情况，供投标人在编制投标文件时参考，招标人不对投标人据此做出的判断和决策负责。

1.10 投标预备会

1.10.1 招标人不召开投标预备会。

1.10.2 投标人应在投标人须知前附表规定的时间前，以书面形式将提出的问题送达招标人，以便招标人在规定时间内澄清。

1.10.3 招标人在投标人须知前附表规定的时间内，将对投标人所提问题的澄清以书面方式通知所有购买招标文件的投标人。该澄清内容为招标文件的组成部分。

1.11 分包

投标人拟在中标后将中标项目的部分非主体、非关键性工作进行分包的，应符合投标人须知前附表规定的分包内容、分包金额和接受分包的第三人资质要求等限制性条件。

1.12 偏离

见投标人须知前附表。

2．招标文件

2.1 招标文件的组成

本招标文件包括：

(1)招标公告

(2)投标人须知

(3)评标方法

(4)合同条款及格式

(5)工程量清单

(6)图纸

(7)技术标准和要求

(8)投标文件格式

(9)投标人须知前附表规定的其他材料

根据本章第 1.10 款、第 2.2 款和第 2.3 款对招标文件所做的澄清、修改，构成招标文件的组成部分。

2.2 招标文件的澄清

2.2.1 投标人应仔细阅读和检查招标文件的全部内容。如发现缺页或附件不全，应及时向招标人提出，以便补齐。如有疑问，应在投标人须知前附表规定的时间前以书面形式（包括信函、电报、传真等可以有形地表现所载内容的形式，下同），要求招标人对招标文件予以澄清。

2.2.2 招标文件的澄清将在投标人须知前附表规定的投标截止时间 15 日前以书面形式发给所有购买招标文件的投标人，但不指明澄清问题的来源。如果澄清发出的时间距投标截止时间不足 15 日，相应延长投标截止时间。

2.2.3 投标人在收到澄清后，应在投标人须知前附表规定的时间内以书面形式通知招标人,确认已收到该澄清。

2.3 招标文件的修改

2.3.1 在投标截止时间 15 日前,招标人可以书面形式修改招标文件,并通知所有已购买招标文件的投标人。如果修改招标文件的时间距投标截止时间不足 15 日,相应延长投标截止时间。

2.3.2 投标人收到修改内容后,应在投标人须知前附表规定的时间内以书面形式通知招标人,确认已收到该修改。

3. 投标文件

3.1 投标文件的组成

3.1.1 投标文件应包括下列内容:
(1)投标函及投标函附录
(2)法定代表人身份证明或附有法定代表人身份证明的授权委托书
(3)投标保证金
(4)已标价工程量清单
(5)施工组织设计
(6)项目管理机构
(7)资格审查资料
(8)投标人须知前附表规定的其他材料

3.1.2 投标人须知前附表规定不接受联合体投标的,或投标人没有组成联合体的,投标文件不包括联合体协议书。

3.2 投标报价

3.2.1 投标人应按第五章"工程量清单"的要求填写相应表格。

3.2.2 投标人在投标截止时间前修改投标函中的投标总报价,应同时修改第五章"工程量清单"中的相应报价。此修改须符合本章第 4.3 款的有关要求。

3.3 投标有效期

3.3.1 在投标人须知前附表规定的投标有效期内,投标人不得要求撤销或修改其投标文件。

3.3.2 出现特殊情况需要延长投标有效期的,招标人以书面形式通知所有投标人延长投标有效期。投标人同意延长的,应相应延长其投标保证金的有效期,但不得要求或被允许修改或撤销其投标文件;投标人拒绝延长的,其投标失效,但投标人有权收回其投标保证金。

3.4 投标保证金

3.4.1 投标人在递交投标文件的同时,应按投标人须知前附表规定的金额、担保形式和第八章"投标文件格式"规定的投标保证金格式递交投标保证金,并作为其投标文件的组成部分。

3.4.2 投标人不按本章第 3.4.1 项要求提交投标保证金的,其投标文件做废标处理。

3.4.3 招标人与中标人签订合同后 5 个工作日内,向未中标的投标人和中标人退还投标保证金。

3.4.4 有下列情形之一的,投标保证金将不予退还:
(1)投标人在规定的投标有效期内撤销或修改其投标文件。
(2)中标人在收到中标通知书后,无正当理由拒签合同协议书或未按招标文件规定提交履约担保。

(3)因投标人的原因造成招标失败或流标所给招标代理机构或招标人造成的损失,应由投标人负责承担,其费用在投标人退还投标保证金时扣除。

3.5 资格审查资料

3.5.1 "投标人基本情况表"应附投标人营业执照副本及其年检合格的证明材料、资质证书副本和安全生产许可证等材料的复印件。

3.5.2 "近年财务状况表"应附经会计师事务所或审计机构审计的财务会计报表,包括资产负债表、现金流量表、利润表的复印件,具体年份要求见投标人须知前附表。

3.5.3 "近年完成的类似项目情况表"应附中标通知书、施工合同和竣工验收报告(工程接收证书)的复印件,具体年份要求见投标人须知前附表。每张表格只填写一个项目,并标明序号。

3.5.4 "正在施工和新承接的项目情况表"应附中标通知书和合同协议书复印件。每张表格只填写一个项目,并标明序号。

3.5.5 "近年发生的诉讼及仲裁情况"应说明相关情况,并附法院或仲裁机构做出的判决、裁决等有关法律文书复印件,具体年份要求见投标人须知前附表。

3.6 备选投标方案

除投标人须知前附表另有规定外,投标人不得递交备选投标方案。

3.7 投标文件的编制

3.7.1 投标文件应按第八章"投标文件格式"进行编写,如有必要,可以增加附页,作为投标文件的组成部分。其中,投标函附录在满足招标文件实质性要求的基础上,可以提出比招标文件要求更有利于招标人的承诺。

3.7.2 投标文件应当对招标文件有关工期、投标有效期、质量要求、技术标准和要求、招标范围等实质性内容做出响应。

3.7.3 投标文件应用不褪色的材料书写或打印,并由投标人的法定代表人或其委托代理人签字或盖单位章。委托代理人签字的,投标文件应附法定代表人签署的授权委托书。投标文件应尽量避免涂改、行间插字或删除。如果出现上述情况,改动之处应加盖单位章或由投标人的法定代表人或其授权的代理人签字确认。签字或盖章的具体要求见投标人须知前附表。

3.7.4 投标文件正本一份,副本(副本是正本的复印件)一份和电子文档(U 盘)一套。正本和副本的封面上应清楚地标记"正本"或"副本"的字样。当副本和正本不一致时,以正本为准。

3.7.5 投标文件的正本与副本应分别装订成册,并编制目录,具体装订要求见投标人须知前附表。

4. 投标

4.1 投标文件的密封和标记

4.1.1 投标文件的正本(电子文档 U 盘同正本包装在一起)与副本应分开包装,加贴封条,并在封套的封口处加盖投标人单位公章。

4.1.2 投标文件的封套上应清楚地标记"正本"或"副本"字样,封套上应写明的其他内容见投标人须知前附表。

4.1.3 未按本章第 4.1.1 项或第 4.1.2 项要求密封和加写标记的投标文件,招标人不予受理。

4.2 投标文件的递交

4.2.1 投标人应在本章第2.2.2项规定的投标截止时间前递交投标文件。

4.2.2 投标人递交投标文件的地点：见投标人须知前附表。

4.2.3 除投标人须知前附表另有规定外，投标人所递交的投标文件不予退还。

4.2.4 逾期送达的或者未送达指定地点的投标文件，招标人不予受理。

4.3 投标文件的修改与撤回

4.3.1 在本章第2.2.2项规定的投标截止时间前，投标人可以修改或撤回已递交的投标文件，但应以书面形式通知招标人。

4.3.2 投标人修改或撤回已递交投标文件的书面通知应按照本章第3.7.3项的要求签字或盖章。招标人收到书面通知后，向投标人出具签收凭证。

4.3.3 修改的内容为投标文件的组成部分。修改的投标文件应按照本章第3条、第4条规定进行编制、密封、标记和递交，并标明"修改"字样。

5．开标

5.1 开标时间和地点

招标人在本章第2.2.2项规定的投标截止时间（开标时间）和投标人须知前附表规定的地点公开开标，并邀请所有投标人的法定代表人或其委托代理人准时参加。

5.2 开标程序

主持人按下列程序进行开标：

(1)宣布开标纪律。

(2)公布在投标截止时间前递交投标文件的投标人名称，并点名确认投标人是否派人到场。

(3)宣布开标人、唱标人、记录人、监标人等有关人员姓名。

(4)按照投标人须知前附表规定检查投标文件的密封情况。

(5)按照投标人须知前附表的规定确定并宣布投标文件开标顺序。

(6)按照宣布的开标顺序当众开标，公布投标人名称、投标保证金的递交情况、投标报价、质量目标、工期及其他内容，并记录在案。

(7)投标人代表、招标人代表、监标人、记录人等有关人员在开标记录上签字确认。

(8)开标结束。

6．评标

6.1 评标委员会

6.1.1 评标由招标人依法组建的评标委员会负责。评标委员会由有关技术、经济等方面的专家组成。评标委员会成员人数以及技术、经济等方面专家的确定方式见投标人须知前附表。

6.1.2 评标委员会成员有下列情形之一的，应当回避：

(1)招标人或投标人的主要负责人的近亲属。

(2)项目主管部门或者行政监督部门的人员。

(3)与投标人有经济利益关系，可能影响对投标公正评审的。

(4)曾因在招标、评标以及其他与招标投标有关活动中从事违法行为而受过行政处罚或刑事处罚的。

6.2 评标原则

评标活动遵循公平、公正、科学和择优的原则。

6.3 评标过程

评标委员会按照第三章"评标方法"规定的方法、评审因素、标准和程序对投标文件进行评审。第三章"评标方法"没有规定的方法、评审因素和标准,不作为评标依据。

7. 合同授予

7.1 定标方式

除投标人须知前附表规定评标委员会直接确定中标人外,招标人依据评标委员会推荐的中标候选人确定中标人,评标委员会推荐中标候选人的人数见投标人须知前附表。

7.2 中标通知

在本章第3.3款规定的投标有效期内,招标人以书面形式向中标人发出中标通知书,同时将中标结果通知未中标的投标人。

7.3 履约担保

7.3.1 在签订合同前,中标人应按投标人须知前附表规定的金额、担保形式和招标文件第四章"合同条款及格式"规定的履约担保格式向招标人提交履约担保。

7.3.2 中标人不能按本章第7.3.1项要求提交履约担保的,视为放弃中标,其投标保证金不予退还,给招标人造成的损失超过投标保证金数额的,中标人还应当对超过部分予以赔偿。

7.4 签订合同

7.4.1 招标人和中标人应当自中标通知书发出之日起30日内,根据招标文件和中标人的投标文件订立书面合同。中标人无正当理由拒签合同的,招标人取消其中标资格,其投标保证金不予退还;给招标人造成的损失超过投标保证金数额的,中标人还应当对超过部分予以赔偿。

7.4.2 发出中标通知书后,招标人无正当理由拒签合同的,招标人向中标人退还投标保证金;给中标人造成损失的,还应当赔偿损失。

8. 重新招标和不再招标

8.1 重新招标

有下列情形之一的,招标人将重新招标:

(1)投标截止时间止,投标人少于3个的。

(2)经评标委员会评审后否决所有投标的。

8.2 不再招标

重新招标后投标人仍少于3个或者所有投标被否决的,属于必须审批或核准的工程建设项目,经原审批或核准部门批准后不再进行招标。

9. 纪律和监督

9.1 对招标人的纪律要求

招标人不得泄露招标投标活动中应当保密的情况和资料,不得与投标人串通损害国家利益、社会公共利益或者他人合法权益。

9.2 对投标人的纪律要求

投标人不得相互串通投标或者与招标人串通投标,不得向招标人或者评标委员会成员行贿谋取中标,不得以他人名义投标或者以其他方式弄虚作假骗取中标;投标人不得以任何方式干扰、影响评标工作。

9.3 对评标委员会成员的纪律要求

评标委员会成员不得收受他人的财物或者其他好处,不得向他人透露对投标文件的评审和比较、中标候选人的推荐情况以及评标有关的其他情况。在评标活动中,评标委员会成员不得擅离职守,影响评标程序正常进行,不得使用第三章"评标方法"没有规定的评审因素和标准进行评标。

9.4 对与评标活动有关的工作人员的纪律要求

与评标活动有关的工作人员不得收受他人的财物或者其他好处,不得向他人透露对投标文件的评审和比较、中标候选人的推荐情况以及评标有关的其他情况。在评标活动中,与评标活动有关的工作人员不得擅离职守,影响评标程序正常进行。

9.5 投诉

投标人和其他利害关系人认为本次招标活动违反法律、法规和规章规定的,有权向有关行政监督部门投诉。

10. 需要补充的其他内容

需要补充的其他内容:见投标人须知前附表。

附表1:开标记录表

附表2:问题澄清通知

附表3:问题的澄清

附表4:中标通知书

附表5:中标结果通知书

附表6:确认通知

第三章 评标方法(经评审的最低投标价法)

经评审的最低投标价法评标说明:

为提高评标质量,集中时间对推荐的中标候选人进行严格、详细的评审,根据《四川省人民政府关于严格规范国家投资工程建设项目招标投标工作的意见》第十九条对采用经评审的最低投标价法的规定"评标时按各投标人由低至高的报价排序依次对投标文件进行详细评审,评出合格的3个投标人按报价由低至高顺序排出中标候选人",评标按下列步骤进行:

(1)按第3.1.3项规定进行算术修正。

(2)按"2.2详细评审标准"规定的量化因素和量化标准进行价格折算。

(3)经投标人签字接受的算术修正价格(以下简称修正价)加(减)按第2.2款折算的价格计算出评标价,评标价按由低至高的顺序编制价格比较一览表。

(4)第2.2款规定的量化因素(加或减)不得超过投标人报价(有修正的,以修正价为准)上下10%的幅度。对某投标人的报价量化折算时,超过10%上下幅度的,以正负10%计算评标价。

(5)评标委员会按评标价由低到高的排序,严格按照本评标方法规定的强制性标准,依次对投标文件进行评审(形式评审、资格评审、响应性评审),满足强制性标准的为"符合",不满足强制性标准的为"不符合",只要有其中任何一项"不符合",该投标文件就作为废标处理,不再评审该投标文件,直到评审出第二章"投标人须知"7.1中确定的应推荐的中标候选的中标候选人数为止(所有投标都不满足,应否决所有投标;满足招标文件要求的投标人少于应推荐的中标候选人数的,评标委员会推荐满足招标文件要求的投标人为中标候选人)。推荐出招标文件确定的中标候选人数后,其他投标人的投标文件评标委员会不再评审。

评标方法前附表

条款号	评审因素		评审标准
2.1.1	形式评审标准	投标人名称	与营业执照、资质证书、安全生产许可证一致
		签字、盖章	符合第二章"投标人须知"第3.7.3项要求
		投标文件格式	符合第八章"投标文件格式"的要求和第二章"投标人须知"第3.7.1项的要求
		报价唯一	只能有一个有效报价,即符合第二章"投标人须知"第10.3款的要求
2.1.2	资格评审标准	营业执照	具备有效的营业执照
		安全生产许可证	具备有效的安全生产许可证(园林绿化、电梯安装除外)
		资质等级	符合第二章"投标人须知"第1.4.1项的规定
		财务状况	符合第二章"投标人须知"第1.4.1项的规定
		类似项目业绩	符合第二章"投标人须知"第1.4.1项的规定
		信誉	符合第二章"投标人须知"第1.4.1项的规定
		项目经理	符合第二章"投标人须知"第1.4.1项的规定
		其他要求	符合第二章"投标人须知"第1.4.1项的规定
		投标要求	不存在第二章"投标人须知"第3.1.2项中的任何一种情形
2.1.3	响应性评审标准	投标内容	符合第二章"投标人须知"第1.3.1项的规定
		工期	符合第二章"投标人须知"第1.3.2项的规定
		工程质量	符合第二章"投标人须知"第1.3.3项的规定
		投标有效期	符合第二章"投标人须知"第3.3.1项的规定
		投标保证金	符合第二章"投标人须知"第3.4.1项的规定
		权利与义务	符合第四章"合同条款及格式"的规定
		已标价工程量清单	符合第五章"工程量清单"给出的范围及数量以及"说明"中对投标人的要求
		技术标准和要求	符合第七章"技术标准和要求"的规定
		成本	低于成本报价按第二章"投标人须知"第10.4款的规定进行认定
		最高限价	投标报价(修正价)不得超过第二章"投标人须知"7.3.1项的规定的最高限价
2.1.4	施工组织设计和项目管理机构评审标准	施工方案与技术措施	措施合理、全面、可行,质量有保证
		质量管理体系与措施	有质量认证证明材料,质量控制措施明确、周密,关键部位控制措施详尽、可行
		安全管理体系与措施	措施完善、可行,有保障
		环境保护管理体系与措施	措施完善、可行,有保障
		工程进度计划与措施	工期进度设计合理,措施明确,能满足业主工程进度要求
		资源配备计划	满足招标文件要求
		技术负责人	符合第二章"投标人须知"第1.4.1项的规定
		其他主要人员	符合第二章"投标人须知"第1.4.1项的规定
		施工设备	满足工程施工需求
		试验、检测仪器设备	满足工程需求
		施工组织机构	组织机构体系完整,管理机制能有效运行

续表

条款号		评审因素	评审标准
2.2	详细评审标准	单价遗漏	工程量报价清单如某项未填写报价的,视为已经分摊入其他清单项目中
		付款条件	投标文件承诺满足专用合同条款要求
		投标报价	最低投标价法是对通过初步评审、算术修正和详细评审的投标人按照评标价由低到高排序,推荐评标价最低的投标人为第一中标候选人,依此类推

注:①评审标准中,列举的第二章"投标人须知"的某条、款、项、目的规定和要求,既包括"投标人须知"的规定和要求,也包括"投标人须知"在前附表中补充和细化的规定和要求,下同。

如2.12"合格的投标人"的"资格评审标准"为"没有第二章'投标人须知'第1.4.3项限制投标的情形",既包括"投标人须知"1.4.3项规定的12种情形,也包括"投标人须知"在前附表中对第1.4.3项补充和细化的限制投保的情形。

又如2.1.1"编页码和小签"的"形式评审标准"为"符合第二章'投标人须知'第10.1款的规定",按第二章"投标人须知"第10条"需要补充的其他内容:见投标人须知前附表",其具体内容在"投标人须知"前附表第10.1款。

②评标委员会要求投标人提交第二章"投标人须知"第3.5.1项至3.5.5项规定的有关证明和证件的原件进行核验的,应向投标人发出书面通知,评标委员会要求投标人递交的时间距投标人收到评标委员会书面通知的时间不得少于90分钟。

评标委员会成员三分之二以上认为投标人没有按评标委员会要求提交有关证明和证件的原件进行核验(没有在规定时间内提交或提交的有关证明和证件不符合要求),认定该项不符合相应的评审标准,其投标做废标处理。

③评标委员会在评标过程中,如要求投标人澄清或说明,评标委员会要求投标人递交书面澄清或说明的时间距投标人收到评标委员会书面通知的时间不得少于90分钟。

评标委员会认为投标人的澄清或说明不够明确,应再次要求投标人对不明确的内容进行澄清或说明,评标委员会要求投标人再次递交书面澄清或说明的时间距投标人收到评标委员会书面通知的时间不得少于60分钟。

评标委员会成员三分之二以上认为该投标人的两次澄清说明,都不符合评标委员会要求的,做废标处理。

④投标人串通投标或弄虚作假或有其他违法行为,评标委员在评标过程中发现,证据确凿的,经评标委员成员三分之二以上同意,其投标做废标处理;证据不够确凿的,其投标不能做废标处理,但评标委员会在向招标人提交书面评标报告时,应予以说明。

在评标结束后发现投标人串通投标或弄虚作假或有其他违法行为,查证属实的,取消其中标资格。

"其他违法违规行为"是指第二章"投标人须知"1.4.3在前附表中补充的限制投标的违法违规情形。

⑤评审"不存在第3.1.2项任何一种情形之一":评审委员会没有发现申请人存在本章第3.1.2项任何一种情形的,评审结论为"符合",发现投标人存在本章第3.1.2项情形之一的,评审结论为"不符合"。

评审结论为"不符合"的,要经评标委员会成员三分之二以上同意,并要先详细、具体说明"不符合"的理由,附上相关的证据。

1.评标方法

本次评标采用经评审的最低投标价法。评标委员会对满足招标文件实质要求的投标文件,根据本章第2.2款规定的量化因素及量化标准进行价格折算,按照经评审的投标价由低到高的顺序推荐中标候选人,或根据招标人授权直接确定中标人,但投标报价低于其成本的除外。经评审的投标价相等时,投标报价低的优先;投标报价也相等的,由招标人自行确定。

2.评审标准

2.1 初步评审标准

2.1.1 形式评审标准:见评标方法前附表。

2.1.2 资格评审标准:见评标方法前附表及资格预审文件第三章"资格审查方法"详细审查标准。

2.1.3 响应性评审标准:见评标方法前附表。

2.1.4 施工组织设计和项目管理机构评审标准:见评标方法前附表。

2.2 详细评审标准

详细评审标准:见评标方法前附表。

3. 评标程序

3.1 初步评审

3.1.1 评标委员会依据本章第2.1款规定的标准对投标文件进行初步评审。有一项不符合评审标准的,做废标处理。评标委员会依据本章第2.1.1项、第2.1.3项、第2.1.4项规定的标准对投标文件进行初步评审。有一项不符合评审标准的,做废标处理。

3.1.2 投标人有以下情形之一的,其投标做废标处理:
(1)第二章"投标人须知"第1.4.3项规定的任何一种情形的。
(2)串通投标或弄虚作假或有其他违法行为的。
(3)不按评标委员会要求澄清、说明或补正的。

3.1.3 投标报价有算术错误的,评标委员会按以下原则对投标报价进行修正,修正的价格经投标人书面确认后具有约束力。投标人不接受修正价格的,其投标做废标处理。
(1)投标文件中的大写金额与小写金额不一致的,以大写金额为准。
(2)总价金额与依据单价计算出的结果不一致的,以单价金额为准修正总价,但单价金额小数点有明显错误的除外。

3.2 详细评审

3.2.1 评标委员会按本章第2.2款规定进行评审。

3.2.2 评标委员会发现投标人的报价明显低于其他投标报价,使得其投标报价可能低于其成本的,应当要求该投标人做出书面说明并提供相应的证明材料。投标人不能合理说明或者不能提供相应证明材料的,由评标委员会认定该投标人以低于成本报价竞标,其投标做废标处理。评标委员会只对投标总价进行评审,不得因单项价格因素作为废标处理。

3.3 投标文件的澄清和补正

3.3.1 在评标过程中,评标委员会可以书面形式要求投标人对所提交的投标文件中不明确的内容进行书面澄清或说明,或者对细微偏差进行补正。评标委员会不接受投标人主动提出的澄清、说明或补正。

3.3.2 澄清、说明和补正不得改变投标文件的实质性内容(算术性错误修正的除外)。投标人的书面澄清、说明和补正属于投标文件的组成部分。

3.3.3 评标委员会对投标人提交的澄清、说明或补正有疑问的,可以要求投标人进一步澄清、说明或补正,直至满足评标委员会的要求。

3.4 评标结果

3.4.1 评标委员会按照经评审的价格由低到高的顺序推荐中标候选人。

3.4.2 评标委员会完成评标后,应当向招标人提交书面评标报告。

第四章　合同条款及格式

第一节　通用合同条款

（由投标人自备）

合同通用条款详细内容参见2007年版《标准施工招标文件》第四章第一节"合同通用条款"。

第二节 专用合同条款

1. 通用合同条款修改表

根据"通用条款合同"明确"专用合同条款"可做出不同约定("通用合同条款"中"除专用合同条款另有约定外""除合同另有约定外")的规定,对"第一节 通用合同条款"的修改(另有约定)如下:

对通用合同条款的规定

条款号	原条款	修改后的条款
1.1.2.2	发包人:指专用合同条款中指明并与承包人在合同协议书中签字的当事人	发包人:××县××乡政府
1.1.4.4	竣工日期:指第 1.1.4.3 目约定工期届满时的日期。实际竣工日期以工程接收证书中写明的日期为准	将原条款修改为: 1.1.4.4.1 交工验收和交工证书 交工日期:指第 1.1.4.3 目约定工期届满时的日期。实际交工日期以工程交工证书中写明的日期为准。本合同通用条款中所有"竣工"均指"交工"。 当本合同工程已经实质上完工,并合格地通过了按合同规定的各项交工检测、检验,且已按建设部《房屋建筑工程竣工验收办法》规定编制好竣工图表和施工资料后,承包人可就此向监理人提出交工验收并发给交工证书的申请,同时抄送发包人(如果尚有少量因受季节影响或其他原因暂不能施工或完成,但并不影响工程使用的附属工程或剩余工作时,需附有在缺陷责任期内尽快完成这些未完工作的书面保证)。监理人在收到该申请后,应在 14 日内审核并报发包人,发包人在收到该申请后的 21 日内应组织交工验收。交工验收由发包人主持,由质监、设计等有关部门和监理人参加组成交工验收小组,按建设部《房屋建筑工程竣工验收办法》进行,并写出交工验收报告报上级主管部门。如果经交工验收认为工程质量合格,发包人应在此项验收工作完毕后 14 日内向承包人签发交工证书。证书中写明按合同规定本合同工程的交工日期,同时办理合同工程移交管养工作。交工证书签发并移交管养后,承包人即不再负责对本工程的照管和维护。对交工验收可能出现的例外情况,做如下处理: (1)如果发包人未能在上述规定的时间内组织交工验收,则发包人应从规定期限最后一日的次日起承担延期验收的工程照管和养护费用;或发给交工验收证书的工程不能立即移交管养时,承包人仍应继续负责工程照管和养护。监理人在与承包人和发包人协商后,应确定与此相关的工程照管和养护费用补偿额加到合同价格上,并通知承包人,抄送发包人。 (2)如经交工检验认为工程质量合格,同意验收,但某些工程影响使用尚需整修和完善,且不同于缺陷责任期内的缺陷修复,则应缓发交工证书,限期整修。待整修和完善工作完成后,经监理人复查认可达到质量要求并报请交工验收小组核批后,再发给交工证书。 (3)如经交工验收认为工程质量达不到合格标准,则监理人应根据交工验收小组的意见,在验收工作完毕后 7 日内向承包人发出指令,要求承包人对不合格工程认真返工与补救工作后,重新提出交工验收申请,经交工验收小组复验认为达到合格标准后才发给交工证书。组织办理交工验收和签发交工证书的费用由发包人承担。但达不到合格标准的交工验收费用由承包人承担。 1.1.4.4.2 竣工验收与鉴定书 当建设项目工程全部完工并合格地通过交工验收后,发包人应汇总各合同段工程的交工验收报告,在交通行政主管部门规定的时间内,向上级主管部门提出竣工验收的申请。竣工验收由上级主管部门主持,由建设、质监、设计、管养、发包人以及各合同段的监理人

续表

条款号	原条款	修改后的条款
		等有关部门代表组成竣工验收委员会,按建设部《房屋建筑工程竣工验收办法》的规定进行,对建设项目的管理、设计、施工、监理等方面做出综合评价,写出竣工鉴定书。组织办理竣工验收的费用,由发包人承担。 1.1.4.4.3 竣工日期:按建设部《房屋建筑工程竣工验收办法》的规定执行
1.4	合同文件的优先顺序: 组成合同的各项文件应互相解释,互为说明。除专用合同条款另有约定外,解释合同文件的优先顺序如下: (1)合同协议书。 (2)中标通知书。 (3)投标函及投标函附录。 (4)专用合同条款。 (5)通用合同条款。 (6)技术标准和要求。 (7)图纸。 (8)已标价的工程量清单。 (9)其他合同文件。	合同文件优先次序: 组成合同的各个文件应该认为是一个整体,彼此相互解释,相互补充,如果出现含糊不清,应由监理工程师做出解释;如果出现相互矛盾的情况,各文件的优先支配地位的次序如下: (1)合同协议书及附件(含评标期间和合同谈判过程中的澄清文件和补充文件)。 (2)中标通知书。 (3)投标书和投标书附录。 (4)合同专用条款及数据表(含招标文件补遗书中与此有关的部分)。 (5)合同通用条款。 (6)技术标准和要求(含招标文件补遗书中与此有关的部分)。 (7)已标价工程量清单。 (8)图纸(含招标文件补遗书中与此有关的部分)。 (9)其他合同文件。 在本合同专用条款中可能规定的构成本合同组成部分的其他文件
1.6.3	图纸的修改: 图纸需要修改和补充的,应由监理人取得发包人同意后,在该工程或工程相应部位施工前的合理期限内签发图纸修改图给承包人,具体签发期限在专用合同条款中约定。承包人应按修改后的图纸施工	图纸的修改: 审核批准后,在该工程或工程相应部位施工前的合理期限内签发图纸修改图给承包人,具体签发期限在专用合同条款中约定。承包人应按修改后的图纸施工
1.6.4	图纸的错误: 承包人发现发包人提供的图纸存在明显错误或疏忽,应及时通知监理人	图纸的错误: 当承包人发现有关工程设计、技术规范、图纸或其他资料中任何含糊或错、漏、碰、缺后,应及时书面通知监理工程师。监理工程师应及时就此做出决定,并将决定报发包人批准。上述含糊、差错、遗漏或缺陷应以国内现行规范为依据,或以国内惯例来解释处理,承包人不得利用以上文件的缺陷从中索取利益
4.1.6	负责施工场地及其周边环境与生态的保护工作: 承包人应按照第9.4款约定负责施工场地及其周边环境与生态的保护工作	增加以下内容: 承包人在施工期间应指定专门的人员负责施工的环境保护和现有设施及已完工程的保护事宜,特别是在加热沥青和喷洒乳化沥青时,应制定严格的防尘、防爆、防污染和文明施工措施,并认真贯彻执行。如果出于承包人措施不力引起的与上述环境保护有关的问题,应由承包人自行负责并免除发包人的相关责任
4.1.8	为他人提供方便: 承包人应按监理人的指示为他人在施工场地或附近实施与工程有关的其他各项工作提供可能的条件。除合同另有约定外,提供有关条件的内容和可能发生的费用,由监理人按第3.5款商定或确定	删除通用条款本款全文,代之为: 如果监理工程师有书面要求,承包人应允许发包人或与发包人签订承包合同的其他承包人及其职工无偿使用由承包人负责维护的临时道路、桥梁等,承包人应自行承担相应费用

续表

条款号	原条款	修改后的条款
4.1.10	其他义务： 承包人应履行合同约定的其他义务	增加以下内容： 1. 承包人应确保本工程质量按《房屋建筑工程竣（交）工验收办法》达到合格等级，否则将视为违约。 2. 承包人应向监理工程师提交工程进度、质量保证计划，经监理工程师统一协调审定后批准实施。在实施过程中，承包人尚应服从监理工程师对计划要求的局部调整，否则视为违约处理
4.2	履约担保： 承包人应保证其履约担保在发包人颁发工程接收证书前一直有效。发包人应在工程接收证书颁发后28日内把履约担保退还给承包人	将原条款修改为： 履约担保的金额：从中标人基本账户中汇出。 基本履约保证金为中标总价的10%（含5%民工工资保证金）。 提交履约担保的时间，在收到中标通知书后5日内。 为提供履约担保所需的费用，由中标人自行负责。 非发包人及监理工程师原因，承包人不能按合同约定的工期、进度、质量、安全要求完成工程时，发包人有权动用履约担保金，用于另行委托施工单位进场施工以确保工程按合同约定的要求完成。此费用在承包人所交的履约担保金中扣除。 履约担保的有效期：在发包人颁发工程接收证书前一直有效。 履约担保金的退还：在竣工验收合格7日内退还
4.7	撤换承包人项目经理和其他人员： 承包人应对其项目经理和其他人员进行有效管理。监理人要求撤换不能胜任本职工作、行为不端或玩忽职守的承包人项目经理和其他人员的，承包人应予以撤换	将原条款修改为： 撤换承包人项目经理和其他人员： 承包人主要人员（包括项目经理、主要技术负责人、主要专业工程师等）应按照投标文件配备，并压证上岗。签订合同时应向发包人提交上述人员的资质证书原件，工程完工后退还。另外，发包人有权要求承包人更换不称职的项目经理、技术负责人及相关主要技术人员
4.10.1	发包人应将其持有的现场地质勘探资料、水文气象资料提供给承包人，并对其准确性负责。但承包人应对其阅读上述有关资料后所做出的解释和推断负责	删去通用条款本款全文，代之为： 本项目发包人不单独提供有关该项目地质、水文、气象等勘察资料，投标人可自行考察现场了解，并自负其责
5.1.1	除专用合同条款另有约定外，承包人提供的材料和工程设备均由承包人负责采购、运输和保管。承包人应对其采购的材料和工程设备负责	增加以下内容： 除另有规定外，承包人应承担并支付为获得本合同工程所需的石料、砂、砾石、黏土或其他当地材料等所发生的一切费用。发包人应协助承包人办理料场租用手续及解决使用过程中的有关问题。但发包人协助的成功与否，绝不免除根据合同文件规定承包人应承担的一切责任。承包人还应通过现场调查自行确定料场的选用和储量、品质等，自行询价、自行承担因料场发生变化而引起的风险
7.2.1	除专用合同条款另有约定外，承包人应负责修建、维修、养护和管理施工所需的临时道路和交通设施，包括维修、养护和管理发包人提供的道路和交通设施，发包人承担相应费用	删去通用条款本款全文，代之为： 除合同另有规定外，承包人为实施和完成本合同工程及缺陷修复工作中一切施工作业所需的临时出入现场和施工运输，应对所使用由发包人提供的或按需要由承包人自建的或借用、占用、利用当地的所有出入现场的临时道路和桥梁进行养护和维修，直至工程竣工，并应保证发包人免于承担因上述临时道路的使用所引起的补偿费、诉讼费、损害赔偿、指控费及其他开支。利用原有道路或利用原有道路改、扩建后使用的所有临时道路和桥梁应在工程完工后恢复原有的等级和通行要求；为此引起的一切费用均由发包人承担

续表

条款号	原条款	修改后的条款
7.2.2	除专用合同条款另有约定外,承包人修建的临时道路和交通设施应免费提供发包人和监理人使用	删去通用条款本款全文,代之为: 承包人修建的临时道路和交通设施应免费提供给发包人和监理人以及为本项目服务的其他单位和个人使用,承包人的投标报价中不包含此费用
10.1	合同进度计划: 承包人应按专用合同条款约定的内容和期限,编制详细的施工进度计划和施工方案说明报送监理人。监理人应在专用合同条款约定的期限内批复或提出修改意见,否则该进度计划视为已得到批准。经监理人批准的施工进度计划称为合同进度计划,是控制合同工程进度的依据。承包人还应根据合同进度计划,编制更为详细的分阶段或分项进度计划,报监理人审批	增加以下内容: 进度计划应在承包人在与发包人签订合同协议书后的7日内提交给监理工程师
10.2	合同进度计划的修订 不论何种原因造成工程的实际进度与第10.1款的合同进度计划不符时,承包人可以在专用合同条款约定的期限内向监理人提交修订合同进度计划的申请报告,并附有关措施和相关资料,报监理人审批;监理人也可以直接向承包人做出修订合同进度计划的指示,承包人应按该指示修订合同进度计划,报监理人审批。监理人应在专用合同条款约定的期限内批复。监理人在批复前应获得发包人同意	增加以下内容: 在确保合同工期的前提下,每一个月修订一次,在接到监理工程师指令后的7日内提交给监理工程师。同时承包人应按合同规定,按年、季、月、旬向监理工程师和发包人提交合同完成情况的"工程进展情况月报"及其他统计报表,报表内容应包括发包人现行的有关规定在内,并能满足发包人完成上报国家规定的固定资产投资报表的要求。报表须经监理工程师签字,报表格式和提交时间由发包人统一制定
11.1	开工	增加: 11.1.3 发开工令期限:接到开工申请后2日内。 开工日期:接到开工令之日算起1日内
11.4	异常恶劣的气候条件 由于出现专用合同条款规定的异常恶劣的气候条件导致工期延误的,承包人有权要求发包人延长工期	增加以下内容: 异常恶劣的气候条件指以月计的某个时期的恶劣气候比当地气象部门40年的统计资料,以20年一遇频率计算的正常气候还要恶劣而引起的工程延误,由监理工程师根据承包人提交的证明予以认定。但在进行上述评定时,还将考虑按同等标准以同期或其他异常良好的气候予以抵补,异常气候在每个月对工程进度影响的评定,应在整个合同内予以累计
11.5	承包人的工期延误 由于承包人原因,未能按合同进度计划完成工作,或监理人认为承包人施工进度不能满足合同工期要求的,承包人应采取措施加快进度,并承担加快进度所增加的费用。由于承包人原因造成工期延误,承包人应支付逾期竣工违约金。逾期竣工违约金的计算方法在专用合同条款中约定。承包人支付逾期竣工违约金,不免除承包人完成工程及修补缺陷的义务	增加以下内容: 工程进度控制,按季度检查。由于承包人的原因,关键工程拖期14日以上,承包人承担按拖期工程量10%的违约金。如果在合同总工期内通过努力在保证质量的前提下按期完成,该违约金可全额退还。但发包人不再承担因此而产生的任何费用。 拖期损失赔偿:人民币1 000元/日。 拖期损失赔偿限额:合同总价的5%

续表

条款号	原条款	修改后的条款
15.4	变更的估价原则 除专用合同条款另有约定外,因变更引起的价格调整按照本款约定处理。 15.4.1 已标价工程量清单中有适用于变更工作的子目的,采用该子目的单价。 15.4.2 已标价工程量清单中无适用于变更工作的子目,但有类似子目的,可在合理范围内参照类似子目的单价,由监理人按第 3.5 款商定或确定变更工作的单价。 15.4.3 已标价工程量清单中无适用或类似子目的单价,可按照成本加利润的原则,由监理人按第 3.5 款商定或确定变更工作的单价	将通用条款中本款的全文,修改如下: (1)工程量清单中存在与变更工程细目相同细目的,其单价应按工程量清单中已有的细目单价确定。 (2)工程量清单中无相同细目但存在类似细目的,变更工程应参照类似细目单价,经设计单位、建设单位、监理单位、承包人协商确定变更单价。 (3)工程量清单中没有相同适用或类似细目的,按建设厅现行变更设计管理规定执行,支付单价由承包人报监理工程师和代建单位、建设单位审查确定;若是新增材料或设备,则参考阿坝州《工程造价管理信息》按市场价格及相关编制办法编制预算单价报监理工程和代建单位、建设单位审查确定
16	物价波动引起的价格调整 除专用合同条款另有约定外,因物价波动引起的价格调整按照本款约定处理 (处理办法见通用合同条款)	价格调整: 本项目不调价
17.2.1	预付款 预付款用于承包人为合同工程施工购置材料、工程设备、施工设备、修建临时设施以及组织施工队伍进场等。预付款的额度和预付办法在专用合同条款中约定。预付款必须专用于合同工程	增加以下内容: (1)开工预付款比例:合同总价的 10%,业主将在该支付证书收到后分两次支付:第一次在承包人签约时,支付合同总价 5%的预付款;第二次在承包人主要设备、人员到位,召开第一次工地例会后支付合同总价 5%的预付款。 (2)材料预付款比例:无材料预付款
17.2.3	预付款的扣回与还清 预付款在进度付款中扣回,扣回办法在专用合同条款中约定。在颁发工程接收证书前,由于不可抗力或其他原因解除合同时,预付款尚未扣清的,尚未扣清的预付款余额作为承包人的到期应付款	增加以下内容: 开工预付款的扣回:在期中支付证书的累计金额未达到合同总价的 40%之前不予扣回,在达到合同总价 40%之后,开始扣回预付款,即从随后的期中支付证书中每期按预付款的 20%扣回,在累计计量金额达到合同总价的 80%之前扣完
17.4	质量保证金 (见合同通用条款)	增加以下内容: (1)保留金的扣留:为每期计量总额的 10%(其中含 3%的民工工资保证金,4%的审计金,3%的质保金)。 (2)保留金的退还:民工工资保证金在竣工验收后并具备当地劳动部门出具的无拖欠民工工资证明后全额无息退还;审计金在提交审计报告后 30 日内全额无息退还;质保金在缺陷责任期满并发给缺陷责任终止证书后 28 日内全额无息退还
18.4	单位工程验收 (见合同通用条款)	增加以下内容: 承包人应按业主和发包人有关规定及规范要求,在每个单项工程完工时向监理工程师、建设单位和发包人提交竣工文件、图纸资料和技术总结共 8 套,在审查同意后,方能进行竣工验收
19.1	缺陷责任期的起算时间 缺陷责任期自实际竣工日期起计算。在全部工程竣工验收前,已经发包人提前验收的单位工程,其缺陷责任期的起算日期相应提前	增加以下内容: 本项目缺陷责任期为 1 年

续表

条款号	原条款	修改后的条款
19.7	保修责任 合同当事人根据有关法律规定,在专用合同条款中约定工程质量保修范围、期限和责任。 保修期自实际竣工日期起计算。在全部工程竣工验收前,已经发包人提前验收的单位工程,其保修期的起算日期相应提前	增加以下内容: 本项目保修期为1年
20.1	工程保险 除专用合同条款另有约定外,承包人应以发包人和承包人的共同名义向双方同意的保险人投保建筑工程一切险、安装工程一切险。其具体的投保内容、保险金额、保险费率、保险期限等有关内容在专用合同条款中约定	修改为: 承包人应在开工前7日内提交保险公司出具的保单及付款证明,经监理工程师审查确认,以证实该承包人确已投保,发包人将按保险单费用直接向承包人支付(该保险费用超过投标人投标文件中所列费用的部分由承包人自行承担,低于所列费用按实计量)。否则,发包人有权代办该项投保,保险费用全部由承包人承担;同时不免除承包人责任
20.5	其他保险 除专用合同条款另有约定外,承包人应为其施工设备、进场的材料和工程设备等办理保险	修改为: 其他保险由承包人自行办理,并承担其费用,投标时计入相关单价,不单独计列
21.1	不可抗力的确认 21.1.1 不可抗力是指承包人和发包人在订立合同时不可预见,在工程施工过程中不可避免并不能克服的自然灾害和社会性突发事件,如地震、海啸、瘟疫、水灾、骚乱、暴动、战争和专用合同条款约定的其他情形。 21.1.2 不可抗力发生后,发包人和承包人应及时认真统计所造成的损失,收集不可抗力造成损失的证据。合同双方对是否属于不可抗力或其损失的意见不一致的,由监理人按第3.5款商定或确定。发生争议时,按第24条的约定办理	增加以下内容: 承包人无法预见,也无法采取措施加以防范的或自然力的破坏作用,系任何一种自然力且限于烈度7度以上地震、百年一遇频率及以上的洪水、风力在11级以上的暴风等人类不可抗拒的自然力的破坏作用。但能予投保的自然力风险除外。以上自然力标准的认定均以当地地震、气象部门的记录资料为准。以上自然力发生后,承包人应迅速采取措施,尽力减少损失,及时通知监理工程师,并在24小时内,向发包人报告损失情况。如灾害继续发生,承包人应每天向发包人报告一次灾害情况,直到灾害结束

2. 通用合同条款细化表

条款号	原条款	细化后的条款
1.6.4	图纸的错误 承包人发现发包人提供的图纸存在明显错误或疏忽,应及时通知监理人	删除通用条款本款全文,代之以: 当承包人发现有关工程设计、技术规范、图纸或其他资料中任何含糊或错、漏、碰、缺后,应及时书面通知监理工程师。监理工程师应及时就此做出决定,并将决定报发包人批准。上述含糊、差错、遗漏或缺陷以国内现行规范为依据,或以国内惯例来解释处理,承包人不得利用以上文件的缺陷从中索取利益
4.1.6	负责施工场地及其周边环境与生态的保护工作 承包人应按照第9.4款约定负责施工场地及其周边环境与生态的保护工作	增加以下内容: 承包人在施工期间应指定专门的人员负责施工的环境保护和现有设施及已完工程的保护事宜。如果出于承包人措施不力引起的与上述环境保护有关的问题,应由承包人自行负责并免除发包人的相关责任

续表

条款号	原条款	细化后的条款
4.2	履约担保：承包人应保证其履约担保在发包人颁发工程接收证书前一直有效。发包人应在工程接收证书颁发后 28 日内把履约担保金退还给承包人	将原条款修改为：详见投标人须知前附表 7.3.1 款
4.9	发包人按合同约定支付给承包人的各项价款应专用于合同工程	增加以下内容：项目建设资金应接受发包人和代建单位的监督，中标后承包人应与发包人签订工程建设资金监督管理协议
4.10.1	发包人应将其持有的现场地质勘探资料、水文气象资料提供给承包人，并对其准确性负责。但承包人应对其阅读上述有关资料后所做出的解释和推断负责	删去通用条款本款全文，代之为：本项目发包人不单独提供有关该项目地质、水文、气象等勘察资料，投标人可自行考察现场了解，并自负其责
9.2.5	合同约定的安全作业环境及安全施工措施所需费用应遵守有关规定，并包括在相关工作的合同价格中。因采取合同未约定的安全作业环境及安全施工措施增加的费用，由监理人按第 3.5 款商定或确定	增加以下内容：承包人在实施和完成本合同工程及缺陷修复的整个过程中，针对安全要求所产生的费用即安全生产费，按投标人报价包干使用。如果承包人的安全措施达不到要求，则由投标人支付。招标人有权委托其他单位完成，对此发生的所有费用不限于从承包人的安全生产费中支付。 安全生产费的支付：安全生产方案经审核批准，在第一次中期计量时支付 30%作为安全设施购置费和安全措施准备费，保留 70%作为突发安全事件处理措施费，根据工程进度的实际需要分期支付。 安全生产控制：招标人与承包人要同时签订安全生产合同。若承包人发生安全事故，除按国家、地方有关安全法规处理外，另按每重伤 1 人承担 2 万元整的违约金，每死亡 1 人承包人承担 4 万元整的违约金
9.4.1	承包人在施工过程中，应遵守有关环境保护的法律，履行合同约定的环境保护义务，并对违反法律和合同约定义务所造成的环境破坏、人身伤害和财产损失负责	增加以下内容：应树立"以人为本"的理念，贯彻"施工过程中最大限度保护、实施中最小限度破坏及最大限度恢复生态平衡"的指导思想，根据本道路地形、地貌、地质特点等因素，灵活运用技术标准，努力使本房屋建筑与自然环境融为一体，把该工程建设成为一条"安全、舒适、和谐、环保"的房屋建筑
9.4.7	9.4 条款的增加条款	增加：环保及文明施工费按工程量清单要求填报和使用
11.1	11.1 条款的增加条款	增加： 11.1.3 发开工令期限：接到开工申请后 7 日内。 开工日期：接到开工令之日算起 7 日内
11.5	承包人的工期延误 由于承包人原因，未能按合同进度计划完成工作，或监理人认为承包人施工进度不能满足合同工期要求的，承包人应采取措施加快进度，并承担加快进度所增加的费用。由于承包人原因造成工期延误，承包人应支付逾期竣工违约金。逾期竣工违约金的计算方法在专用合同条款中约定。承包人支付逾期竣工违约金，不免除承包人完成工程及修补缺陷的义务	增加以下内容： 工程进度控制，按季度检查。由于承包人的原因，关键工程拖工期 14 日以上，承包人承担按拖期工程量 10%的违约金。如果在合同总工期内通过努力在保证质量的前提下按期完成，该违约金可全额退还。但发包人不再承担因此而产生的任何费用。 拖期损失赔偿：人民币 1 000 元/日。 拖期损失赔偿限额：合同总价的 5%

续表

条款号	原条款	细化后的条款
12.2	发包人暂停施工的责任 由于发包人原因引起的暂停施工造成工期延误的,承包人有权要求发包人延长工期和(或)增加费用,并支付合理利润	将本款全文修改为: 由于发包人原因引起的暂停施工造成工期延误的,承包人有权要求发包人延长工期
12.4.2	承包人无故拖延和拒绝复工的,由此增加的费用和工期延误由承包人承担。因发包人原因无法按时复工的,承包人有权要求发包人延长工期和(或)增加费用,并支付合理利润	将本款全文修改为: 承包人无故拖延和拒绝复工的,由此增加的费用和工期延误由包人承担
13.1.3	因发包人原因造成工程质量达不到合同约定验收标准的,发包人应承担由于承包人返工造成的费用增加和(或)工期延误,并支付承包人合理利润	修改如下: 因发包人原因造成工程质量达不到合同约定验收标准的,发包人应承担由于承包人返工造成的费用增加和(或)工期延误
13.5.4	承包人私自覆盖 承包人未通知监理人到场检查,私自将工程隐蔽部位覆盖的,监理人有权指示承包人钻孔探测或揭开检查,由此增加的费用和(或)工期延误由承包人承担	修改如下: 承包人未通知监理人到场检查,私自将工程隐蔽部位覆盖的,监理人有权指示承包人钻孔探测或揭开检查,由此增加的费用和(或)工期延误由承包人承担
15.2	变更权 在履行合同过程中,经发包人同意,监理人可按第15.3款约定的变更程序向承包人做出变更指示,承包人应遵照执行。没有监理人的变更指示,承包人不得擅自变更	修改为: 在履行合同过程中,经发包人同意并报建设单位审核批准后,监理人可按第15.3款约定的变更程序……
15.3.1	变更的提出 (1)在合同履行过程中,可能发生第15.1款约定情形的,监理人可向承包人发出变更意向书。变更意向书应说明变更的具体内容和发包人对变更的时间要求,并附必要的图纸和相关资料。变更意向书应要求承包人提交包括拟实施变更工作的计划、措施和竣工时间等内容的实施方案。发包人同意承包人根据变更意向书要求提交的变更实施方案的,由监理人按第15.3.3项约定发出变更指示。 (2)在合同履行过程中,发生第15.1款约定情形的,监理人应按照第15.3.3项约定向承包人发出变更指示。 (3)承包人收到监理人按合同约定发出的图纸和文件,经检查认为其中存在第15.1款约定情形的,可向监理人提出书面变更建议。变更建议应阐明要求变更的依据,并附必要的图纸和说明。监理人收到承包人书面建议后,应与发包人共同研究,确认存在变更的,应在收到承包人书面建议后的14日内做出变更指示。经研究后不同意作为变更的,应由监理人书面答复承包人。 (4)若承包人收到监理人的变更意向书后认为难以实施此项变更,应立即通知监理人,说明原因并附详细依据。监理人与承包人和发包人协商后确定撤销、改变或不改变原变更意向书	变更的提出,在前面增加以下内容: 在项目建设实施过程中,设计、监理、承包人、发包人和业主任何一方都可以提出变更意向,但是否需要变更,必须经设计、监理、承包人、发包人和业主五方现场会审后确定

续表

条款号	原条款	细化后的条款
17.4	17.4 质量保证金 17.4.1 监理人应从第一个付款周期开始,在发包人的进度付款中,按专用合同条款的约定扣留质量保证金,直至扣留的质量保证金总额达到专用合同条款约定的金额或比例为止。质量保证金的计算额度不包括预付款的支付、扣回以及价格调整的金额。 17.4.2 在第1.1.4.5目约定的缺陷责任期满时,承包人向发包人申请到期应返还承包人剩余的质量保证金金额,发包人应在14日内会同承包人按照合同约定的内容核实承包人是否完成缺陷责任。如无异议,发包人应当在核实后将剩余保证金返还承包人。 17.4.3 在第1.1.4.5目约定的缺陷责任期满时,承包人没有完成缺陷责任的,发包人有权扣留与未履行责任剩余工作所需金额相应的质量保证金余额,并有权根据第19.3款约定要求延长缺陷责任期,直至完成剩余工作为止	增加以下内容: (1)保留金的扣留:为每期计量总额的10%(其中含7%的审计金,3%的质量保证金)。 (2)保留金的退还:审计金在提交审计报告后30日内全额无利息退还;质量保证金在缺陷责任期满并发给缺陷责任期终止证书后28日内全额无利息退还
18.4	单位工程验收 18.4.1 发包人根据合同进度计划安排,在全部工程竣工前需要使用已经竣工的单位工程时,或承包人提出经发包人同意时,可进行单位工程验收。验收的程序可参照第18.2款与第18.3款的约定进行。验收合格后,由监理人向承包人出具经发包人签认的单位工程验收证书。已签发单位工程接收证书的单位工程由发包人负责照管。单位工程的验收成果和结论作为全部工程竣工验收申请报告的附件。 18.4.2 发包人在全部工程竣工前,使用已接收的单位工程导致承包人费用增加的,发包人应承担由此增加的费用和(或)工期延误,并支付承包人合理利润	增加以下内容: 承包人应按业主和发包人有关规定、规范要求,在每个单项工程完工时向监理工程师、建设单位和发包人提交竣工文件、图纸资料和技术总结共8套,在审查同意后,方能进行竣工验收
19.1	缺陷责任期的起算时间 缺陷责任期自实际竣工日期起计算。在全部工程竣工验收前,已经发包人提前验收的单位工程,其缺陷责任期的起算日期相应提前	增加以下内容: 本项目缺陷责任期为1年
增1		独立的检查 如果本项目工程的中心实验室没有力量承担对某一项工程材料或设备的检查和检验,需先经发包人同意,监理工程师可以委托给一家独立的具有资格的检验单位来完成

续表

条款号	原条款	细化后的条款
增2		竣工文件 承包人应按照建设部《房屋建筑工程竣工验收办法》的规定和其附件一的内容和要求编制竣工图表和施工文件。各分部（项）工程的竣工图须在有关工程完工后陆续提交监理工程师审查,全部工程完工后3个月内,在全部工程的交工证书签发之前,承包人须向业主提交6整套监理工程师认为完整、合格的竣工文件。若在交工后2个月内,未能提交完整合格的竣工文件,每延期1日承包人将付给发包人违约金1 000元。在缺陷责任期内应补充竣工资料,应在签发缺陷责任证书之前提交
增3		工程量 工程量清单中所列的工程量是根据合同工程的招标文件工程量清单提供的投标基础,在施工过程中,该工程量将有可能出现增加或减少,监理工程师和业主将以承包人实际完成的经验收合格的工程量为准。工程量清单中的任何错误和遗漏,不应免除承包人根据合同规定的义务
增4		川府发〔2007〕14号文的有关规定 (1)招标人应依法确定中标人。第一中标候选人以资金、技术、工期等非正当理由放弃中标,没收投标保证金不能弥补第一、第二中标候选人报价差额的,招标人应当依法重新招标。项目业主或招标代理机构必须将本条内容载入招标文件。在1～3年内,国家投资建设项目业主不得再接受放弃中标者投标。 (2)实行项目经理、项目总监、主要技术负责人压证施工制度。项目业主须在中标人提供投标文件承诺的上述人员的执业资格证书原件后才能签订合同,至合同标的的主体工程完工后才能退还。严禁转包和违法分包。未经行政主管部门批准,项目业主不得同意中标人进行任何形式的分包,更不得强迫中标人分包。中标人派驻施工现场的项目经理、项目总监、主要技术负责人与投标文件承诺不符的视为转包。 (3)规范设计变更工作。严格执行设计变更管理的有关规定,履行报批手续。突破原工程可行性研究范围的重大设计变更,必须报原项目审批部门审批。 因设计单位原因造成低价中标高价结算的,设计单位应该承担工程价款的增加额。 (4)严格增加工程量的管理。增加工程量必须经施工单位申报、监理签字、业主认可、概算批准部门会同行政主管部门评审的程序办理。增加工程量及价款应在项目实施地建设工程交易场所公示
增5		总额支项的分目 承包人在签订合同协议书后30日内,应向监理工程师提交包括在工程量清单中的每个总额支付项的分目表(含名称、说明、单位、数量、单价、金额及备注等项),该分目表经监理工程师审查并报代建单位和建设单位批准,作为办理支付的依据
增6		若建设单位和发包人发现承包人未能按期足额支付民工工资,业主和发包人有权在本月支付中直接扣除代为支付
增7		未付款的利率:本项目所有未付款不支付利息

第三节 合同附件格式

附件1 合同协议书格式(略)
附件2 履约担保格式(略)

第五章 工程量清单(略)

4.1.2 第二卷

第六章 图纸(略)

4.1.3 第三卷

第七章 技术标准和要求

1.遵守设计图纸明确的技术规范。
2.执行国家、四川省、市现行的施工、质量检测及验收规范。

4.1.4 第四卷

第八章 投标文件格式

一、投标函及投标函附录(略)
二、法定代表人身份证明(略)
三、授权委托书(略)
四、投标保证金(略)
五、已标价工程量清单(略)
六、施工组织设计(略)
七、项目管理机构(略)
八、资格审查资料(略)
九、其他资料(略)

4.2 投标实务

某工程投标文件实例

目录
4.2.1 商务标部分

4.2.2 技术标部分

4.2.3 资信部分

4.2.1 商务标部分

一、投标函及投标函附录

（一）投标函

××××(招标人名称)：

1.我方已仔细研究了××××建筑工程实训中心工程(项目名称)　/　标段施工招标文件的全部内容，愿意以人民币(大写)零拾(亿)零亿零仟(万)贰佰(万)柒拾(万)伍万壹仟捌佰伍拾壹元(￥2 751 851)的投标总报价，工期130日历天，按合同约定实施和完成承包工程，修补工程中的任何缺陷，工程质量达到国家现行《工程施工质量验收规范》合格标准。

2.我方承诺在投标有效期内不修改、撤销投标文件。

3.随同本投标函提交投标保证金一份，金额为人民币(大写)陆万元(￥60000)。

4.如我方中标：

(1)我方承诺在收到中标通知书后，在中标通知书规定的期限内，与你方按照招标文件和我方投标文件签订合同。

(2)随同本投标函递交的投标函附录属于合同文件的组成部分。

(3)我方承诺按照招标文件规定向你方递交履约担保。

(4)我方承诺在合同约定的期限内完成并移交全部合同工程。

5.我方承诺完全响应招标文件要求(其他补充说明)。

投　标　人：××××建筑有限公司(盖单位章)

委托代理人：＿＿＿＿＿＿＿＿＿＿＿＿(签字)

地　　　址：××市××区陕西西路20号

网　　　址：＿＿＿＿＿＿/＿＿＿＿＿＿

电　　　话：＿＿＿＿＿＿＿＿＿＿＿＿

传　　　真：＿＿＿＿＿＿＿＿＿＿＿＿

邮政编码：＿＿＿＿＿＿＿＿＿＿＿＿

2020年6月11日

（二）投标文件真实性和不存在限制投标情形的声明

××××(招标人名称)：

我方在此声明，所递交的投标文件(包括有关资料、澄清)真实可信，不存在虚假(包括隐瞒)。

经我方认真核查，本投标人不存在第二章"投标人须知"第1.4.3项规定的任何一种情形。

我方承诺，如存在以上两种虚假投标行为，我方自愿按第二章"投标人须知"第10.16款和其他有关规定承担责任。

投标人：××××建筑有限公司(盖单位章)

委托代理人：＿＿＿＿＿＿＿＿＿＿＿＿(签字)

2020年6月11日

(三)投标函附录

序号	条款名称	合同条款号	约定内容	备注
1	项目经理	1.1.2.4	姓名:张××	/
2	工期	1.1.4.3	天数:130 日历天	/
3	缺陷责任期	1.1.4.5	24 个月	/
4	分包	4.3.4	不允许	/
5	价格调整的差额计算	16.1	详见合同专用条款	/
/	/	/	/	/
/	/	/	/	/

二、授权委托书

本人××××(姓名)系××××建筑有限公司(投标人名称)的法定代表人,现委托本单位人员张××(姓名)为我方代理人。代理人根据授权,以我方名义签署、澄清、说明、补正、递交、撤回、修改××××建筑工程实训中心工程(项目名称)/标段施工投标文件、签订合同和处理有关事宜(向有关行政监督部门投诉另行授权),其法律后果由我方承担。

委托期限:自本授权委托书签署之日起至第二章"投标人须知"前附表 3.3.1 规定的"投标有效期"结束为止。

代理人无转委托权。

附:(1)法定代表人身份证明原件和法定代表人身份证复印件。

(2)委托代理人身份证复印件、投标人为其缴纳的养老保险(提供最近 6 个月连续缴费证明)复印件。

投标人:××××建筑有限公司(盖单位章)
法定代表人:＿＿＿＿＿＿＿＿＿＿(签字)
委托代理人:＿＿＿＿＿＿＿＿＿＿(签字)
联系电话:＿＿＿＿＿＿＿＿＿＿(固定电话)＿＿＿＿＿＿＿＿＿＿(移动电话)

2020 年 6 月 11 日

三、法定代表人身份证明

投标人名称:××××建筑有限公司
单位性质:有限责任＿＿＿＿＿＿
地址: ××市区陕西西路20 号
成立时间:1995 年＿3＿月＿9＿日
经营期限:长期＿＿＿＿＿＿＿
姓名:×××系××××建筑有限公司(投标人名称)的法定代表人(职务:总经理;电话:××××××)。

特此证明。

附:法定代表人身份证复印件

           投标人:××××建筑有限公司(盖单位章)
           2020 年 6 月 11 日

此处附扫描的身份证

四、投标保证金

××××(招标人名称):

  本投标人自愿参加××××建筑工程实训中心工程(项目名称)　/　标段施工的投标,并按招标文件要求交纳投标保证金,金额为人民币(大写陆万元,￥60000)。

  本投标人承诺所交纳投标保证金是从本公司基本账户或通过基本账户转入网银账户以网上支付方式缴纳的,若有虚假,由此引起的一切责任均由我公司承担。

  附:(1)从投标人的基本账户转入中国农业银行、中国建设银行、中国工商银行、中国银行、德阳银行五家金融机构其中之一网银账户的银行凭证(复印件)。

  (2)人民银行颁布的基本存款账户开户许可证复印件。

投标人:××××建筑有限公司(盖单位章)
委托代理人:＿＿＿＿＿＿＿＿＿＿＿＿(签字)

           2020 年 6 月 11 日

五、已标价工程量清单(略)

4.2.2　技术标部分

六、施工组织设计

1.投标人编制施工组织设计的要求:编制时应采用文字并结合图表形式说明施工方法;拟投入本标段的主要施工设备情况、拟配备本标段的试验和检测仪器设备情况、劳动力计划等;结合工程特点提出切实可行的工程质量、安全生产、文明施工、工程进度、技术组织措施,同时应对关键工序、复杂环节重点提出相应技术措施,如冬雨季施工技术、减少噪声、降低环境污染、地下管线及其他地上、地下设施的保护加固措施等。

2.施工组织设计除采用文字表述外可附下列图表,图表及格式要求附后。

附表 1　拟投入本标段的主要施工设备表
附表 2　拟配备本标段的试验和检测仪器设备表
附表 3　劳动力计划表
附表 4　计划开、竣工日期和施工进度网络图
附表 5　施工总平面图
附表 6　临时用地表

附表 4：计划开、竣工日期和施工进度网络图

1.投标人应递交施工进度网络图或施工进度表,说明按招标文件要求的计划工期进行施工的各个关键日期。

2.施工进度表可采用网络图(或横道图)表示。

附表 5：施工总平面图

投标人应递交一份施工总平面图，绘出现场临时设施布置图表并附文字说明，说明临时设施、加工车间、现场办公、设备及仓储、供电、供水、卫生、生活、道路、消防等设施的情况和布置。

七、项目管理机构

（一）项目管理机构组成表

职务	姓名	职称	执业或职业资格证明					备注
			证书名称	级别	证号	专业	养老保险	
项目经理	张××	工程师	建造师证	二级	川2511010264××	建筑工程	本企业已缴纳	/
技术负责人	肖××	工程师	职称证	中级	0610338××	建筑工程	本企业已缴纳	/
施工员	卓××	/	岗位证	/	1038××	建筑工程	本企业已缴纳	/
质检员	谭××	助理工程师	岗位证	/	1809××	建筑工程	本企业已缴纳	/
材料员	霍××	/	岗位证	/	05150005000××	建筑工程	本企业已缴纳	/
安全员	李××	/	岗位证	/	13150004000××	建筑工程	本企业已缴纳	/
造价员	王××	工程师	执业资格证	/	川060F000××	建筑工程	本企业已缴纳	/

（二）主要人员简历表

姓名	张××	年龄	××	学历	专科
职称	工程师	职务	项目经理	拟在本合同任职	项目经理
毕业学校	2008年毕业于××建筑×××学院 学校 建筑工程施工及管理 专业				
主要工作经历					

时间	参加过的类似项目	担任职务	发包人及联系电话
/	/	/	/
/	/	/	/
/	/	/	/
/	/	/	/
/	/	/	/
/	/	/	/

注：①"主要人员简历表"中的项目经理应附注册建造师证、身份证、职称证、养老保险复印件，管理过的项目业绩须附合同协议书复印件；技术负责人应附身份证、职称证、养老保险复印件，管理过的项目业绩须附证明其所任技术职务的企业文件或用户证明。如不实，属于弄虚作假，取消中标资格。

②主要人员的养老保险是指主要人员在该投标人单位的养老保险缴纳凭证或社保部门出具的主要人员在该投标人单位参保的证明。

③其他主要人员简历表同上。

八、承诺书

参加本项目投标时项目经理张××没有在其他未完工项目担任项目经理，中标后至完工前也不得在其他项目担任项目经理。

特此承诺。

投标人：××××建筑有限公司（盖单位章）

2020 年 6 月 11 日

4.2.3 资信部分

九、资格部分资料

资信部分资料包括投标人基本情况表、近 3 个年度财务报表、正在施工的和新承接的项目情况表、其他资料等。

注：中标人接受联合体投标的，"资格审查资料"规定的表格和资料应包括联合体各方面相关情况。联合体的每一位成员都应提供。

（一）投标人基本情况表

投标人名称	\multicolumn{4}{l}{××××建筑有限公司}			
注册地址	××市××区陕西西路 20 号			邮政编码		
联系方式	联系人	陈××		电话		
	传真			网址	/	
组织结构	见附图					
法定代表人	姓名	杨××	技术职称	工程师	电话	
技术负责人	姓名	吴××	技术职称	高级工程师	电话	
成立时间	1995 年 3 月 9 日			员工总人数：316		
企业资质等级	房屋建筑工程施工总承包二级		其中	项目经理	16	
营业执照号	510600000008×××			高级职称人员	5	
注册资金	2 000 万元			中级职称人员	59	
开户银行	××银行营业部			初级职称人员	88	
账号	201030000007××××			技工	148	
经营范围	\multicolumn{6}{l}{房屋建筑工程施工总承包二级；市政公用工程施工总承包二级；建筑装修装饰工程专业承包二级；钢结构工程专业承包三级；防腐保温工程专业承包三级；体育场地设施工程专业承包三级；土木工程建筑施工；经政府批准从事土地整理开发；水电安装；五金工具、建筑材料、五金交电、装饰材料、计算机及零配件、复印机、日用百货批发、零售}					
备注	/					

注：投标人基本情况表附材料见第二章"投标人须知"3.5.1。

（二）近 3 个年度财务状况表

对财务状况表的要求为：<u>近 3 年无亏损</u>。

注：（1）投标人应提供近 3 年的财务状况表。

"近 3 个年度财务状况表"分两种情况。招标文件发售之日在 5 月 1 日以前的，"近 3 个年度"是指当年之前的 3 个年度或当年的上一年之前的 3 个年度，如某项目招标，发售招标文件的时间是 2020 年 4 月 1 日,"近 3 个年度财务状况表"是指 2017 年、2018 年、2019 年的财务状况,或是 2016 年、2017 年、2018 年的财务状况,采用哪 3 个年度,由投标人选择;招标文件发售之日在 5 月 1 日之后,"近 3 个年度"是指当年之前的 3 个年度,如某项目招标,发售招标文件的时间是 2020 年 5 月 5 日,则"近 3 个年度财务状况表"是指 2017 年、2018 年、2019 年的财务状况。

(2)财务状况表应附材料见第二章"投标人须知"3.5.2。

(三)正在施工的和新承接的项目情况表

项目名称	/
项目所在地	/
发包人名称	/
发包人地址	/
发包人电话	/
签约合同价	/
开工日期	/
计划竣工日期	/
承担的工作	/
工程质量	/
项目经理	/
技术负责人	/
总监理工程师及电话	/
项目描述	/
备注	/

注:正在施工和新承接的项目应附材料见第二章"投标人须知"3.5.4。其中依法必须招标的项目,应同时附中标通知书复印件和合同协议书复印件;非依法必须招标的项目,可只附合同协议书复印件。

十、其他材料

(一)投标文件真实性和不存在限制投标情形的声明

××××(招标人名称):

我方在此声明,所递交的投标文件(包括有关资料、澄清)真实可信,不存在虚假(包括隐瞒)。

经我方认真核查,本投标人不存在第二章"投标人须知"第 1.4.3 项规定的任何一种情形。

我方承诺,如存在以上两种虚假投标行为,我方自愿按第二章"投标人须知"第 10.16 和其他有关规定承担责任。

投标人:××××建筑有限公司(盖单位章)
委托代理人:＿＿＿＿＿＿＿＿＿＿(签字)

2020 年 6 月 11 日

(二)近3年向招标投标行政监督部门提起的投诉情况声明

××××(招标人名称):

经本投标人认真核查,本投标人近3年在招标投标活动中,没有发生过向招标投标行政监督部门投诉的情况,如不实,构成虚假,自愿承担由此引起的法律责任。

特此声明。

投标人:××××建筑有限公司(盖单位章)

委托代理人:＿＿＿＿＿＿＿＿＿＿(签字)

2020年6月11日

(三)完全响应招标文件的承诺

××××(招标人名称):

本投标人已仔细研究了本工程招标文件的全部内容,在此对招标文件做出如下承诺:

本投标人承诺响应:投标内容符合第二章"投标人须知"第1.3.1项规定。

本投标人承诺响应:工期符合第二章"投标人须知"第1.3.2项规定。

本投标人承诺响应:工程质量符合第二章"投标人须知"第1.3.3项规定。

本投标人承诺响应:投标有效期符合第二章"投标人须知"第3.3.1项规定。

本投标人承诺响应:投标保证金符合第二章"投标人须知"第3.4.1项规定。

本投标人承诺响应:权利与义务符合第四章"合同条款及格式"规定。

本投标人承诺响应:已标价工程量清单符合第五章"工程量清单"给出的范围及数量以及"说明"中对投标人的要求。

本投标人承诺响应:技术标准和要求符合第七章"技术标准和要求"规定。

本投标人承诺响应:分包计划符合第二章"投标人须知"第1.11项规定。

本投标人承诺响应:其他要求符合第二章"投标人须知"第3.1.1项规定。

本投标人承诺响应:最高限价投标报价(修正价)不得超过第二章"投标人须知"7.3.1项规定的最高限价。

本投标人承诺响应:建设资金拨付符合第二章"投标人须知"10.7项规定;招标人的工程款只能转入中标人在工程项目所在地银行开设的且留有投标文件承诺的项目经理印鉴的企业法人账户。

本投标人承诺响应:增加工程量的管理符合第二章"投标人须知"10.11项规定。

特此承诺。

投标人:××××建筑有限公司(盖单位章)

委托代理人:＿＿＿＿＿＿＿＿＿＿(签字)

2020年6月11日

（四）无拖欠施工人员和民工工资承诺

××××(招标人名称)：

若我公司中标，我公司承诺：无拖欠施工人员及民工工资。若发生承包人拖欠施工人员、民工工资，一切责任由承包人承担，发包人有权从工程价款中扣除相应款项，交由当地建设行政主管部门发放。

特此承诺。

投标人：××××建筑有限公司(盖单位章)

委托代理人：＿＿＿＿＿＿＿＿＿＿＿(签字)

2020 年 6 月 11 日

（五）关于限制投标情形的声明

××××(招标人名称)：

我公司不存在下列任何一种限制投标的情形：

(1)为招标人不具有独立法人资格的附属机构(单位)。

(2)为本标段前期准备提供设计或咨询服务的，但设计施工总承包的除外。

(3)为本标段的监理人。

(4)为本标段的代建人。

(5)为本标段提供招标代理服务的。

(6)与本标段的监理人或代建人或招标代理机构同为一个法定代表人的。

(7)与本标段的监理人或代建人或招标代理机构相互控股或参股的。

(8)与本标段的监理人或代建人或招标代理机构相互任职或工作的。

(9)被责令停业的。

(10)被暂停或取消投标资格的。

(11)财产被接管或冻结的。

(12)在最近 3 年内有骗取中标或严重违约或重大工程质量问题的。

(13)四川省国家投资建设项目的第一中标候选人以资金、技术、工期等非正当理由放弃中标的，在 3 年内不接受其投标。

(14)在四川省地震灾后重建工程中违法违规的企业和个人被有关行政主管部门行政处罚的，在 3 年内不接受其投标。

(15)近半年内在所有招标投标和合同履行过程中被监督部门行政处罚的。

(16)近 3 年内在招标投标和合同履行过程中有腐败行为并被司法机关认定为犯罪的。

(17)近 3 年内，在招标人(包括在本项目招标人有股权或隶属关系的招标人)的既往项目合同履行过程中，被监督部门或司法机关认定投标人不履行合同、项目经理或主要技术负责人被招标人撤换的。

(18)投标人与招标人相互参股或相互任职的。

有下列情形之一,不得在同一项目(标段)中同时投标:
(1)法定代表人为同一人。
(2)母公司与其全资子公司。
(3)母公司与其控股公司(直接或间接持股不低于30%)。
(4)被同一法人直接或间接持股不低于30%的两个及两个以上法人。
(5)具有投资参股关系的关联企业。
(6)相互任职或工作的。
但被发现存在限制投标情形的,构成隐瞒,属于虚假投标行为。
特此声明。

            投标人:××××建筑有限公司(盖单位章)
            委托代理人:_____(签字)

                 2020 年 6 月 11 日

(六)关于信誉要求的声明

××××(招标人名称):
  我公司在参加×××× 建筑工程实训中心工程(项目名称)/标段投标期间,没有处于投标禁入期内。
  特此声明。

            投标人:××××建筑有限公司(盖单位章)
            委托代理人:_____(签字)

                 2020 年 6 月 11 日

(七)严禁转包和违法分包的承诺

××××(招标人名称):
  若我公司中标,我公司承诺:未经行政主管部门批准,我公司不得变更项目经理和主要技术负责人。
  凡招标文件未明确可以分包的,我公司不得进行任何形式的分包。
  我公司派驻现场的项目经理、主要技术负责人与投标文件承诺不符的,视同转包。
  特此承诺。

            投标人:××××建筑有限公司(盖单位章)
            委托代理人:_____(签字)

                 2020 年 6 月 11 日

(八）压证施工承诺

××××(招标人名称)：

若我公司中标，我公司承诺实行项目经理、项目主要技术负责人压证施工制度。项目业主须在我公司提供投标文件承诺的上述人员的执业资格证书原件后才能签订合同，至合同标的的主体工程完工后才能退还。

特此承诺。

投标人：××××建筑有限公司(盖单位章)
委托代理人：＿＿＿＿＿＿＿＿＿＿＿＿（签字）

2020 年 6 月 11 日

注：(1)招标人在编制招标文件时，除以上十项外，招标人还可以要求投标人提供其他材料。但不得与以上十项的内容及本招标文件列出的选择项中招标人没有选择的项重复和抵触。

(2)招标人要求申请人提供的其他资料应在第二章"投标人须知"3.1."1 构成投标文件的其他资料"中列出。

(3)招标人不得要求与本项目招标投标和履行合同无关的材料。

(4)招标人在招标文件中没有要求的材料，投标人不需要提供，投标文件不得夹带宣传性材料。

第 5 章

合同原理

知识目标

1. 掌握合同订立程序、合同效力类型、合同保全、合同担保方式、合同违约责任形式和合同违约责任免除、合同争议解决的基本途径。
2. 熟悉合同订立、履行、变更、转让、终止、违约责任的基础知识。
3. 了解合同法律关系、代理。

职业素质及职业能力目标

1. 培养合同理念,能运用合同知识解决工作、生活中的问题。
2. 具备订立、履行、变更、终止合同的能力。
3. 具备解决合同争议的能力。

5.1 合同基础知识

5.1.1 合同法律关系

1. 合同法律关系的概念

法律关系是指法律在调整人们行为的过程中形成的权利和义务关系。

合同法律关系是指合同法律规范调整的当事人在民事流转过程中产生的权利和义务关系。

2. 合同法律关系的构成要素

合同法律关系由主体、客体、内容三个要素构成。三个要素缺一不可,缺少任何一个要素都不能构成合同法律关系,改变任何一个要素都可能改变既有的合同法律关系。如图 5-1 所示。

（1）合同法律关系的主体

① 概念

合同法律关系的主体是指合同法律关系中依法享有权利并承担义务的当事人。

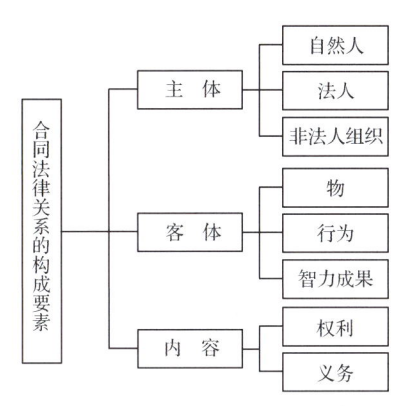

```
合同法律关系的构成要素
├─ 主体 ─┬─ 自然人
│        ├─ 法人
│        └─ 非法人组织
├─ 客体 ─┬─ 物
│        ├─ 行为
│        └─ 智力成果
└─ 内容 ─┬─ 权利
         └─ 义务
```

图 5-1　合同法律关系的构成要素

②种类
- 自然人

自然人是指基于出生而依法在民事上享有权利和承担义务的个人。自然人包括公民、外国人、无国籍人。

自然人要成为民事法律关系的主体需具备相应的民事权利能力和民事行为能力。《中华人民共和国民法典》(以下简称《民法典》)第十三条规定,自然人从出生时起到死亡时止,具有民事权利能力,依法享有民事权利,承担民事义务。即公民的民事权利能力始于出生,终于死亡,与生命存续时间一致。《民法典》第十八条至第二十二条根据自然人是否具备正常的认知能力及判断能力,将自然人划分为完全民事行为能力人、限制民事行为能力人和无民事行为能力人。

◎法人

法人是指具有民事权利能力和民事行为能力,依法独立享有民事权利和承担民事义务的组织。法人的民事权利能力和民事行为能力,从法人成立时产生,到法人终止时消灭。

《民法典》第五十八条规定,法人应当依法成立。法人应当有自己的名称、组织机构、住所、财产或者经费。同时,《民法典》对法人进行了分类,法人包括营利法人、非营利法人、特别法人。

◎非法人组织

非法人组织是不具有法人资格,但是能够依法以自己的名义从事民事活动的组织,包括个人独资企业、合伙企业、不具有法人资格的专业服务机构等。

(2)合同法律关系的客体

①概念

合同法律关系的客体是指合同法律关系主体的权利和义务所指向的对象。

②种类
- 物

物是指可被人们所控制且具有经济价值的生产资料和消费资料。如:建筑材料、建筑设备、建筑物等。货币也可以作为合同法律关系的客体,如:借款合同的客体为货币。

- 行为

行为是指人的有意识的活动。大多体现为完成一定的工作,如:工程勘察服务、设备安装、咨询服务等。

- 智力成果

智力成果是指通过人的智力活动所创造出来的精神成果。如知识产权、技术秘密、工程设计及特定情况下的公知技术。

(3)合同法律关系的内容

①概念

合同法律关系的内容是指合同约定和法律规定的权利和义务。合同法律关系内容体现了合同的具体要求,对合同法律关系的性质起决定作用。

②种类

- 权利

权利是指合同法律关系主体在法定范围内,按照合同的约定有权按照自己的意志做出某种行为。

权利主体也可要求义务主体做出一定的行为或不做出一定的行为,以实现自己的有关权利。当权利受到侵害时,有权得到法律保护。

- 义务

义务是指合同法律关系主体必须按法律规定或约定承担应负的责任。

义务和权利是相互对应的,相应主体应自觉履行相对应的义务;否则,义务人应承担相应的法律责任。

3.合同法律关系的产生、变更和消灭

(1)法律事实的概念

法律事实是指能够引起合同法律关系产生、变更和消灭的客观现象和事实。

(2)法律事实的分类

①事件

事件是指不以合同法律关系主体的主观意志为转移而发生的,能够引起合同法律关系产生、变更或消灭的客观现象。

事件可分为社会事件和自然事件。如:战争、叛乱等属于社会事件;山洪、海啸、泥石流等属于自然事件。

②行为

行为是指合同法律关系主体有意识的,能够引起合同法律关系产生、变更或消灭的行为。

行为与事件的最大区别在于是否以合同法律关系主体的主观意志为转移而发生。

知识链接

合同法律关系的主体和订立合同的主体的区别

合同法律关系的主体达到订立合同须具备的民事权利能力和民事行为能力的,才能成为订立合同的主体。若不具备相应民事权利能力和民事行为能力,则不能成为订立合同的主体。

5.1.2 代　理

1.代理的概念与特征

（1）代理的概念

代理是指代理人在代理权限范围内，以被代理人名义实施的，其民事责任由被代理人承担的法律行为。

代理在实质上涉及三方主体，即代理人、被代理人及第三人。

（2）代理的特征

①代理人必须在代理权限范围内实施代理行为

代理人必须在代理权限范围以内实施代理行为，否则代理行为属于无权代理。

无权代理是指行为人没有代理权而以他人名义进行民事活动。无权代理包括以下三种情况：没有代理权实施的代理行为；超越代理权实施的代理行为；代理权终止后实施的代理行为。

没有代理权、超越代理权或者代理权终止后的行为，只有经过被代理人的追认，被代理人才承担民事责任。未经追认的行为，由行为人承担民事责任。本人知道他人以本人名义实施民事行为而不做否认表示的，视为同意。

②代理人以被代理人的名义实施代理行为

代理人以被代理人的名义实施民事法律行为，并且能够在被代理人授权范围内独立地进行意思表示。

③代理人实施的行为必须是有法律效果的行为

代理人实施的代理活动，应当使被代理人和第三人之间产生、变更或终止某种民事法律关系。如果不能产生、变更或终止某种民事法律关系，仅仅在形式上受人委托实施某项活动，则不是代理行为。如：甲出资让乙代为拟定一份建筑勘察合同文本，该事件中甲与乙之间仅仅是委托事务，而不是代理行为。

④被代理人对代理行为承担民事责任

代理行为是代理人以被代理人的名义实施的，代理人与第三人实施的所有民事法律行为所产生的权利及义务，理应直接归属于被代理人，由被代理人承担民事责任。即代理的实质是被代理人与第三人发生民事法律关系。即使是由于代理人的过失而造成不利的法律后果，被代理人也应当承担民事责任。

2.代理的分类

《民法典》第一百六十三条规定，代理包括委托代理和法定代理。

（1）委托代理

委托代理是指基于被代理人对代理人的委托授权行为而产生的代理。委托代理是应用非常广泛的一类代理关系，委托代理适用于完全民事行为能力人需要代理的情形。

《民法典》第一百七十三条规定，有下列情形之一的，委托代理终止：

①代理期间届满或者代理事务完成。

②被代理人取消委托或者代理人辞去委托。

③代理人丧失民事行为能力。

④代理人或者被代理人死亡。

⑤作为代理人或者被代理人的法人、非法人组织终止。

(2)法定代理

法定代理是指基于法律的直接规定而产生的代理。法定代理是为了保护无民事行为能力人和限制民事行为能力人的合法权益而设定的。一般来说，无民事行为能力人和限制民事行为能力人的监护人或者监护机构就是其法定代理人。

《民法典》第一百七十五条规定，有下列情形之一的，法定代理终止：

①被代理人取得或者恢复完全民事行为能力。

②代理人丧失民事行为能力。

③代理人或者被代理人死亡。

④法律规定的其他情形。

5.2 合同概述

5.2.1 合同的概念

1.合同的概念

合同是民事主体之间设立、变更、终止民事权利义务关系的协议。

2.合同的特征

(1)合同是平等主体的自然人、法人和非法人组织实施的民事法律行为

《民法典》所指的合同主体地位在法律上是完全平等的，不属于平等主体之间的权利义务关系不适用《民法典》。如：政府依法维护经济秩序的管理活动，属于行政管理关系，应当适用有关政府管理的法律。法人、非法人组织的内部管理关系，应当适用有关公司、企业的法律。

(2)合同以设立、变更或终止民事权利义务关系为目的

民事权利义务关系包括财产关系和人身关系，而《民法典》所指的民事权利义务关系仅仅是财产关系，不包括有关婚姻、收养、监护等与人身身份有关系的协议。涉及婚姻、收养、监护等人身关系的协议，分别适用有关身份关系的法律规定。

(3)合同是当事人协商一致的协议

合同主体必须是两个或两个以上的当事人，当事人之间做出共同的意思表示并且达成一致。

5.2.2 合同应遵循的基本原则

合同应遵循的基本原则，即：平等原则、自愿原则、公平原则、诚信原则、合法原则、节约资源、保护生态环境的原则。

1.平等原则

《民法典》第四条规定，民事主体在民事活动中的法律地位平等。

平等原则具体包括以下内容：无论自然人、法人或非法人组织，作为合同当事人的法律地位是平等的。当事人在真实意思表示下订立的合同才能生效。

2. 自愿原则

《民法典》第五条规定,民事主体从事民事活动,应当遵循自愿原则,按照自己的意思设立、变更、终止民事法律关系。

自愿原则具体包括以下内容:当事人有订立合同的自由,以及选择相对人的自由。当事人有确定合同内容和选择合同形式的自由。当事人有对合同内容进行补充、变更或解除合同的自由。当事人有选择合同争议解决方式的自由。

3. 公平原则

《民法典》第六条规定,民事主体从事民事活动,应当遵循公平原则,合理确定各方的权利和义务。

公平原则具体包括以下内容:公平确定当事人的权利和义务。公平确定当事人的风险分配和违约责任。

4. 诚信原则

《民法典》第七条规定,民事主体从事民事活动,应当遵循诚信原则,秉持诚实,恪守承诺。

诚信原则具体包括以下内容:当事人在合同订立和履行阶段应遵循诚信原则。当事人在合同终止后应遵循保密和忠实的义务。合同的解释应遵循诚信原则。

5. 合法原则

《民法典》第八条规定,民事主体从事民事活动,不得违反法律,不得违背公序良俗。

合法原则具体包括以下内容:当事人订立和履行合同时应遵守法律法规、尊重社会公德,不得损害社会公共利益。

6. 节约资源、保护生态环境的原则

《民法典》第九条规定,民事主体从事民事活动,应当有利于节约资源、保护生态环境。

5.2.3 合同的分类

1. 根据法律上是否有统一名称与规则分类

根据法律上是否有统一名称与规则,可以将合同划分为有名合同与无名合同。

法学界根据不同合同的性质与特征,将合同进行分类。

有名合同是指法律上已经确定了一定名称及规则的合同。

无名合同是指法律上尚未有一定名称及规则的合同。

> **知识链接**
>
> **有名合同**
>
> 《民法典》"合同编"中列出了19种合同,分别为:买卖合同,供用电、水、气、热力合同,赠与合同,借款合同,保证合同,租赁合同,融资租赁合同,保理合同,承揽合同,建设工程合同,运输合同,技术合同,保管合同,仓储合同,委托合同,物业服务合同,行纪合同,中介合同,合伙合同。因为以上19种合同在《民法典》"合同编"中专门列出,有一定的名称及规则,所以在法学理论上将此19种合同称为"有名合同"。

2.根据合同双方当事人权利与义务的分担方式分类

根据合同双方当事人权利与义务的分担方式,可以将合同划分为单务合同与双务合同。

单务合同是指合同当事人中一方只享有权利而不承担义务,另一方当事人只承担义务而不享有权利的合同。如:赠予合同、归还原物的借用合同、无偿保管合同是典型的单务合同。

双务合同是指合同双方当事人相互享有权利并相互承担义务的合同。在实践中,大多数的合同都是双务合同。如:建设合同、买卖合同、租赁合同、运输合同、保险合同等是典型的双务合同。

3.根据合同当事人是否可以从合同中获取某种利益分类

根据合同当事人是否可以从合同中获取某种利益,可以将合同划分为有偿合同与无偿合同。

有偿合同是指一方当事人通过履行合同规定的义务而给对方某种利益,对方要得到该利益必须支付相应报酬的合同。在实践中,绝大多数反映交易关系的合同都是有偿合同。如:建设工程合同属有偿合同。

无偿合同是指一方当事人通过履行合同规定的义务而给对方某种利益,对方取得该利益时并不支付任何报酬的合同。如:赠予合同属于典型的无偿合同。

4.根据合同的成立是否需要交付标的物分类

根据合同的成立是否需要交付标的物,可以将合同划分为诺成合同与实践合同。

诺成合同是指双方当事人意思表示一致即能产生法律效果的合同。

实践合同是指除双方当事人意思表示一致以外,还须交付标的物才能成立的合同。如:定金合同、保管合同是典型的实践合同。

5.根据合同订立是否必须符合一定的形式分类

根据合同订立是否必须符合一定的形式,可以将合同划分为要式合同与非要式合同。

要式合同是指必须根据法律规定的特定形式订立的合同。

非要式合同是指依法不需要采取特定形式订立的合同。

6.根据合同相互之间的主从关系分类

根据合同相互之间的主从关系,可以将合同划分为主合同与从合同。

主合同是指不以其他合同的存在为前提而能够独立存在的合同。

从合同是指以其他合同的存在为存在前提的合同。如:建设工程合同中,施工合同是主合同,为施工单位提供履约担保的合同是从合同。

7.根据合同效力是否涉及第三人分类

根据合同效力是否涉及第三人,可以将合同划分为为订约人自己订立的合同和为第三人利益订立的合同。

为订约人自己订立的合同是指订立合同当事人享有权利和承担义务的合同。

为第三人利益订立的合同是指订立合同当事人为第三人设定了权利的合同。如:投保人和受益人不是同一人的保险合同。

为第三人利益订立的合同有三个特征:一是第三人不是合同当事人,无须签字;二是只能为第三人设定权利,第三人不承担合同义务;三是为第三人设定权利时,无须通知或征得第三人同意。

8.根据合同成立时是否能够确定给付的内容和范围分类

根据合同成立时是否能够确定给付的内容和范围,可以将合同划分为确定合同与射幸合同。

确定合同是指给付的内容在合同成立时能够确定的合同。

射幸合同是指给付的内容在合同成立时并不确定,而是要取决于合同成立后是否发生偶然事故的合同。如保险合同是典型的射幸合同。

5.3 合同的基本内容和主要形式

5.3.1 合同的基本内容

合同的内容由当事人约定,一般包括以下条款:
(1)当事人的名称或姓名和住所。
(2)标的。
(3)数量。
(4)质量。
(5)价款或报酬。
(6)履行期限、地点和方式。
(7)违约责任。
(8)解决争议的方式。
当事人可以参照各类合同的示范文本订立合同。

5.3.2 合同的主要形式

1.合同形式的概念
合同的形式是指合同当事人意思表示一致的外在表现形式。
2.合同的主要形式
《民法典》第四百六十九条规定,当事人订立合同,可以采用书面形式、口头形式和其他形式。

(1)口头形式

合同的口头形式是指当事人用口头语言形式达成意思表示一致而订立合同的形式。凡是法律没有明确规定或当事人没有特别约定的,都可以采用口头形式订立合同。

口头形式订立合同的优点在于方便、快捷、简洁、易行。缺点在于发生合同纠纷时难以取证,法律责任不易划分。口头形式订立合同适用于即时结清、合同标的数额较小的合同关系。

(2)书面形式

书面形式是指合同书、信件、电报、电传、传真等可以有形地表现所载内容的形式。

以电子数据交换、电子邮件等方式能够有形地表现所载内容,并可以随时调取查用的数据电文,视为书面形式。

书面形式订立合同的优点在于便于合同履行、便于监督和管理、便于举证,是最常见的合同形式。当事人可以根据法律规定或自行协商采用书面形式订立合同。一般来说,凡是不能及时结清和合同标的数额较大的合同关系均应采用书面形式订立。

(3)其他形式

除口头形式和书面形式以外,当事人还可以通过自身的行为订立合同。即:当事人用行为向对方发出要约,对方做出承诺,合同即宣告成立。

> **知识链接**
>
> **公证、鉴证、登记和审批是否属于合同书面形式范畴**
>
> 关于公证、鉴证、登记和审批是否属于合同书面形式范畴,我国法学界尚存在争议。目前较为一致的说法是:公证、鉴证、登记和审批不宜作为合同的成立要件,因为合同是当事人的意思表示一致,而公证、鉴证、登记和审批是当事人意思表示一致之外的程序,不应属于合同成立要件的范畴,应属于合同效力的法律问题。

5.4 合同的订立

5.4.1 合同订立的程序

合同的订立要经过要约和承诺两个步骤。

1. 要约

(1)要约的概念

要约是指希望与他人订立合同的意思表示。该意思表示应当符合下列规定:

①内容具体确定。

②表明经受要约人承诺,要约人即受该意思表示的约束。

发出要约的一方是要约人,接受要约的一方是受要约人。

> **知识链接**
>
> **要约和要约邀请**
>
> 要约是指希望与他人订立合同的意思表示。
>
> 要约邀请是希望他人向自己发出要约的表示。拍卖公告、招标公告、招股说明书、债券募集办法、基金招募说明书、商业广告和宣传、寄送的价目表等为要约邀请。商业广告和宣传的内容符合要约条件的,构成要约。

(2)要约的生效

要约到达受要约人时生效。

①以对话方式做出的意思表示,受要约人知道其内容时生效。

②以非对话方式做出的意思表示,到达受要约人时生效。以非对话方式做出的采用数据电文形式的意思表示,受要约人指定特定系统接收数据电文的,该数据电文进入该特定系统时生效;未指定特定系统的,受要约人知道或者应当知道该数据电文进入其系统时生效。当事人对采用数据电文形式的意思表示的生效时间另有约定的,按照其约定。

③无受要约人的意思表示,表示完成时生效。法律另有规定的,依照其规定。

④以公告方式做出的意思表示,公告发布时生效。

(3)要约的撤回与撤销

要约的撤回是指要约人在要约生效之前,取消要约的意思表示。撤回要约的通知应当在要约到达受要约人之前或者与要约同时到达受要约人。要约被依法撤回后就不再生效。

要约的撤销是指要约人在要约生效之后,要约人取消要约使其效力归于消灭的意思表示。撤销要约的意思表示以对话方式做出的,该意思表示的内容应当在受要约人做出承诺之前为受要约人所知道;撤销要约的意思表示以非对话方式做出的,应当在受要约人做出承诺之前到达受要约人。但是,如果要约中明确规定了承诺期限或者以其他形式表明要约是不可撤销的,或者受要约人有理由认为要约是不可撤销的,并已经为履行合同做准备工作,则要约不可撤销。

(4)要约的失效

有下列情形之一的,要约失效:

①要约被拒绝;

②要约被依法撤销;

③承诺期限届满,受要约人未做出承诺;

④受要约人对要约的内容做出实质性变更。

2.承诺

(1)承诺的概念和条件

承诺是指受要约人同意要约的意思表示。承诺必须具体以下条件:

①承诺只能由受要约人向要约人做出

要约和承诺是一种相对的行为,承诺只能由受要约人向要约人做出。第三人向要约人做出同意的意思表示,不是承诺,而是新的要约。

②承诺应当在有效时间内做出

要约在存续期间内有效,一旦受要约人承诺便可订立合同,因此承诺应在要约确定的期限内做出。

③承诺应当与要约的内容完全一致

承诺是受要约人无条件地接受要约人提出的所有内容。

如果受要约人对要约的内容做出了实质性变更,即新要约。有关合同标的、数量、质量、价款或者报酬、履行期限、履行地点和方式、违约责任和解决争议方法等的变更,是对要约内容的实质性变更。

承诺对要约的内容做出非实质性变更的,除要约人及时表示反对或者要约表明承诺不得对要约的内容做出任何变更的以外,该承诺有效,合同的内容以承诺的内容为准。

④承诺的方式应当符合要约的要求

承诺可以以书面方式或口头方式进行。通常承诺的方式应当与要约要求的方式相对应。

(2)承诺的生效

承诺到达要约人生效。

承诺应当在要约确定的期限内到达要约人。

要约没有确定承诺期限的,承诺应当依照下列规定到达:

①要约以对话方式做出的,应当即时做出承诺。

②要约以非对话方式做出的,承诺应当在合理期限内到达。

(3)承诺的迟延

承诺的迟延是指受要约人所做承诺未在期限内到达要约人。包括受要约人在承诺期限届满后发出承诺而使承诺迟延以及受要约人在承诺期限届内发出承诺,因其他原因而使承诺迟延。

受要约人超过承诺期限发出承诺,或者在承诺期限内发出承诺,按照通常情形不能及时到达要约人的,为新要约;但是,要约人及时通知受要约人该承诺有效的除外。

受要约人在承诺期限内发出承诺,按照通常情形能够及时到达要约人,但是因其他原因致使承诺到达要约人时超过承诺期限的,除要约人及时通知受要约人因承诺超过期限不接受该承诺外,该承诺有效。

(4)承诺的撤回

承诺可以撤回。承诺的撤回是指受要约人在承诺生效之前,取消承诺的意思表示。撤回承诺的通知应当在承诺通知到达要约人之前或者与承诺通知同时到达要约人。

5.4.2 合同的成立

合同的成立是指当事人经过要约和承诺后,就合同的主要条款达成协议,双方的合同关系确立。

1.合同成立的时间

承诺生效表明合同成立。即承诺到达要约人时,合同成立。具体规定为:

(1)当事人采用合同书形式订立合同的,自当事人均签名、盖章或者按指印时合同成立。在签名、盖章或者按指印之前,当事人一方已经履行主要义务,对方接受时,该合同成立。

(2)当事人采用信件、数据电文等形式订立合同的,可以在合同成立之前要求签订确认书。签订确认书时合同成立。

2.合同成立的地点

承诺生效的地点为合同成立的地点。具体规定为:

(1)采用数据电文形式订立合同的,收件人的主营业地为合同成立的地点;没有主营业地的,其住所地为合同成立的地点。当事人另有约定的,按照其约定。

(2)当事人采用合同书形式订立合同的,最后签名、盖章或者按指印的地点为合同成立的地点,但是当事人另有约定的除外。

> **知识链接**
>
> **事实合同**
>
> 《民法典》第四百九十条规定,当事人采用合同书形式订立合同的,自当事人均签名、盖章或者按指印时合同成立。在签名、盖章或者按指印之前,当事人一方已经履行主要义务,对方接受时,该合同成立。
>
> 法律、行政法规规定或者当事人约定合同应当采用书面形式订立,当事人未采用书面形式但是一方已经履行主要义务,对方接受时,该合同成立。

5.4.3　格式条款合同

1.格式条款合同的概念与特征

(1)格式条款合同的概念

格式条款是当事人为了重复使用而预先拟订,并在订立合同时未与对方协商的合同条款。格式条款合同是指采用格式条款订立的合同。

(2)格式条款合同的特征

①由一方当事人预先拟订

拟订格式条款一方是提供固定商品或服务的单位,或者是政府有关部门为提供固定服务或商品的单位拟订,再由这些单位使用。

②为了重复使用而拟订,具有普遍适用性

格式条款合同的拟订绝不会只适用某一独立的相对人(接受人),而是针对数量较为庞大的特定人群,所以为了重复使用,才有必要拟订格式条款合同。

③制定方在拟订时无须与对方事先协商

拟立合同内容过程中双方当事人是否进行协商,是格式条款合同与其他合同的一个根本性区别。格式条款合同具有不变性、附和性,即格式条款合同的内容不能变更,对方只能做出同意或者拒绝的意思表示,而不能修改合同内容。

④内容是完整全面的

因为格式条款是由相对人接受,合同即告成立的,所以在内容上应具有足以使合同成立的一般条款。

⑤内容是定性化的

格式条款合同的标的只针对特定的商品或服务,并由特定人群接受。而且由于拟订格式条款一方提供固定商品或服务时必须依照相同的条件履行,同时要求相对人要满足特定条件。因此,将双方的履行条件标准化而拟订格式条款。

> **知识链接**
>
> **合同示范文本与格式条款合同**
>
> 两者的共同点:两者在订立合同时都是事先拟订合同条款。
>
> 两者的不同点:合同示范文本在订立合同时仅仅起到参考作用,当事人在订立合同时可以对具体条款进行协商。格式条款合同是当事人完全不能协商,相对人只能同意格式条款的内容而订立合同或者拒绝格式条款的内容而不订立合同。

2.格式条款合同的争议处理原则

《民法典》第四百九十八条规定:对格式条款的理解发生争议的,应当按照通常理解予以解释。对格式条款有两种以上解释的,应当做出不利于提供格式条款一方的解释。格式条款与非格式条款不一致的,应当采用非格式条款。因此,对格式条款合同进行解释过程中应遵循以下三个原则:

(1)通常理解解释原则

对格式条款的理解发生争议时,不按照提供格式条款一方或者对方对争议条款的理解予以解释,而是按照通常情形下一般人的理解予以解释。

(2)不利于提供格式条款一方的解释原则

基于格式条款合同由提供格式条款一方预先拟订,当对格式条款有两种以上解释时,应当保障对方权益,从而做出不利于提供格式条款一方的解释。

(3)非格式条款优先原则

格式条款和非格式条款的规定出现不一致时,应按照非格式条款的规定进行解释。因为当事人在拟定格式条款时无须与对方事先协商,而非格式条款是双方当事人协商一致订立的,意味着双方当事人在协商一致的情况下排除了格式条款的适用。

3. 无效的格式条款合同

根据《民法典》第四百九十七条规定,有下列情形之一的,该格式条款无效:

(1)具有本法第一编第六章第三节和本法第五百零六条规定的无效情形;

(2)提供格式条款一方不合理地免除或者减轻其责任、加重对方责任、限制对方主要权利;

(3)提供格式条款一方排除对方主要权利。

其中本法第一编第六章第三节规定的无效合同指:

①无民事行为能力人订立的合同。

②行为人与相对人以虚假意思表示订立的合同。

③违反法律、行政法规的强制性规定订立的合同,该强制性规定不导致该合同无效的除外。

④违背公序良俗订立的合同。

⑤恶意串通,损害他人合法权益订立的合同。

《民法典》第五百零六条关于免责条款无效的规定指:

①造成对方人身损害的;

②因故意或者重大过失造成对方财产损失的。

5.4.4 缔约过失责任

1. 缔约过失责任的概念

缔约过失责任是指合同订立过程中,一方因违背诚信原则而给另一方造成损失时所应承担的责任。

2. 缔约过失责任的构成要件

(1)过失责任发生在合同订立过程中,合同尚未成立,或者虽成立但被确认无效或者撤销。

(2)一方违反了依据诚信原则而产生的义务。

(3)造成了另一方信赖利益损失。即一方实施某种行为后,另一方对此产生了信赖,并因此而支付了一定的费用,因一方违反诚信原则使该费用不能得到补偿。

3. 缔约过失责任的情形

根据《民法典》第五百条的规定,当事人在订立合同过程中有下列情形之一,给对方造成损失的,应当承担损害赔偿责任:

(1)假借订立合同,恶意进行磋商。

(2)故意隐瞒与订立合同有关的重要事实或者提供虚假情况。
(3)有其他违背诚信原则的行为。

当事人在订立合同过程中知悉的商业秘密,或者其他应当保密的信息,无论合同是否成立,不得泄露或者不正当地使用。泄露或者不正当地使用该商业秘密或者信息,给对方造成损失的,应当承担损害赔偿责任。

缔约过失责任案例

5.5 合同的效力

5.5.1 合同生效

合同生效是指已经成立的合同对当事人产生的法律约束力。

1.合同生效的要件

合同成立后并不一定生效。合同是否生效,主要取决于其是否满足合同的生效要件。合同生效应具备四个要件:

(1)行为人具有相应的民事行为能力。
(2)真实的意思表示。
(3)不违反法律、行政法规的强制性规定,不违背公序良俗。
(4)合同必须具备法律所要求的形式。如:法律、行政法规规定应当办理批准、登记等手续生效的,依照其规定。

合同生效后受到法律保护。当事人应当按照合同履行义务,不得擅自变更或者解除合同。如果当事人不履行或不完全履行合同义务,对方可以按照法律规定及合同内容要求当事人履行义务或承担违约责任。

2.附条件合同

(1)附条件合同的概念

附条件合同是指当事人在合同中约定一定的条件,并将条件成就与否作为合同产生或消灭依据的合同。

(2)附条件合同的效力

附生效条件的合同自条件成就时生效。附解除条件的合同自条件成就时失效。

当事人为自己的利益不正当地阻止条件成就的,视为条件已成就。不正当地促成条件成就的,视为条件不成就。

3.附期限合同

(1)附期限合同的概念

附期限合同是指当事人在合同中设定一定的期限,并把期限的到来作为合同效力产生或消灭依据的合同。

(2)附期限合同的效力

附生效期限的合同自期限届至时生效。附终止期限的合同自期限届满时失效。

附条件与附期限合同

> **知识链接**
>
> **附条件合同和附期限合同的不同**
>
> 附条件合同中所附条件发生与否不能确定。附期限合同中所附期限必然到来。

5.5.2 无效合同

1. 无效合同的概念

无效合同是指当事人已经订立的不具备合同有效要件的,不具有法律效力的合同。

2. 无效合同的特征

(1)违法性。

(2)国家干预性。

(3)不得履行性。

(4)自始无效。

3. 无效合同的类型

根据《民法典》第一编第六章第三节相关规定,以下情形合同无效:

(1)无民事行为能力人订立的合同;

(2)以虚假意思表示订立的合同;

(3)违反法律、行政法规的强制性规定订立的合同,该强制性规定不导致该合同无效的除外;

(4)违背公序良俗订立的合同;

(5)恶意串通、损害他人合法权益订立的合同。

4. 无效合同的效力

根据《民法典》总则的相关规定,无效合同的效力如下:

(1)无效合同自始没有法律约束力。

(2)合同部分无效,不影响其他部分效力的,其他部分仍然有效。

(3)合同无效后,不影响合同中独立存在的有关解决争议方法的条款的效力。

(4)合同无效后,因该合同取得的财产,应当予以返还。不能返还或者没有必要返还的,应当折价补偿。有过错的一方应当赔偿对方因此所受到的损失,双方都有过错的,应当各自承担相应的责任。

(5)当事人恶意串通,损害国家、集体或者第三人利益的,因此取得的财产收归国家所有或者返还集体、第三人。

5. 无效合同的认定

合同无效的确认权属于法院或仲裁机构。合同当事人不能自行认定合同无效。

5.5.3 效力待定合同

1. 效力待定合同的概念

效力待定合同是指合同欠缺有效要件,能否发生当事人预期的法律效力尚未确定的合同。

2. 效力待定合同的类型

效力待定合同主要划分为两个类型：

(1)限制民事行为能力人订立的合同。

(2)无权代理订立的合同。

其中,无权代理包括以下四种情形：

(1)没有代理权的代理。

(2)授权行为无效的代理。

(3)超越代理权限的代理。

(4)代理权消灭后的代理。

3. 效力待定合同的效力

(1)限制民事行为能力人订立合同的效力

限制民事行为能力人订立的合同,经法定代理人追认后,该合同有效。可以独立实施纯获利益的合同或者与其年龄、智力相适应而订立的合同,不必经法定代理人追认。

相对人可以催告法定代理人在30日内予以追认。法定代理人未做表示的,视为拒绝追认。合同被追认之前,善意相对人有撤销的权利。撤销应当以通知的方式做出。

(2)无权代理订立合同的效力

行为人没有代理权、超越代理权或者代理权终止后以被代理人名义订立的合同,未经被代理人追认,对被代理人不发生效力,由行为人承担责任。

相对人可以催告被代理人在30日内予以追认。被代理人未做表示的,视为拒绝追认。合同被追认之前,善意相对人有撤销的权利。撤销应当以通知的方式做出。

行为人没有代理权、超越代理权或者代理权终止后以被代理人名义订立合同,相对人有理由相信行为人有代理权的,该代理行为有效。

法人的法定代表人或者非法人组织的负责人超越权限订立的合同,除相对人知道或者应当知道其超越权限外,该代表行为有效,订立的合同对法人或者非法人组织发生效力。

法人或者非法人组织对执行其工作任务的人员职权范围的限制,不得对抗善意相对人。

5.5.4 可撤销的合同

1. 可撤销合同的概念

可撤销合同是指当事人在订立合同过程中,因意思表示不真实,根据法律的规定可以变更或撤销合同使其法律效力归于无的合同。

2. 可撤销合同的特征

(1)当事人意思表示不真实。

(2)合同的撤销只能由享有撤销权的当事人提出,即人民法院或仲裁机构不能依职权主动撤销合同。

(3)合同在被撤销之前仍然有效。

(4)享有撤销权的当事人可以请求撤销合同,也可以请求变更合同的内容。当事人请求变更合同内容的,人民法院或者仲裁机构不得撤销合同。

3. 可撤销合同的情形

下列合同,当事人一方有权请求人民法院或者仲裁机构变更或者撤销:

(1)因重大误解订立的合同。

(2)一方以欺诈手段,使对方在违背真实意思的情况下订立的合同。

(3)第三人实施欺诈行为,使一方在违背真实意思的情况下订立的合同。

(4)一方或者第三人以胁迫手段,使对方在违背真实意思的情况下订立的合同。

(5)一方利用对方处于危困状态、缺乏判断能力等情形,显失公平订立的合同。

4. 撤销权的消灭

根据《民法典》第一百五十二条的规定,有下列情形之一的,撤销权消灭:

(1)当事人自知道或者应当知道撤销事由之日起一年内、重大误解的当事人自知道或者应当知道撤销事由之日起九十日内没有行使撤销权;

(2)当事人受胁迫,自胁迫行为终止之日起一年内没有行使撤销权;

(3)当事人知道撤销事由后明确表示或者以自己的行为表明放弃撤销权。

5. 可撤销合同的效力

根据《民法典》第一百五十五条的规定,无效的或者被撤销的合同自始没有法律约束力。

5.6 合同的履行

5.6.1 合同履行的原则

合同履行的原则是指当事人在履行合同过程中所必须遵循的基本准则。根据《民法典》的规定,当事人在履行合同过程中应当遵循以下原则:全面履行原则、诚信原则、节约资源和保护生态环境的原则,以及情事变更原则。

全面履行原则,诚信原则,节约资源、保护生态环境的原则,情事变更原则。

1. 全面履行原则

全面履行原则指当事人应该根据合同规定的标的及数量、质量、价格等全面履行自己的义务。

> **知识链接**
>
> **执行政府定价或政府指导价的计价标准**
>
> 《民法典》第五百一十三条规定:"执行政府定价或者政府指导价的,在合同约定的交付期限内政府价格调整时,按照交付时的价格计价。逾期交付标的物的,遇价格上涨时,按照原价格执行;价格下降时,按照新价格执行。逾期提取标的物或者逾期付款的,遇价格上涨时,按照新价格执行;价格下降时,按照原价格执行。"

2. 诚信原则

诚信原则指在合同履行中当事人应该根据合同的性质、目的和交易习惯履行通知、协助、保密等义务。

3. 节约资源和保护生态环境的原则

节约资源和保护生态环境的原则指当事人在履行合同过程中，应当避免浪费资源、污染环境和破坏生态。

4. 情事变更原则

情事变更原则是指合同成立后，合同的基础条件发生了当事人在订立合同时无法预见的、不属于商业风险的重大变化，继续履行合同对于当事人一方明显不公平的，受不利影响的当事人可以与对方重新协商；在合理期限内协商不成的，当事人可以请求人民法院或者仲裁机构变更或者解除合同。

人民法院或者仲裁机构应当结合案件的实际情况，根据公平原则变更或者解除合同。

情事变更原则的目的在于消除在履行合同过程中因发生了情事变更而产生的显失公平后果。

情事变更原则的效力是当事人可以变更或者解除合同且不承担违约责任。

5.6.2 合同履行中的抗辩权

1. 抗辩权的概念

抗辩权是指双务合同履行过程中，在符合法定条件时，当事人一方对抗对方当事人的请求权，暂时拒绝履行其债务的权利。

抗辩权的行使，是在一定期限内中止履行合同，并不是合同的解除。产生抗辩权的原因消失后，债务人仍应履行其合同义务。

抗辩权的行使，是对抗辩权人的保护，免除其履行后得不到对方履行的风险。因此抗辩权的实质是保障债权的法律制度。

2. 抗辩权的类型

（1）同时履行抗辩权

同时履行抗辩权是指当事人互负债务，没有先后履行顺序的，一方在对方履行之前或者对方履行债务不符合约定时，有权拒绝其相应的履行请求的权利。

（2）先履行抗辩权

先履行抗辩权是指当事人互负债务，有先后履行顺序，先履行一方未履行之前或者履行债务不符合约定时，后履行一方享有拒绝其相应履行请求的权利。

（3）不安抗辩权

不安抗辩权是指当事人互负债务，有履行的先后顺序，先履行一方有确切证据证明后履行一方出现或可能出现履约困难时，先履行一方享有中止履行的权利。

根据《民法典》第五百二十七条的规定，应当先履行债务的当事人，有确切证据证明对方有下列情形之一的，可以中止履行：

①经营状况严重恶化。

②转移财产、抽逃资金，以逃避债务。

③丧失商业信誉。

④有丧失或者可能丧失履行债务能力的其他情形。

当事人没有确切证据中止履行的,应当承担违约责任。

当事人中止履行的,应当及时通知对方。对方提供适当担保时,应当恢复履行。中止履行后,对方在合理期限内未恢复履行能力并且未提供适当担保的,视为以自己的行为表明不履行主要债务,中止履行的一方可以解除合同,并可以请求对方承担违约责任。

> **课堂案例**
>
> 2020年6月1日,甲公司和乙公司订立建筑材料供应合同。合同约定,甲公司为乙公司提供钢筋100吨,交货时间为7月20日。乙公司应在合同成立之日起10日内预先支付50万元人民币。6月7日,当地主管部门认为甲公司经营状况严重恶化,要求其停业整顿。乙公司得知这一情形后,6月9日致函甲公司,称其拒绝按照合同向甲公司支付50万元人民币。
>
> 请分析:乙公司行使的是哪一种抗辩权?为什么?

5.6.3 合同的保全

1. 合同保全的概念

合同保全是指债权人为了防止因债务人的财产不当减少而给自身债权带来损害,依法行使撤销权或代位权,以保护其债权的制度。

2. 合同保全的措施

(1)撤销权

①撤销权的概念

撤销权是指债权人针对债务人滥用其财产处分权而损害自身债权,请求人民法院予以撤销债务人行为的权利。

②撤销权的适用情形

◎债务人以放弃其债权、放弃债权担保、无偿转让财产等方式无偿处分财产权益,或者恶意延长其到期债权的履行期限,影响债权人的债权实现的,债权人可以请求人民法院撤销债务人的行为。

◎债务人以明显不合理的低价转让财产、以明显不合理的高价受让他人财产或者为他人的债务提供担保,影响债权人的债权实现,债务人的相对人知道或者应当知道该情形的,债权人可以请求人民法院撤销债务人的行为。

③撤销权的行使

◎撤销权的行使范围以债权人的债权为限。债权人行使撤销权的必要费用,由债务人承担。

◎撤销权的行使期限是自债权人知道或者应当知道撤销事由之日起一年内行使。自债务人的行为发生之日起五年内没有行使撤销权的,该撤销权消灭。

(2)代位权

①代位权的概念

代位权是指债务人怠于行使其债权或者与该债权有关的从权利,影响债权人的到期债权实现的,债权人可以向人民法院请求以自己的名义代位行使债务人对相对人的权利,但是该权利专属于债务人自身的除外。

因债务人怠于行使其到期债权,对债权人造成损害的,债权人可以向人民法院请求以自己的名义代位行使债务人的债权的权利。

②代位权的行使

代位权的行使范围以债权人的债权为限。债权人行使代位权的必要费用,由债务人负担。

课堂案例

甲欠乙100万元到期债务无力偿还,甲父亲去世后留下一套价值40万元的房屋,甲是唯一继承人。乙得知后与甲联系,希望以房抵债。甲对好友丙说:"反正我继承了房屋也要拿去抵债,不如送给你算了。"甲与丙遂订立赠予合同。

请分析:乙可以向人民法院请求撤销甲与丙订立的赠予合同无效吗?

5.6.4 合同的担保

1.合同担保的概念

合同担保是指根据法律规定或合同约定,由债务人或第三人向债权人提供的以确保实现债权和履行债务为目的的措施。

2.合同担保的特征

(1)从属性

担保是为了保证债权人债权的实现而设置的,因此从属于被担保的债权。被担保的债权是主债权,主债权人对担保人享有的权利是从债权。

(2)条件性

债权人只能在债务人不履行和不能履行债务时才能向担保人主张权利。

(3)相对独立性

当事人可以约定担保不依附主合同而单独发生法律效力。即如果主债权无效,也不影响担保的法律效力。

3.合同担保的形式

(1)保证

①保证的概念

保证是指保证人和债权人约定,当债务人不履行到期债务或者发生当事人约定的情形时,保证人履行债务或者承担责任的行为。

②保证人

保证人是指根据合同约定在债务人不履行债务时向债权人承担担保责任的人。

根据《民法典》第六百八十三条的规定,对保证人资格做出如下规定:

◎机关法人不得为保证人,但是经国务院批准为使用外国政府或者国际经济组织贷款进行转贷的除外。

◎ 以公益为目的的非营利法人、非法人组织不得为保证人。

③保证合同

保证合同是保证人与债权人约定,当债务人不履行到期债务或者发生当事人约定的情形时,由保证人履行债务或承担责任的合同。

根据《民法典》第六百八十四条的规定,保证合同应当包括以下内容:

◎被保证的主债权种类、数额。

◎债务人履行债务的期限。

◎保证的方式。

◎保证担保的范围。

◎保证的期间。

保证合同不完全具备前款规定内容的,可以补正。

保证人与债权人应当以书面形式订立保证合同,也可以是主债权合同中的保证条款。

④保证的方式

◎一般保证

一般保证是指保证人与债权人约定,当债务人不能履行债务时,由保证人承担保证责任的保证。

一般保证实施前提是债权人通过法律途径向债务人请求债权并经人民法院判决强制执行,保证人才承担保证责任。

◎连带责任保证

连带责任保证是指当事人在保证合同中约定保证人与债务人对债务承担连带责任的保证。

连带责任保证的债务人,在合同规定的债务履行期限届满没有履行债务的,债权人可以要求债务人履行债务,也可以要求保证人在其保证范围内承担保证责任。

根据《民法典》第六百八十六条的规定,当事人在保证合同中对保证方式没有约定或者约定不明确的,按照一般保证承担保证责任。

⑤保证的范围及期间

保证的范围包括主债权及其利息、违约金、损害赔偿金和实现债权的费用。当事人另有约定的,按照其约定。

债权人与保证人可以约定保证期间,但是约定的保证期间早于主债务履行期限或者与主债务履行期限同时届满的,视为没有约定;没有约定或者约定不明确的,保证期间为主债务履行期限届满之日起六个月。

(2)抵押

①抵押的概念

抵押是指债务人或者第三人不转移对财产的占有,将该财产抵押给债权人。债务人不履行到期债务或者发生当事人约定的实现抵押权的情形,债权人有权就该财产优先受偿。

债务人或者第三人为抵押人,债权人为抵押权人,提供担保的财产为抵押财产。

②抵押财产

根据《民法典》第三百九十九条的规定,下列财产不得抵押:

◎ 土地所有权。
◎ 宅基地、自留地、自留山等集体所有土地的使用权,但是法律规定可以抵押的除外。
◎ 学校、幼儿园、医疗机构等为公益目的成立的非营利法人的教育设施、医疗卫生设施和其他公益设施。
◎ 所有权、使用权不明或者有争议的财产。
◎ 依法被查封、扣押、监管的财产。
◎ 法律、行政法规规定不得抵押的其他财产。

③抵押合同

抵押合同是指抵押权人与抵押人签订的担保性质的合同。

根据《民法典》第四百条的规定,抵押合同一般包括下列条款:
◎ 被担保债权的种类、数额。
◎ 债务人履行债务的期限。
◎ 抵押财产的名称、数量等情况。
◎ 担保的范围。

抵押合同不完全具备前款规定内容的,可以补正。

抵押人和抵押权人应当以书面形式订立抵押合同。

抵押权人在债务履行期限届满前,与抵押人约定债务人不履行到期债务时抵押财产归债权人所有的,只能依法就抵押财产优先受偿。

④抵押担保的范围

抵押担保的范围包括主债权及其利息、违约金、损害赔偿金和实现抵押权的费用。当事人另有约定的,按照其约定。

抵押人的行为足以使抵押财产价值减少的,抵押权人有权请求抵押人停止其行为;抵押财产价值减少的,抵押权人有权请求抵押人恢复抵押财产的价值,或者提供与减少的价值相应的担保。抵押人不恢复抵押财产的价值,也不提供担保的,抵押权人有权请求债务人提前清偿债务。

抵押人对抵押财产价值减少无过错的,抵押权人只能在抵押人因损害而得到的赔偿范围内要求提供担保。抵押财产价值未减少的部分,仍作为债权的担保。

⑤抵押权的实现

债务人不履行到期债务或者发生当事人约定的实现抵押权的情形,抵押权人可以与抵押人协议以抵押财产折价或者以拍卖、变卖该抵押财产所得的价款优先受偿。协议损害其他债权人利益的,其他债权人可以请求人民法院撤销该协议。

抵押财产折价或者拍卖、变卖后,其价款超过债权数额的部分归抵押人所有,不足部分由债务人清偿。

为债务人抵押担保的第三人,在抵押权人实现抵押权后,有权向债务人追偿。

抵押权因抵押财产灭失而消灭。因灭失所得的赔偿金,应当作为抵押财产。

(3)质押

①动产质押

a.动产质押的概念

动产质押是指债务人或者第三人将其动产出质给债权人占有,债务人不履行债务或者发生当事人约定的实现抵押权的情形时,债权人有权就该动产优先受偿。

债务人或者第三人为出质人,债权人为质权人,移交的动产为质押财产。

b.动产质押合同

动产质押合同是指出质人与质权人签订的担保性质的合同。

根据《民法典》第四百二十七条的规定,质押合同一般包括下列条款:

◎ 被担保债权的种类和数额。

◎ 债务人履行债务的期限。

◎ 质押财产的名称、数量等情况。

◎ 担保的范围。

◎ 质押财产交付的时间、方式。

出质人和质权人应当以书面形式订立质押合同。质押合同自质押财产移交于质权人占有时生效。

质权人在债务履行期限届满前,与出质人约定债务人不履行到期债务时质押财产归债权人所有的,只能依法就质押财产优先受偿。

c.动产质押的效力

质权与其担保的债权同时存在,债权消灭的,质权也消灭。

质权人负有妥善保管质押财产的义务;因保管不善致使质押财产毁损、灭失的,应当承担赔偿责任。

质权人的行为可能使质押财产毁损、灭失的,出质人可以请求质权人将质押财产提存,或者请求提前清偿债务并返还质押财产。

d.动产质押权的实现

因不可归责于质权人的事由可能使质押财产毁损或者价值明显减少,足以危害质权人权利的,质权人有权请求出质人提供相应的担保;出质人不提供的,质权人可以拍卖、变卖质押财产,并与出质人协议将拍卖、变卖所得的价款提前清偿债务或者提存。

债务人履行债务或者出质人提前清偿所担保的债权的,质权人应当返还质押财产。

债务人不履行到期债务或者发生当事人约定的实现质权的情形,质权人可以与出质人协议以质押财产折价,也可以就拍卖、变卖质押财产所得的价款优先受偿。质押财产折价或者变卖的,应当参照市场价格。

出质人可以请求质权人在债务履行期限届满后及时行使质权;质权人不行使的,出质人可以请求人民法院拍卖、变卖质押财产。

出质人请求质权人及时行使质权,因质权人怠于行使权利造成出质人损害的,由质权人承担赔偿责任。

质押财产折价或者拍卖、变卖后,其价款超过债权数额的部分归出质人所有,不足部分由债务人清偿。

②权利质押

a.权利质押物

根据《民法典》第四百四十条的规定,债务人或者第三人有权处分的下列权利可以出质:

◎ 汇票、本票、支票。

◎ 债券、存款单。

◎ 仓单、提单。

◎ 可以转让的基金份额、股权。
◎ 可以转让的注册商标专用权、专利权、著作权等知识产权中的财产权。
◎ 现有的以及将有的应收账款。
◎ 法律、行政法规规定可以出质的其他财产权利。

b.权利质押合同的生效

◎ 以汇票、本票、支票、债券、存款单、仓单、提单出质的,质权自权利凭证交付质权人时设立;没有权利凭证的,质权自办理出质登记时设立。法律另有规定的,依照其规定。

◎ 以基金份额、股权出质的,质权自办理出质登记时设立。

◎ 以注册商标专用权、专利权、著作权等知识产权中的财产权出质的,质权自办理出质登记时设立。

◎ 以应收账款出质的,质权自办理出质登记时设立。

c. 权利质押权的实现

◎ 以汇票、本票、支票、债券、存款单、仓单、提单出质的,汇票、本票、支票、债券、存款单、仓单、提单的兑现日期或者提货日期先于主债权到期的,质权人可以兑现或者提货,并与出质人协议将兑现的价款或者提取的货物提前清偿债务或者提存。

◎ 基金份额、股权出质后,不得转让,但是出质人与质权人协商同意的除外。出质人转让基金份额、股权所得的价款,应当向质权人提前清偿债务或者提存。

◎ 以注册商标专用权、专利权、著作权等知识产权中的财产权出质的,出质人不得转让或者许可他人使用,但是出质人与质权人协商同意的除外。出质人转让或者许可他人使用出质的知识产权中的财产权所得的价款,应当向质权人提前清偿债务或者提存。

◎ 以应收账款出质后,不得转让,但是出质人与质权人协商同意的除外。出质人转让应收账款所得的价款,应当向质权人提前清偿债务或者提存。

(4)留置

①留置的概念

留置是指债权人按照合同约定占有债务人的动产,债务人不按合同约定的期限履行到期债务的,债权人有权留置合法占有的债务人的动产,并有权就该动产优先受偿。

②留置的适用

因保管合同、运输合同、加工承揽合同发生的债权,债务人不履行到期债务的,债权人有留置权。

③留置权的实现

留置权人与债务人应当约定留置财产后的债务履行期限;没有约定或者约定不明确的,留置权人应当给债务人六十日以上履行债务的期限,但是鲜活易腐等不易保管的动产除外。

债务人逾期未履行的,留置权人可以与债务人协议以留置财产折价,也可以就拍卖、变卖留置财产所得的价款优先受偿。

留置财产折价或者拍卖、变卖后,其价款超过债权数额的部分归债务人所有,不足部分由债务人清偿。

(5)定金

①定金的概念

定金是指当事人为了确保合同的履行,由一方预先给付另一方一定数额的金钱或其他物品的行为。

②定金合同

定金应当以书面形式约定。当事人在定金合同中应当约定交付定金的期限。定金合同从实际交付定金之日时成立。

③定金的限额

定金的数额由当事人约定,但不得超过主合同标的额的 20%,超过部分不产生定金的效力。实际交付的定金数额多于或者少于约定数额的,视为变更约定的定金数额。

④定金的效力

债务人履行债务后,定金应当抵作价款或者收回。

给付定金的一方不履行债务或者履行债务不符合约定,致使不能实现合同目的的,无权请求返还定金;收受定金的一方不履行债务或者履行债务不符合约定,致使不能实现合同目的的,应当双倍返还定金。

> **课堂案例**
>
> 2020 年 9 月 27 日,因甲建设单位拖欠乙施工单位工程款,甲单位将其一处房产抵押给乙单位作为担保,担保期限 1 年。2020 年 10 月 20 日,甲单位仍未支付工程款,乙单位将此房产变卖。
>
> 请分析:乙单位的做法是否合理?为什么?

5.7 合同的变更、转让与终止

5.7.1 合同的变更

1.合同变更概述

合同变更有广义与狭义之分。广义的合同变更包括合同内容变更与合同主体变更。合同内容变更是指当事人不变,合同的权利与义务发生改变。合同主体变更是指合同的权利与义务不变,债权人或债务人发生改变。狭义的合同变更仅指合同内容的变更。

合同变更有约定变更和法定变更两种方式。约定变更是指当事人自行约定对合同进行变更。法定变更是指当事人根据法律规定请求人民法院或仲裁机构对合同进行变更。

合同的变更发生在合同成立之后,履行完毕之前。

当事人对合同变更的内容约定不明的,推定为未变更。

2.合同变更的效力

合同变更原则上在将来发生效力,未变更的权利与义务继续有效,已经履行的债务不因合同变更而丧失法律依据。

合同变更不影响当事人要求赔偿的权利。即提出变更的一方应当对对方因合同变更所遭受的损失承担赔偿责任。

5.7.2 合同的转让

1.合同转让的概念
合同转让是指当事人将其合同权利、义务全部或者部分转让给第三人的行为。
合同转让实质上是合同主体的变更,即在不改变合同内容的前提下,使合同主体发生变化。

2.合同转让的类型
(1)合同权利的转让
①合同权利转让的概念
合同权利的转让又称为债权转让,是指债权人将其合同权利全部或者部分转让给第三人的行为。
②合同权利转让的效力
债权人转让权利的,应当通知债务人。未通知债务人的,该转让对债务人不发生效力。
债权人转让权利的通知不得撤销,但经受让人同意的除外。
③合同权利转让的例外情形
根据《民法典》第五百四十五条的规定,债权人可以将债权的全部或者部分转让给第三人,但是有下列情形之一的除外:
- 根据债权性质不得转让。
- 按照当事人约定不得转让。
- 依照法律规定不得转让。

(2)合同义务的转让
①合同义务转让的概念
合同义务的转让又称为债务转让,是指债务人将其合同义务全部或者部分转让给第三人的行为。
②合同义务转让的效力
债务人将合同的义务全部或者部分转移给第三人的,应当经债权人同意。否则,该转让对债权人不发生效力,债务人或者第三人可以催告债权人在合理期限内予以同意,债权人未作表示的,视为不同意。

(3)合同权利与义务的转让
①合同权利与义务转让的概念
合同权利与义务的转让又称为债权债务的概括转让,是指合同一方当事人将其合同权利与义务一并转让给第三人的行为。
②合同权利与义务转让的效力
合同权利与义务转让使合同主体发生变化,受让人完全取代转让人成为合同新的一方当事人,原先合同的债权与债务关系消灭,产生了一个新的债权与债务关系。合同权利与义务的转让行为应当征得对方的同意;否则,该转让行为不发生效力。

5.7.3 合同的终止

1.合同终止的概念
合同终止是指合同成立之后,因出现一定的法律事实,使合同权利与义务关系归于消灭的法律行为。

合同的权利与义务终止后,当事人应当遵循诚实信用原则,根据交易习惯履行通知、协助、保密等义务。合同终止不影响合同中结算和清理条款的效力。

2.合同终止的原因

根据《民法典》第五百五十七条的规定,有以下情形之一的,债权、债务终止:

(1)债务已经履行

合同约定的权利与义务关系已经履行完毕,合同自行终止。

(2)债务相互抵销

①债务相互抵销的概念

债务相互抵销是指当事人互负债务,一方通知对方或者双方协商一致以其债权充当债务的清偿,使得当事人债务在对等额度内消灭的行为。

②债务相互抵销的类型

- 法定抵销

当事人互负到期债务,该债务的标的物种类、品质相同的,任何一方可以将自己的债务与对方的债务抵销,但是,根据债务性质、按当事人约定或者依照法律规定不得抵销的除外。

- 约定抵销

当事人互负债务,标的物种类、品质不相同的,经双方协商一致,也可以抵销。

③债务相互抵销的效力

当事人主张抵销的,应当通知对方。通知自到达对方时生效。抵销不得附条件或者附期限。

(3)债务人依法将标的物提存

①提存的概念

提存是指非债务人的原因,造成债务人无法履行或者难以履行债务的情形下,债务人将标的物交由提存有关部门保存,以终止合同权利与义务关系的行为。

②提存的适用情形

根据《民法典》第五百七十条的规定,有下列情形之一,难以履行债务的,债务人可以将标的物提存:

- 债权人无正当理由拒绝受领。
- 债权人下落不明。
- 债权人死亡未确定继承人、遗产管理人或者丧失民事行为能力未确定监护人。
- 法律规定的其他情形。

③提存的效力

标的物提存后,债务人应当及时通知债权人或者债权人的继承人、遗产管理人、监护人、财产代管人。

标的物提存后,毁损、灭失的风险由债权人承担。提存期间,标的物的孳息归债权人所有。提存费用由债权人负担。

债权人可以随时领取提存物,但债权人对债务人负有到期债务的,在债权人未履行债务或者提供担保之前,提存部门根据债务人的要求应当拒绝其领取提存物。债权人领取提存物的权利,自提存之日起五年内不行使而消灭,提存物扣除提存费用后归国家所有。但是,债权人未履行对债务人的到期债务,或者债权人向提存部门书面表示放弃领取提存物权利的,债务人负担提存费用后有权取回提存物。

(4)债权人免除债务

债权人免除债务人部分或者全部债务的,合同的权利与义务部分或者全部终止。

(5)债权债务同归于一人

债权债务同归于一人的,合同的权利与义务终止,但损害第三人利益的除外。

(6)法律规定或者当事人约定终止的其他情形

5.7.4 合同解除

(1)合同解除的概念

合同解除是指合同成立以后,没有履行或者没有完全履行之前,双方当事人协商一致或者一方行使解除权,使合同权利与义务关系归于消灭的行为。

(2)合同解除的类型

①约定解除

当事人协商一致,可以解除合同。当事人可以约定一方解除合同的事由。解除合同的事由成就时,解除权人可以解除合同。

②法定解除

根据《民法典》第五百六十三条的规定,有下列情形之一的,当事人可以解除合同:

a.因不可抗力致使不能实现合同目的。

b.在履行期限届满之前,当事人一方明确表示或者以自己的行为表明不履行主要债务。

c.当事人一方迟延履行主要债务,经催告后在合理期限内仍未履行。

d.当事人一方迟延履行债务或者有其他违约行为致使不能实现合同目的。

e.法律规定的其他情形。

以持续履行的债务为内容的不定期合同,当事人可以随时解除合同,但是应当在合理期限之前通知对方。

(3)合同解除的效力

当事人一方主张解除合同的,应当通知对方。合同自通知到达对方时解除。对方有异议的,任何一方当事人均可以请求人民法院或者仲裁机构确认解除行为的效力。

合同解除后,尚未履行的,终止履行。已经履行的,根据履行情况和合同性质,当事人可以请求恢复原状,采取其他补救措施,并有权要求赔偿损失。

> **课堂案例**
>
> 甲租赁乙的门市房,订立为期5年的房屋租赁合同。合同中约定:每年租金为8万元,承租人必须在每年1月5日前一次付清。若逾期未付清,则需缴纳滞纳金200元/日。超过20日未付清,出租方有权解除合同。
>
> 当合同履行至第3年,甲如期缴纳租金时,乙反悔,拒绝接受甲的租金,并要求解除合同。
>
> 请分析:乙能否解除合同?

5.8 违约责任

5.8.1 违约责任概述

1. 违约责任的概念

违约责任是指合同当事人因违反合同义务而应承担的法律责任。

2. 违约责任的构成要件

违约责任的构成要件是指当事人应具备何种条件才应承担违约责任。

违约责任的构成要件包括：

(1)一方存在违约行为。

(2)违约方不存在免责事由。

只有上述两个要件同时成立，才构成违约责任。

5.8.2 违约责任的形式

根据《民法典》第五百七十七条的规定，当事人一方不履行合同义务或者履行合同义务不符合约定的，应当承担继续履行、采取补救措施或者赔偿损失等违约责任。

1. 继续履行

继续履行是指合同违约方根据对方的请求，继续履行合同义务的责任形式。继续履行以受损害方的请求为条件，有关部门不得自行决定让违约方继续履行合同。

因债务性质的不同，继续履行的适用可以划分为：

(1)金钱债务

因金钱债务只存在迟延履行，不存在不能履行，所以金钱债务适用无条件继续履行的责任形式。

根据《民法典》第五百七十九条的规定，当事人一方未支付价款、报酬、租金、利息，或者不履行其他金钱债务的，对方可以请求其支付。

(2)非金钱债务

非金钱债务适用于有条件继续履行的责任形式。

根据《民法典》第五百八十条的规定，当事人一方不履行非金钱债务或者履行非金钱债务不符合约定的，对方可以要求履行，但有下列情形之一的除外：

①法律上或者事实上不能履行。

②债务的标的不适于强制履行或者履行费用过高。

③债权人在合理期限内未要求履行。

2. 采取补救措施

采取补救措施是指合同违约方对其不适当履行采取相应措施，使履行缺陷得以消除的责任形式。

根据《民法典》第五百八十二条的规定，履行不符合约定的，应当按照当事人的约定承担违约责任。对违约责任没有约定或者约定不明确，依照本法第五百一十条的规定仍不能确定的，受损害方根据标的的性质以及损失的大小,可以合理选择要求对方承担修理、更换、重做、退货、减少价款或者报酬等违约责任。

3.赔偿损失

赔偿损失是指违约方以支付货币的方式补偿对方因其违约行为所遭受损害的责任形式。赔偿损失具有根本救济功能,其他违约责任形式都可以转化为赔偿损失。

根据《民法典》第五百八十四条的规定,当事人一方不履行合同义务或者履行合同义务不符合约定,造成对方损失的,损失赔偿额应当相当于因违约所造成的损失,包括合同履行后可以获得的利益。但是,不得超过违约一方订立合同时预见到或者应当预见到的因违约可能造成的损失。

赔偿损失应遵循完全赔偿原则,即因违约而使受损害方遭受的全部损失都应由违约方赔偿。

赔偿损失额的计算公式为

$$赔偿损失额 = 直接经济损失 + 间接经济损失$$

4.违约金

违约金是指当事人通过协商一致预先确定的,在违约发生后做出的独立于履行行为之外的给付。

违约金是合同预先约定的,当实际损失发生时,违约金可能高于或者低于实际损失金额,违约金过高或者过低都会导致合同履行的不公平。因此,《民法典》第五百八十五条规定了违约金的变更权。即约定的违约金低于造成的损失的,人民法院或者仲裁机构可以根据当事人的请求予以增加。约定的违约金过分高于造成的损失的,人民法院或者仲裁机构可以根据当事人的请求予以适当减少。

5.定金

定金是指当事人为了确保合同的履行,由一方预先给付另一方一定数额的金钱或其他物品的行为。

当事人既约定违约金又约定定金的,一方违约时,对方可以选择适用违约金或者定金条款。

5.8.3 违约责任的免除

违约责任的免除是指当事人对其违约行为免于承担违约责任的情形。

违约责任的免除可划分为两种情形:法定免责和约定免责。法定免责是指法律直接规定的免于承担违约责任的情形,主要指不可抗力。约定免责是指当事人约定的免于承担违约责任的情形,主要指免责条款。

1.不可抗力

不可抗力是指不能预见、不能避免并不能克服的客观情况。因不可抗力不能履行合同的,根据不可抗力的影响,部分或者全部免除责任。

不可抗力的范围主要包括以下情形:

(1)自然灾害。如:台风、地震、山洪等。

(2)政府行为。如:政府颁布新的政策、法规导致合同不能履行。

(3)社会异常事件。如:罢工、动乱等。

当事人一方因不可抗力不能履行合同的,应当及时通知对方,以减轻可能给对方造成的损失,并应当在合理期限内提供证明。当事人迟延履行后发生不可抗力的,不能免除违约责任。

2.免责条款

免责条款是指当事人在合同中约定,将来可能发生的违约行为免于承担违约责任的条款。免责条款必须是合同中的明示条款,构成合同的组成部分。免责条款不得排除双方当事人的基本义务,不得排除故意或重大过失的责任,不得违背法律规定,不得损害社会公共利益。

> **课堂案例**
>
> 甲施工单位向乙材料供应单位订购水泥,总价为6 000元。双方在合同中约定:乙单位于2020年3月1日~10日将水泥运至施工工地,在此期间内的任何时候乙单位均可以送货,甲单位均应立即收下,并于收货后的5日内付款。若一方违约,应向对方支付违约金1 000元。3月3日,乙单位运送水泥至施工工地,恰逢下雨,甲单位拒绝收货,乙单位遂将水泥运回,由此造成损失600元。之后,乙单位要求甲单位承担违约责任。
>
> 请分析:甲单位的行为是否构成违约?如果构成违约,应向乙单位承担多少赔偿损失数额?

5.9 合同争议的解决

5.9.1 合同争议概述

合同争议是指双方当事人对合同权利与义务关系存在分歧的法律事实。

常见的合同争议情形包括:

(1)一方怠于或拒绝履行自己的义务产生的合同争议。

(2)当事人对法律事实有着不同的看法和理解产生的合同争议。如:对过错责任的认定存在分歧。

(3)法律漏洞的存在或者合同约定不明产生的合同争议。

5.9.2 合同争议的解决途径

当事人可以通过和解或者调解解决合同争议。当事人不愿和解、调解或者和解、调解不成的,可以根据仲裁协议向仲裁机构申请仲裁。涉外合同的当事人可以根据仲裁协议向中国仲裁机构或者其他仲裁机构申请仲裁。当事人没有订立仲裁协议或者仲裁协议无效的,可以向人民法院起诉。根据这一规定,可以总结出合同争议可以通过以下途径解决:

1.和解

(1)和解的概念

和解是指发生合同争议后,当事人在自愿、友好的基础上,进行商谈并达成一致协议,从而自行解决争议的方式。

(2)和解的优点

①简便、易行、经济、及时地解决合同争议。

②有利于维护双方当事人的合作关系。

③有利于合同的履行。

发生合同争议后,当事人应当首先考虑通过和解的方式解决争议。

(3)和解的效力

①和解是当事人自愿选择的方式,而不是合同争议解决的必经程序。当事人也可以不经和解而直接选择其他解决纠纷的途径。

②和解协议没有法律约束力。即当事人达成和解协议后,一方反悔,拒绝执行,和解协议自动失效,反悔方不必承担相应法律责任。

2. 调解

(1)调解的概念

调解是指当事人在合同争议发生后,在第三方的主持下,在查明事实和分清责任基础上,根据事实和法律,通过说服引导,促进当事人互谅互让,友好地在自愿基础上达成协议,从而公平、合理地解决争议的方式。

(2)调解的方式

①仲裁机构调解

仲裁机构调解是指仲裁机构对当事人的合同争议进行调解的活动。

仲裁机构调解具有以下特征:

- 调解在仲裁人员的主持下进行。
- 仲裁机构调解是在当事人自愿基础上进行的。
- 仲裁机构做出的调解书到达当事人后,具有法律约束力。
- 仲裁机构在收到当事人仲裁申请后,可以先进行调解。如果调解成功,则制作调解书并结束仲裁程序。如果调解不成功,仲裁机构应当及时做出裁决。

②人民法院调解

人民法院调解是指人民法院对当事人的合同争议进行调解的活动。

人民法院调解具有以下特征:

- 调解在人民法院人员的主持下进行。
- 人民法院调解是在当事人自愿基础上进行的。
- 人民法院做出的调解书到达当事人后,具有法律约束力。
- 人民法院在收到当事人诉讼申请后,可以先进行调解。如果调解成功,则制作调解书并结束诉讼程序。如果调解不成功,人民法院应当及时做出判决。

③行政主管部门调解

行政主管部门调解是指行政机关对当事人的合同争议进行调解的活动。

行政主管部门调解具有以下特征:

- 行政主管部门调解是在当事人自愿基础上进行的。
- 行政主管部门做出的调解书到达当事人后,没有法律约束力。

④社会调解

在发生合同争议时,还可以依托相关的行业学会或协会,制定有关调解管理办法,建立相应的调解组织,实施对当事人合同争议的社会调解活动。

社会调解具有以下特征：
- 调解在社会调解组织人员的主持下进行。
- 社会调解是在当事人自愿基础上进行的。
- 社会调解组织做出的调解书到达当事人后，没有法律约束力。

3. 仲裁

(1) 仲裁的概念

仲裁是指当事人自愿将合同争议提交仲裁机构进行裁决，从而解决争议的方式。

(2) 仲裁的基本原则

根据《中华人民共和国仲裁法》(简称《仲裁法》，下同)的相关规定，在仲裁过程中，应当遵循下列基本原则：

① 自愿原则

仲裁以当事人的自愿为前提，双方达成仲裁协议即合同争议是否提交仲裁、提交哪一个仲裁机构仲裁、仲裁庭如何组成、仲裁的审理方式、开庭形式等都是在当事人自愿的基础上，由当事人协商确定的。仲裁不实行级别管辖和地域管辖。

② 先行调解原则

仲裁机构受理合同争议后，应当首先进行调解。先行调解必须在当事人自愿接受调解的前提下进行，当事人不愿调解的，则仲裁机构不能进行调解，而应当开庭裁决。而且当事人同意调解，但经过调解后达不成协议的，仲裁机构应及时裁决。

③ 一次裁决原则

仲裁实行一裁终局制，即仲裁裁决一经仲裁庭做出就具有法律效力，当事人必须执行。仲裁裁决做出后，当事人就同一纠纷再申请仲裁或者向人民法院起诉的，仲裁委员会或者人民法院不予受理。当事人一方不执行裁决的，另一方有权要求人民法院执行。

④ 独立仲裁原则

仲裁委员会独立于行政机关，与行政机关没有隶属关系。仲裁委员会之间也没有隶属关系。仲裁庭依法享有独立仲裁权，不受任何机关、社会团体和个人的干涉。

(3) 仲裁协议

① 仲裁协议的内容

根据《仲裁法》第十六条的规定，仲裁协议包括合同中订立的仲裁条款和以其他书面方式在纠纷发生前或者纠纷发生后达成的请求仲裁的协议。

仲裁协议应当具有下列内容：
- 请求仲裁的意思表示。
- 仲裁事项。
- 选定的仲裁委员会。

② 仲裁协议的无效

根据《仲裁法》第十七条的规定，有下列情形之一的，仲裁协议无效：
- 约定的仲裁事项超出法律规定的仲裁范围的。
- 无民事行为能力人或者限制民事行为能力人订立的仲裁协议。
- 一方采取胁迫手段，迫使对方订立仲裁协议的。

③ 仲裁协议的效力

仲裁协议独立存在，合同的变更、解除、终止或者无效，不影响仲裁协议的效力。

当事人对仲裁协议的效力有异议的,可以请求仲裁委员会做出决定或者请求人民法院做出裁定。一方请求仲裁委员会做出决定,另一方请求人民法院做出裁定的,由人民法院裁定。

(4)仲裁的基本程序

①申请和受理

根据《仲裁法》第二十一条的规定,当事人申请仲裁应当符合下列条件:
- 存在有效的仲裁协议。
- 有具体的仲裁请求、事实和理由。
- 属于仲裁委员会的受理范围。

根据《仲裁法》第二十四条的规定,仲裁委员会收到仲裁申请书之日起五日内,经审查认为符合受理条件的,应当受理,并通知当事人。认为不符合受理条件的,应当书面通知当事人不予受理,并说明理由。

②仲裁庭的组成

根据《仲裁法》第三十、三十一条的规定,仲裁庭可以由三名仲裁员或者一名仲裁员组成。由三名仲裁员组成的,设首席仲裁员。

当事人约定由三名仲裁员组成仲裁庭的,应当各自选定或者各自委托仲裁委员会主任指定一名仲裁员,第三名仲裁员由当事人共同选定或者共同委托仲裁委员会主任指定。第三名仲裁员是首席仲裁员。

当事人约定由一名仲裁员成立仲裁庭的,应当由当事人共同选定或者共同委托仲裁委员会主任指定仲裁员。

③开庭和裁决

根据《仲裁法》第三十九至五十七条的规定,仲裁应当开庭进行。当事人协议不开庭的,仲裁庭可以根据仲裁申请书、答辩书以及其他材料做出裁决。

仲裁不公开进行。当事人协议公开的,可以公开进行,但涉及国家秘密的除外。

当事人申请仲裁后,可以自行和解。达成和解协议的,可以请求仲裁庭根据和解协议做出裁决书,也可以撤回仲裁申请。当事人达成和解协议,撤回仲裁申请后反悔的,可以根据仲裁协议申请仲裁。

仲裁庭在做出裁决前,可以先行调解。当事人自愿调解的,仲裁庭应当调解。调解不成的,应当及时做出裁决。调解达成协议的,仲裁庭应当制作调解书或者根据协议的结果制作裁决书。调解书与裁决书具有同等法律效力。调解书经双方当事人签收后,即发生法律效力。

在调解书签收前当事人反悔的,仲裁庭应当及时做出裁决。裁决应当按照多数仲裁员的意见做出,少数仲裁员的不同意见可以记入笔录。仲裁庭不能形成多数意见时,裁决应当按照首席仲裁员的意见做出。裁决书自做出之日起发生法律效力。

④执行

根据《仲裁法》第六十二条的规定,当事人应当履行裁决。一方当事人不履行的,另一方当事人可以依照民事诉讼法的有关规定向人民法院申请执行。受申请的人民法院应当执行。

4.诉讼

①诉讼的概念

诉讼是指当事人将合同争议提交人民法院,人民法院通过审判形成判决书,从而解决合同争议的方式。

②诉讼的基本原则
- 依法独立审判原则。
- 以事实为依据,以法律为准绳原则。
- 根据自愿进行调解原则。
- 实行合议、回避、公开审判和两审终审原则。
- 审判监督原则。
- 使用本民族语言文字诉讼原则。

③合同诉讼案件的受理范围
- 当事人和解、调解不成的合同争议案件。
- 当事人不愿和解、调解,直接起诉的合同争议案件。
- 当事人未达成仲裁协议的合同争议案件。
- 人民法院裁定不予执行的仲裁裁决,当事人可以重新达成仲裁协议申请仲裁,也可以向人民法院起诉。

④诉讼的效力

人民法院出具的判决书有法律强制执行力。即合同当事人必须按照判决书履行义务。

为了更全面了解各种合同争议解决途径,表 5-1 对其特征进行了比较。

表 5-1　　　　　　　　　　合同争议解决途径对比表

合同争议解决途径	解决速度	所需费用	保密程度	对当事人协作关系的影响
和解	立即解决	无费用	完全保密	不影响协作关系
调解	一般需要1个月	费用较少	可以做到完全保密	对协作关系影响不大
仲裁	一般需要4~6个月	请仲裁员,费用较高	可以保密	对立情绪较大,影响协作关系
诉讼	需时甚久	请律师等,费用很高	难以保密	敌对关系,协作关系破坏

思考与习题

一、单选题

1.甲工程建设单位与乙设计单位签订了两份合同,第一份合同是甲工程建设单位购买了乙设计单位已完成设计的图纸,该合同法律关系的客体是(　　)。第二份合同是甲工程建设单位委托乙设计单位进行施工图设计,该合同法律关系的客体是(　　)。

A.物　　　　　　　　　　　　B.财
C.行为　　　　　　　　　　　D.智力成果

2.在建设工程中,委托监理行为是(　　),招标代理行为是(　　)。

A.委托代理　　　　　　　　　B.法定代理
C.咨询行为　　　　　　　　　D.根据合同的约定而确定

3.甲向乙发出了一份投标邀请函,在投标邀请函中写明,投标书应通过电子邮件的形式提交给甲。该事件中,要约生效的时间是(　　)。

A.乙发出电子邮件的时间
B.乙发出电子邮件得到甲确认的时间

C.乙发出的电子邮件进入甲邮箱的时间
D.甲知道收到邮件的时间

4.甲向乙出版社去函,询问乙出版社是否出版了某书籍,乙出版社立即给甲邮寄了该书籍,并向甲索取书籍价款40元,甲认为该书籍不符合其需要,拒绝了乙出版社的要求,因此甲、乙双方发生了争议。从该案例来看,甲、乙之间(　　)。
A.合同已经成立　　　　　　　　B.合同未成立
C.已经完成要约和承诺阶段　　　D.合同是否成立无法确定

5.甲与乙签订了一份房屋买卖合同,为了逃避税收,又签订了一份赠予合同。甲与乙签订的赠予合同属于(　　)。
A.有效合同　　　　　　　　B.无效合同
C.可撤销合同　　　　　　　D.效力待定合同

6.合同中具有相对独立性,其效力不受合同无效、变更或者终止影响的条款是(　　)条款。
A.违约责任　　　　　　　　B.解决争议
C.价款或酬金　　　　　　　D.数量和质量

7.下列情形中属于效力待定合同的是(　　)。
A.出租车司机借抢救重病人急需租车之际将车价提交10倍
B.10周岁的儿童因发明创造而接受奖金
C.成年人甲误将本为复制品的油画当成真品购买
D.10周岁的少年将自家的计算机卖给4岁的儿童

8.某承包人一直拖欠材料商的货款,材料商将债权转让给了该工程的建设单位。工程结算时,建设单位提出要将此债权与需要支付的部分工程款进行抵销,施工单位以自己不知道此事为由不同意。对该案例表述正确的是(　　)。
A.材料商转让自己的债权无须让承包人知道
B.材料商转让自己的债权应经承包人同意
C.若转让时材料商通知了承包人,则建设单位可以主张抵销
D.即便转让时材料商通知了承包人,建设单位也不可以主张抵销

9.继续履行是一种违约后的补救方式,但它不能与下列方式中的(　　)并用。
A.违约金　　　　　　　　B.采取补救措施
C.定金　　　　　　　　　D.解除合同

10.《民法典》所称的不可抗力是指(　　)。
A.不能预见、不能避免并不能克服的客观情况
B.不能预见但能够避免的客观情况
C.能够预见但不能避免并不能克服的客观情况
D.能够预见、可以避免但不能克服的客观情况

二、多选题

1.下列合同行为中,属于违背诚信原则的有(　　)。
A.合同签订时,施工企业对建设单位要求的业绩证明造假

B.合同履行时,现场发生不可抗力,施工企业没有通知甲方,并任由损失扩大
C.合同履行时,施工企业工人安排不够,导致工期拖延
D.合同结束时,施工企业泄露本项目要求保密的资料和技术

2.定金合同属于(　　)。
A.双务合同　　　　　　　　B.单务合同
C.诺成合同　　　　　　　　D.实践合同

3.下列合同中,债权人不得将合同的权利全部或部分转让给第三人的有(　　)。
A.当事人因信任订立的委托代理合同
B.建筑材料供应合同
C.约定禁止债权人转让权利的合同
D.供用电、水、气、热力合同

4.下列情形中,不得撤销的要约包括(　　)。
A.要约人明确了承诺期限
B.要约人明确表示要约不可撤销
C.撤销的通知在承诺发出后到达受要约人
D.受要约人有理由认为要约不可撤销,并已经为履行合同做了准备工作

5.合同当事人承担违约责任的方式包括(　　)。
A.继续履行　　　　　　　　B.返还财产并恢复原状
C.支付赔偿金　　　　　　　D.支付违约金

三、简答题

1.简述代理涉及的主体以及代理人实施代理行为的法律责任应由谁承担。
2.结合所学知识,简述无效合同与效力待定合同的区别。
3.结合所学知识,简述撤销权与代位权的区别。
4.结合所学知识,简述合同担保形式的含义。
5.简述违约责任的形式及免除。
6.如何将合同基础知识应用于日常生活、学习中?

四、案例分析题

甲公司为开发新项目,于2013年3月12日向乙公司借款15万元。经双方协商一致,订立合同约定:乙公司借给甲公司15万元,借期为6个月,月息为同期银行贷款利息的1.5倍,2013年9月12日甲公司一起还本付息。甲公司因新项目开发不顺利,2013年9月12日无法偿还欠乙公司的借款,乙公司向甲公司催促还款无果。2013年9月20日,乙公司得知丙单位曾向甲公司借款20万元,现已到还款期,甲公司却对丙单位称不用还款。于是,乙公司向人民法院起诉,请求甲公司以丙单位的还款来偿还债务,甲公司辩称该债权已放弃,无法清偿债务。

请分析:
(1)甲公司的行为是否构成违约?请说明理由。
(2)乙公司是否可以行使撤销权?请说明理由。
(3)乙公司是否可以行使代位权?请说明理由。

五、操作模拟题

小张自主创业,成立了一家电子科技公司,准备向银行贷款30万元,银行要求小张用他自己的一套90 m²、市场价为100万元的住宅抵押,请你帮小张拟定一份贷款合同、一份抵押合同。

自我测评

通过本章的学习,你是否掌握了《民法典》中第三编"合同"相关知识?下面赶快拿出手机扫描二维码测一测吧。

自我测评

合同原理

第 6 章

建设工程施工合同管理

知识目标

1. 了解建设工程施工合同的概念,掌握建设工程施工合同的分类,熟悉建设工程中的主要合同关系。
2. 了解建设工程施工合同订立的条件、原则,熟悉建设工程施工合同订立的程序和内容。
3. 熟悉建设工程施工合同示范文本的构成,熟悉并理解合同文本中常用词语的含义,掌握施工合同示范文本通用条款中相关内容。
4. 熟悉施工合同履行常见的担保形式,掌握施工合同变更管理的程序和变更后合同价款的确定,了解施工合同风险管理的概念,掌握合同风险的对策。
5. 熟悉合同当事人违约责任的确定,掌握合同当事人承担合同违约责任的方式,掌握违约责任的免责条款及不可抗力的相关规定。

职业素质及职业能力目标

1. 培养学生学习、遵守《建设工程施工合同(示范文本)》的基本规则,在执业中坚守职业操守。
2. 具备专业合同谈判、合同风险分析、合同履行、变更、终止的能力。
3. 具备解决施工合同争议的能力。

6.1 建设工程施工合同管理概述

6.1.1 建设工程施工合同的概念

根据《民法典》的规定,建设工程合同是承包人进行工程建设,发包人支付价款的合同。建设工程合同包括工程勘察、设计、施工合同。建设工程施工合同是指为了完成一定的建设工程项目,发包人和承包人约定明确双方权利与义务关系的协议。

6.1.2 建设工程施工合同的种类

根据不同的划分标准,建设工程施工合同可以分为以下类型:

1. 按照合同所包括的工程或工作范围划分

（1）总承包合同

建筑工程的发包单位可以将工程的勘察、设计、施工、设备采购任务一并发包给一个工程总承包单位,也可以将其中的一项或者多项发包给一个总承包单位,此时签订的合同就是总承包合同。但是,不得将应当由一个承包单位完成的建筑工程肢解成若干部分发包给几个承包单位。《建筑法》第二十四条明确规定,提倡对建筑工程实行总承包,禁止将建筑工程肢解发包。

（2）专业承包合同

专业承包合同包括单位工程施工承包合同和特殊专业工程施工承包合同。单位工程施工承包合同是常见的工程承包合同,包括土木工程施工承包合同、电气与机械工程承包合同等。同时业主也可以将专业性很强的单位工程分别交给不同的承包商,如土方工程、桩基础工程、管道工程等。

（3）分包合同

分包合同是指经合同约定或发包人认可,承包商将承包合同范围内的部分工程或工作委托给其他承包商完成所订立的合同。《建筑法》第二十九条规定,建筑工程总承包单位可以将承包工程中的部分工程发包给具有相应资质条件的分包单位;但是,除总承包合同中约定的分包外,必须经建设单位认可。施工总承包的,建筑工程主体结构的施工必须由总承包单位自行完成。

2. 按照计价方式的不同划分

按照计价方式的不同,建设工程施工合同可以划分为单价合同、总价合同和其他价格形式合同三大类。根据招标准备情况和建设工程项目的特点不同,建设工程施工合同可选用其中的任何一种。

（1）单价合同

单价合同是指合同当事人约定以工程量清单及其综合单价进行合同价格计算、调整和确认的建设工程施工合同,在约定的范围内合同单价不做调整。合同当事人应在专用合同条款中约定综合单价包含的风险范围和风险费用的计算方法,并约定风险范围以外的合同价格的调整方法,其中因市场价格波动引起的调整按双方在合同中的约定执行。

单价合同是最常见的合同种类,适用范围广,如国际咨询工程师联合会(FIDIC)土木工程施工合同条件和我国的《建设工程施工合同》(示范文本)。这类合同的特点是单价优先,业主承担的是工程量的风险,承包商承担的是报价的风险。业主给出的工程量表中的工程量是估计值,承包商参考使用,在工程款结算时,按实际完成的工程量和承包商所报单价计算。

采用单价合同应明确编制工程量清单的方法、工程量计算规则和工程量计量方法,每个分项的工程范围、质量要求和内容应有相应的标准。

单价合同大多适用于工期长、技术复杂、实施过程中发生各种不可预见因素较多的大型土建工程,以及业主为了缩短工程建设周期,初步设计完成后就进行施工招标的工程。

（2）总价合同

总价合同是指合同当事人约定以施工图、已标价工程量清单或预算书及有关条件进行合同价格计算、调整和确认的建设工程施工合同,在约定的范围内合同总价不做调整。合同当事人应在专用合同条款中约定总价包含的风险范围和风险费用的计算方法,并约定风险范围以外的合同价格的调整方法,其中因市场价格波动引起的调整双方可以按市场价格波动引起的调整方法进行调整、因法律变化引起的调整双方可以按法律变化引起的调整中的约定执行。

总价合同的特点是总价优先,承包商报总价,双方协商确定总价,最终按照总价结算。承包商承担合同的全部风险(包括工程量的风险和单价风险),因此承包商在报价中必须考虑施工期间物价的变化及工程量变化带来的影响,在报价中不可预见风险费较高。总价合同又可以分为固定总价合同和可调总价合同。

总价合同适用于工程范围明确、工程量准确、图纸清楚、工期不长、工程条件稳定的工程项目。

(3)其他价格形式合同

合同当事人可在专用合同条款中约定其他合同价格形式。如成本加酬金合同。

成本加酬金合同是指工程的合同价格为承包商的实际成本加一定的酬金。

成本加酬金合同的特点是业主承担了合同的全部风险(包括工程量的风险和价格风险),由于这类合同承包商在工程施工中没有控制成本的积极性,甚至期望通过提高成本来提高其经济效益,所以业主在采用该类合同时,要加强对工程的控制和管理。

成本加酬金合同适用条件:投标阶段依据不准,工程范围无法确定;工程特别复杂,工程技术、结构方案不能预先确定;时间特别紧张,要求尽快开工。如救灾、抢险工程等。

3.按承包的内容划分

按承包的内容划分,建设工程合同可以分为建设工程勘察合同、建设工程设计合同和建设工程施工合同。

6.1.3 建设工程中的主要合同关系

建设工程项目从立项到勘察设计、施工以及竣工验收、试用涉及各方面的经济主体,其中以业主和承包商为主线,形成不同的合同关系。

1.业主的主要合同关系

业主作为工程或服务的买方,可能形成以下合同关系:

(1)咨询(监理)合同

业主与咨询(监理)公司在前期可行性研究阶段、设计阶段、施工招标阶段和施工监理阶段其中一项或某几项工作内容所形成的合同。

(2)勘察设计合同

业主就勘察设计工作内容与勘察设计单位形成的勘察设计合同。

(3)工程施工合同

业主就工程施工任务与工程承包商形成的施工合同。

(4)供应合同

对于由业主供应的材料,业主与供应商之间签订的材料、设备供应合同。

(5)贷款合同

业主为了解决资金问题,与金融机构签订的合同。

2.承包商的合同关系

承包商是工程施工的具体实施者,是施工合同的执行者。为了完成所承包的工程,在实施工程项目的过程中,会形成以下合同关系:

(1)工程施工合同

承包商为完成工程任务与业主签订的施工承包合同。

(2)分包合同

承包商根据合同的约定或经业主同意,将某些专业性强的非主体、非重点工程分包给具有相应资质的其他承包商所形成的分包合同。

(3)供应合同

承包商为完成工程所必须采购的材料、设备与材料供货商所签订的材料供应合同。

(4)运输合同

承包商为解决材料设备的运输与运输单位签订的运输合同。

(5)租赁合同

承包商与租赁单位签订的解决大型机械设备、周转材料等签订的租赁合同。

(6)加工合同

承包商与加工承揽单位签订的委托加工建筑构配件、特殊构配件等加工合同。

(7)劳务合同

承包商与劳务公司签订的劳务供应合同。

(8)保险合同

承包商与保险公司签订的关于工程或自有人员的保险合同。

综上所述,为了完成工程任务,以业主和承包商的合同关系形成的建设工程合同体系的构成如图 6-1 所示。

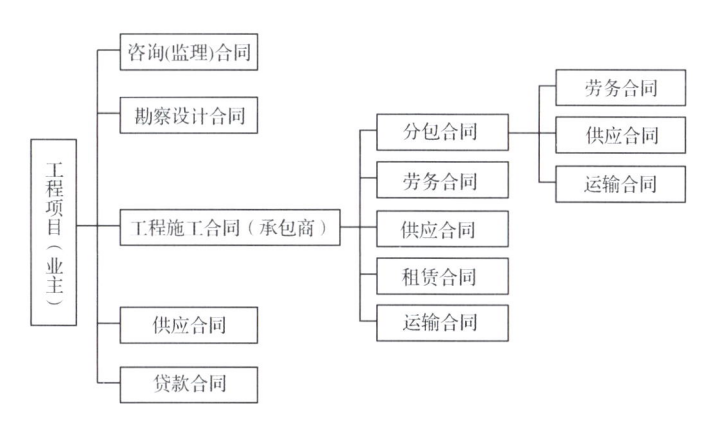

图 6-1 建设工程合同体系

6.2 建设工程施工合同的订立

6.2.1 建设工程施工合同订立应具备的条件

(1)初步设计已经批准。

(2)工程项目已经列入年度建设计划。

(3)有能够满足施工需要的设计文件和有关技术资料。

(4)建设资金和主要建筑材料设备来源已经落实。
(5)招标投标工程中标通知书已经下达。

6.2.2 建设工程施工合同订立的原则

1. 遵守国家法律、法规和国家计划原则

国家立法机关、国务院、建设行政部门针对工程项目的建设制定了很多强制性的管理规定。这些法律、法规是合同当事人在合同订立和履行中必须遵守的原则。合同的内容不能与法律、法规抵触,否则会导致合同无效。《民法典》第七百九十二条规定,国家重大建设工程合同,应当按照国家规定的程序和国家批准的投资计划、可行性研究报告等文件订立。

2. 平等、自愿、公平的原则

签订建设工程施工合同的当事人应当在平等的法律地位上确定双方的权利与义务,任何一方不得强迫对方接受不平等的合同条款。合同内容应当公平,不能过分地保护某一方而损害了另一方的利益。对于显失公平的施工合同,当事人一方有权决定是否订立合同和合同内容,有权申请人民法院或仲裁机构对合同予以变更或撤销。

3. 诚实信用原则

诚实信用原则表现在签订合同的过程中,不得有欺诈行为,应当如实告知对方自身和工程的实际情况。在合同履行的过程中,当事人也应当恪守信用,严格履行合同。对合同履行中知悉的对方的商业秘密负有保密的义务。

6.2.3 建设工程施工合同订立的程序

根据《民典法》规定,合同的订立程序包括要约、承诺阶段。建设工程施工合同订立过程中,通常要经过招标、投标、定标等过程,形成招标文件、投标文件、中标通知书三个主要文件。从法律角度分析,招标文件是招标人发出的要约邀请、投标文件是投标人向招标人发出的要约、中标通知书是招标人向中标人发出的承诺,因此,建设工程施工合同的订立包括要约邀请、要约、承诺三个阶段。

具体到建设工程施工合同来说,合同订立一般经历以下环节:
(1)招标人发布招标公告、发售招标文件。
(2)投标人递交投标文件。
(3)招标人发出中标通知书。
(4)合同谈判。即在合同签订前对合同内容进行审查,在法律许可范围内就某些具体条款进行磋商。
(5)合同签订。中标通知书发出后30日内,双方应签订合同。

微课

避免签订无效合同

6.2.4 建设工程施工合同的内容

建设工程施工合同包括的主要内容如下:
(1)工程名称、地点、范围、内容、价款及开竣工日期。
(2)发包人、承包人、监理人的权利、义务和一般责任。
(3)安全文明施工与环境保护。
(4)工程质量、试验与检验、验收和工程试车。

(5)工期与进度。
(6)合同价款、计量与支付、价格的调整。
(7)材料、设备的供应方式与质量标准。
(8)工程变更。
(9)竣工条件与结算方式。
(10)缺陷责任与保修。
(11)违约责任及处置办法。
(12)争议解决方式。
(13)不可抗力、保修、索赔等。

6.3 《建设工程施工合同（示范文本）》的主要内容

6.3.1 《建设工程施工合同（示范文本）》的构成

为了指导建设工程施工合同当事人的签约行为，维护合同当事人的合法权益，依据《中华人民共和国合同法》《中华人民共和国建筑法》《中华人民共和国招标投标法》以及相关法律、法规，2017年10月住房和城乡建设部联合原国家工商行政管理总局对《建设工程施工合同（示范文本）》(GF-2013-0201)进行了修订，制定了《建设工程施工合同（示范文本）》(GF-2017-0201)(以下简称《示范文本》)。

1.《示范文本》的组成

《示范文本》由合同协议书、通用合同条款和专用合同条款三部分组成。

(1)合同协议书

《示范文本》合同协议书共计13条，主要包括：工程概况、合同工期、质量标准、签约合同价和合同价格形式、项目经理、合同文件构成、承诺以及合同生效条件等重要内容，集中约定了合同当事人基本的合同权利与义务。

(2)通用合同条款

通用合同条款是合同当事人根据《中华人民共和国建筑法》《中华人民共和国合同法》等法律、法规的规定，就工程建设的实施及相关事项，对合同当事人的权利与义务做出的原则性约定。

通用合同条款共计20条，具体条款分别为：一般约定、发包人、承包人、监理人、工程质量、安全文明施工与环境保护、工期和进度、材料与设备、试验与检验、变更、价格调整、合同价格、计量与支付、验收和工程试车、竣工结算、缺陷责任与保修、违约、不可抗力、保险、索赔和争议解决。

(3)专用合同条款

专用合同条款是对通用合同条款原则性约定的细化、完善、补充、修改或另行约定的条款。合同当事人可以根据不同建设工程的特点及具体情况，通过双方的谈判、协商对相应的专用合同条款进行修改与补充。

2.《示范文本》的性质和适用范围

《示范文本》为非强制性使用文本。

《示范文本》适用于房屋建筑工程、土木工程、线路管道和设备安装工程、装修工程等建设工程的施工承发包活动。合同当事人可结合建设工程具体情况,根据《示范文本》订立合同,并按照法律、法规规定和合同约定承担相应的法律责任及合同权利与义务。

3.工程质量保修书

工程质量保修书包括以下内容:

(1)质量保修范围

质量保修范围包括地基基础工程,主体结构工程,屋面防水工程,有防水要求的卫生间、房间和外墙面的防渗漏,供热与供冷系统,电气管线,给排水管道,设备安装和装修工程以及双方约定的其他项目。

(2)质量保修期

质量保修期从工程竣工验收合格之日起计算。具体分部、分项工程的质量保修期由合同当事人在专用合同条款中约定,但不得低于法定最低保修年限。在质量保修期内,承包人应当根据有关法律规定以及合同约定承担保修责任。根据《建设工程质量管理条例》及有关规定,工程的质量保修期如下:

①地基基础工程和主体结构工程为设计文件规定的工程合理使用年限。
②屋面防水工程,有防水要求的卫生间、房间和外墙面的防渗为5年。
③电气管线、给排水管道、设备安装工程、装修工程为2年。
④供热与供冷系统为2个采暖期、供冷期。
⑤住宅小区内的给排水设施、道路等配套工程双方协商确定。

(3)缺陷责任期

缺陷责任期从工程通过竣工验收之日起计算,合同当事人应在专用合同条款中约定缺陷责任期的具体期限,但该期限最长不超过24个月。

单位工程先于全部工程进行验收,经验收合格并交付使用的,该单位工程缺陷责任期自单位工程验收合格之日起计算。因承包人原因导致工程无法按合同约定期限进行竣工验收的,缺陷责任期从实际通过竣工验收之日起计算。因发包人原因导致工程无法按合同约定期限进行竣工验收的,在承包人提交竣工验收报告90天后,工程自动进入缺陷责任期;发包人未经竣工验收擅自使用工程的,缺陷责任期自工程转移占有之日起开始计算。

缺陷责任期终止后,发包人应退还剩余的质量保证金。

(4)质量保修责任

属于保修范围、内容的项目,承包人应当在接到保修通知之日起7日内派人保修。承包人不在约定期限内派人保修的,发包人可以委托他人修理,维修发生的费用由承包人承担。

发生紧急事故需抢修的,承包人在接到事故通知后,应当立即到达事故现场抢修。

对于涉及结构安全的质量问题,应当按照《建设工程质量管理条例》的规定,立即向当地建设行政主管部门和有关部门报告,采取安全防范措施,并由原设计人或者具有相应资质等级的设计人提出保修方案,承包人实施保修。

质量保修完成后,由发包人组织验收。

(5)保修费用

保修费用由造成质量缺陷的责任方承担。

(6)双方约定的其他工程质量保修事项

工程质量保修书由发包人、承包人在工程竣工验收前共同签署,作为施工合同附件,其有效期至保修期满。

6.3.2 《建设工程施工合同(示范文本)》通用条款的主要内容

一、一般约定

一般约定包括:词语定义与解释、语言文字、法律、标准和规范、合同文件的优先解释顺序、图纸和承包人文件、联络、严禁贿赂、化石、文物、交通运输、知识产权、保密、工程量清单错误的修正等13个方面。下面主要介绍4个方面的内容:

1.词语定义与解释

词语定义与解释分为6个方面,共54个词语,对协议书、通用合同条款、专用合同条款中的词语赋予的含义进行定义。

(1)合同

①合同　是指根据法律规定和合同当事人约定具有约束力的文件,构成合同的文件包括合同协议书、中标通知书(如果有)、投标函及其附录(如果有)、专用合同条款及其附件、通用合同条款、技术标准和要求、图纸、已标价工程量清单或预算书以及其他合同文件。

②合同协议书　是指构成合同的由发包人和承包人共同签署的称为"合同协议书"的书面文件。

③中标通知书　是指构成合同的由发包人通知承包人中标的书面文件。

④投标函　是指构成合同的由承包人填写并签署的用于投标的称为"投标函"的文件。

⑤投标函附录　是指构成合同的附在投标函后的称为"投标函附录"的文件。

⑥技术标准和要求　是指构成合同的施工应当遵守的或指导施工的国家、行业或地方的技术标准和要求,以及合同约定的技术标准和要求。

⑦图纸　是指构成合同的图纸,包括由发包人按照合同约定提供或经发包人批准的设计文件、施工图、鸟瞰图及模型等,以及在合同履行过程中形成的图纸文件。图纸应当按照法律规定审查合格。

⑧已标价工程量清单　是指构成合同的由承包人按照规定的格式和要求填写并标明价格的工程量清单,包括说明和表格。

⑨预算书　是指构成合同的由承包人按照发包人规定的格式和要求编制的工程预算文件。

⑩其他合同文件　是指经合同当事人约定的与工程施工有关的具有合同约束力的文件或书面协议。合同当事人可以在专用合同条款中进行约定。

(2)合同当事人及其他相关方

①合同当事人　是指发包人和(或)承包人。

②发包人　是指与承包人签订合同协议书的当事人及取得该当事人资格的合法继承人。

③承包人　是指与发包人签订合同协议书的,具有相应工程施工承包资质的当事人及取得该当事人资格的合法继承人。

④监理人　是指在专用合同条款中指明的,受发包人委托按照法律规定进行工程监督管理的法人或非法人组织。

⑤设计人　是指在专用合同条款中指明的,受发包人委托负责工程设计并具备相应工程设计资质的法人或非法人组织。

⑥分包人　是指按照法律规定和合同约定,分包部分工程或工作,并与承包人签订分包合同的具有相应资质的法人。

⑦发包人代表　是指由发包人任命并派驻施工现场,在发包人授权范围内行使发包人权利的人。

⑧项目经理　是指由承包人任命并派驻施工现场,在承包人授权范围内负责合同履行,且按照法律规定具有相应资格的项目负责人。

⑨总监理工程师　是指由监理人任命并派驻施工现场进行工程监理的总负责人。

(3)工程和设备

①工程　是指与合同协议书中工程承包范围对应的永久工程和(或)临时工程。

②永久工程　是指按合同约定建造并移交给发包人的工程,包括工程设备。

③临时工程　是指为完成合同约定的永久工程所修建的各类临时性工程,不包括施工设备。

④单位工程　是指在合同协议书中指明的,具备独立施工条件并能形成独立使用功能的永久工程。

⑤工程设备　是指构成永久工程的机电设备、金属结构设备、仪器及其他类似的设备和装置。

⑥施工设备　是指为完成合同约定的各项工作所需的设备、器具和其他物品,但不包括工程设备、临时工程和材料。

⑦施工现场　是指用于工程施工的场所,以及在专用合同条款中指明作为施工场所组成部分的其他场所,包括永久占地和临时占地。

⑧临时设施　是指为完成合同约定的各项工作所服务的临时性生产和生活设施。

⑨永久占地　是指专用合同条款中指明为实施工程需永久占用的土地。

⑩临时占地　是指专用合同条款中指明为实施工程需要临时占用的土地。

(4)日期和期限

①开工日期　包括计划开工日期和实际开工日期。计划开工日期是指合同协议书约定的开工日期;实际开工日期是指监理人按照第7.3.2项(开工通知)约定发出的符合法律规定的开工通知中载明的开工日期。

②竣工日期　包括计划竣工日期和实际竣工日期。计划竣工日期是指合同协议书约定的竣工日期;实际竣工日期是指按照第13.2.3项(竣工日期)的约定确定的竣工日期。

③工期　是指在合同协议书约定的承包人完成工程所需的期限,包括按照合同约定所做的期限变更。

④缺陷责任期　是指承包人按照合同约定承担缺陷修复义务,且发包人预留质量保证金(已缴纳履约保证金的除外)的期限,自工程实际竣工日期起计算。

⑤保修期　是指承包人按照合同约定对工程承担保修责任的期限,从工程竣工验收合格之日起计算。

⑥基准日期　招标发包的工程以投标截止日前28日的日期为基准日期,直接发包的工程以合同签订日前28日的日期为基准日期。

⑦天　除特别指明外,均指日历天。合同中按天计算时间的,开始当天不计入,从次日开始计算,期限最后一天的截止时间为当天24:00。

> **知识链接**
>
> **缺陷责任期与质量保修期的区别与联系**
>
> 缺陷责任期对应于保修金的返还,期满保修金应当返还。
>
> 质量保修期对应于承包人质量责任的完全免除,期满承包人对工程相关部位无须承担质量责任。
>
> 二者的联系在于:起算时间都从工程竣工验收合格之日起算。

(5)合同价款和费用

①签约合同价　是指发包人和承包人在合同协议书中确定的总金额,包括安全文明施工费、暂估价及暂列金额等。

②合同价格　是指发包人用于支付承包人按照合同约定完成承包范围内全部工作的金额,包括合同履行过程中按合同约定发生的价格变化。

③费用　是指为履行合同所发生的或将要发生的所有必需的开支,包括管理费和应分摊的其他费用,但不包括利润。

④暂估价　是指发包人在工程量清单或预算书中提供的用于支付必然发生但暂时不能确定价格的材料、工程设备的单价、专业工程以及服务工作的金额。

⑤暂列金额　是指发包人在工程量清单或预算书中暂定并包括在合同价格中的一笔款项,用于工程合同签订时尚未确定或者不可预见的所需材料、工程设备、服务的采购,施工中可能发生的工程变更、合同约定调整因素出现时的合同价格调整以及发生的索赔、现场签证确认等的费用。

⑥计日工　是指合同履行过程中,承包人完成发包人提出的零星工作或需要采用计日工计价的变更工作时,按合同中约定的单价计价的一种方式。

⑦质量保证金　是指承包人用于保证其在缺陷责任期内履行缺陷修补义务的担保。

⑧总价项目　是指在现行国家、行业以及地方的计量规则中无工程量计算规则,在已标价工程量清单或预算书中以总价或以费率形式计算的项目。

> **知识链接**
>
> **签约合同价与合同价格的区别**
>
> 签约合同价指合同协议书约定的包括暂列金在内的合同总价格。
>
> 合同价格则包括:签约合同价、履行合同中的变更及调整引起的价款增(减)、发包人应当支付的其他金额。

(6)其他

书面形式　是指合同文件、信函、电报、传真等可以有形地表现所载内容的形式。

2.合同文件的组成和优先解释顺序

一般除专用条款另有约定外,建设工程施工合同由以下文件组成:

(1)合同协议书。

(2)中标通知书(如果有)。

(3)投标函及其附录(如果有)。

(4)专用合同条款及其附件。

(5)通用合同条款。

(6)技术标准和要求。

(7)图纸。

(8)已标价工程量清单或预算书。

(9)其他合同文件。

上述各项合同文件包括合同当事人就该项合同文件所做出的补充和修改,属于同一类内容的文件,应以最新签署的为准。

在工程实施过程中,组成合同的各项文件应互相解释,互为说明,合同文件的内容应前后一致,当发生合同文件含混不清或不一致时,按照合同文件约定的解释顺序进行解释。通常除专用合同条款另有约定外,解释合同文件的优先顺序按照上述的排列顺序解释。

在合同履行过程中双方有关工程的洽商、变更等书面协议或文件,均构成合同文件组成部分,这些变更的协议或文件的效力高于其他合同文件,且签署在后的协议或文件效力高于签署在前的协议或文件。

3.图纸和承包人文件

(1)图纸的提供和交底

发包人应按照专用合同条款约定的期限、数量和内容向承包人免费提供图纸,并组织承包人、监理人和设计人进行图纸会审和设计交底。发包人至迟不得晚于监理工程师发出开工通知载明的开工日期前14日向承包人提供图纸。

因发包人未按合同约定提供图纸导致承包人费用增加和(或)工期延误的,由发包人承担由此延误的工期和(或)增加的费用,且发包人应支付承包人合理的利润。

(2)图纸的错误

承包人在收到发包人提供的图纸后,发现图纸存在差错、遗漏或缺陷的,应及时通知监理人。监理人接到该通知后,应附具相关意见并立即报送发包人,发包人应在收到监理人报送的通知后的合理时间内做出决定。

(3)图纸的修改和补充

图纸需要修改和补充的,应经图纸原设计人及审批部门同意,并由监理人在工程或工程相应部位施工前将修改后的图纸或补充图纸提交给承包人,承包人应按修改或补充后的图纸施工。

(4)承包人文件

承包人应按照专用合同条款的约定提供应当由其编制的与工程施工有关的文件,并按照专用合同条款约定的期限、数量和形式提交监理人,并由监理人报送发包人。监理人应在收到承包人文件后 7 日内审查完毕，监理人对承包人文件有异议的，承包人应予以修改，并重新报送监理人。监理人的审查并不减轻或免除承包人根据合同约定应当承担的责任。

(5) 图纸和承包人文件的保管

承包人应在施工现场另外保存一套完整的图纸和承包人文件，供发包人、监理人及有关人员进行工程检查时使用。

4. 工程量清单错误的修正

除专用合同条款另有约定外，发包人提供的工程量清单，应被认为是准确的和完整的。出现下列情形之一时，发包人应予以修正，并相应调整合同价格：

(1) 工程量清单存在缺项、漏项的。

(2) 工程量清单偏差超出专用合同条款约定的工程量偏差范围的。

(3) 未按照国家现行计量规范强制性规定计量的。

二、双方的权利与义务

1. 发包人的权利与义务

(1) 许可或批准

发包人应遵守法律，并办理法律规定由其办理的许可、批准或备案，包括但不限于建设用地规划许可证、建设工程规划许可证、建设工程施工许可证，施工所需临时用水、临时用电、中断道路交通、临时占用土地等许可和批准。发包人应协助承包人办理法律规定的有关施工证件和批件。

因发包人原因未能及时办理完毕前述许可、批准或备案，由发包人承担由此增加的费用和(或)延误的工期，并支付承包人合理的利润。

(2) 发包人代表

发包人应在专用合同条款中明确其派驻施工现场的发包人代表的姓名、职务、联系方式及授权范围等事项。发包人代表在发包人的授权范围内，负责处理合同履行过程中与发包人有关的具体事宜。发包人代表在授权范围内的行为由发包人承担法律责任。发包人更换发包人代表的，应提前 7 日书面通知承包人。

发包人代表不能按照合同约定履行其职责及义务，并导致合同无法继续正常履行的，承包人可以要求发包人撤换发包人代表。

不属于法定必须监理的工程，监理人的职权可以由发包人代表或发包人指定的其他人员行使。

(3) 发包人人员

发包人应要求在施工现场的发包人人员遵守法律及有关安全、质量、环境保护、文明施工等规定，并保障承包人免于承受因发包人人员未遵守上述要求给承包人造成的损失和责任。

发包人人员包括发包人代表及其他由发包人派驻施工现场的人员。

(4) 提供施工现场、施工条件和基础资料

发包人应最迟于开工日期 7 日前向承包人移交施工现场。

发包人应负责提供施工所需要的条件，包括：将施工用水、电力、通信线路等施工所必需的条件接至施工现场内；保证向承包人提供正常施工所需要的进入施工现场的交通条件；协调处理施工现场周围地下管线和邻近建筑物、构筑物、古树名木的保护工作，并承担相关费用；按照专用合同条款约定提供其他设施和条件。

发包人应当在移交施工现场前向承包人提供施工现场及工程施工所必需的毗邻区域内供水、排水、供电、供气、供热、通信、广播、电视等地下管线资料，气象和水文观测资料，地质勘察资料，相邻建筑物、构筑物和地下工程等有关基础资料，并对所提供资料的真实性、准确性和完整性负责。

按照法律规定确需在开工后方能提供的基础资料，发包人应尽其努力及时地在相应工程施工前的合理期限内提供，合理期限应以不影响承包人的正常施工为限。

因发包人原因未能按合同约定及时向承包人提供施工现场、施工条件、基础资料的，由发包人承担由此增加的费用和(或)延误的工期。

(5) 资金来源证明及支付担保

发包人应在收到承包人要求提供资金来源证明的书面通知后28日内，向承包人提供能够按照合同约定支付合同价款的相应资金来源证明。

发包人要求承包人提供履约担保的，发包人应当向承包人提供支付担保。支付担保可以采用银行保函或担保公司担保等形式，具体由合同当事人在专用合同条款中约定。

(6) 支付合同价款

发包人应按合同约定向承包人及时支付合同价款。

(7) 组织竣工验收

发包人应按合同约定及时组织竣工验收。

(8) 现场统一管理协议

发包人应与承包人、由发包人直接发包的专业工程的承包人签订施工现场统一管理协议，明确各方的权利与义务。施工现场统一管理协议作为专用合同条款的附件。

2. 承包人的权利与义务

(1) 承包人的一般义务

承包人在履行合同过程中应遵守法律和工程建设标准规范，并履行以下义务：

①办理法律规定应由承包人办理的许可和批准，并将办理结果书面报送发包人留存。

②按法律规定和合同约定完成工程，并在保修期内承担保修义务。

③按法律规定和合同约定采取施工安全和环境保护措施，办理工伤保险，确保工程及人员、材料、设备和设施的安全。

④按合同约定的工作内容和施工进度要求，编制施工组织设计和施工措施计划，并对所有施工作业和施工方法的完备性和安全可靠性负责。

⑤在进行合同约定的各项工作时，不得侵害发包人与他人使用公用道路、水源、市政管网等公共设施的权利，避免对邻近的公共设施产生干扰。承包人占用或使用他人的施工场地，影响他人作业或生活的，应承担相应责任。

⑥按照合同约定负责施工场地及其周边环境与生态的保护工作。

⑦按照合同约定采取施工安全措施，确保工程及人员、材料、设备和设施的安全，防止因工程施工造成的人身伤害和财产损失。

⑧将发包人按合同约定支付的各项价款专用于合同工程，且应及时支付其雇用人员工资，并及时向分包人支付合同价款。

⑨按照法律规定和合同约定编制竣工资料，完成竣工资料立卷及归档，并按专用合同条款约定的竣工资料的套数、内容、时间等要求移交发包人。

⑩应履行的其他义务。

(2)项目经理

项目经理应为合同当事人所确认的人选,并在专用合同条款中明确项目经理的姓名、职称、注册执业证书编号、联系方式及授权范围等事项,项目经理经承包人授权后代表承包人负责履行合同。项目经理应是承包人正式聘用的员工,承包人应向发包人提交项目经理与承包人之间的劳动合同,以及承包人为项目经理缴纳社会保险的有效证明。承包人不提交上述文件的,项目经理无权履行职责,发包人有权要求更换项目经理,由此增加的费用和(或)延误的工期由承包人承担。

项目经理应常驻施工现场,且每月在施工现场时间不得少于专用合同条款约定的天数。项目经理不得同时担任其他项目的项目经理。项目经理确需离开施工现场时,应事先通知监理人,并取得发包人的书面同意。项目经理的通知中应当载明临时代行其职责的人员的注册执业资格、管理经验等资料,该人员应具备履行相应职责的能力。

项目经理按合同约定组织工程实施。在紧急情况下为确保施工安全和人员安全,在无法与发包人代表和总监理工程师及时取得联系时,项目经理有权采取必要的措施保证与工程有关的人身、财产和工程的安全,但应在48小时内向发包人代表和总监理工程师提交书面报告。

承包人需要更换项目经理的,应提前14日书面通知发包人和监理人,并征得发包人书面同意。通知中应当载明继任项目经理的注册执业资格、管理经验等资料,继任项目经理继续履行前任约定的职责。未经发包人书面同意,承包人不得擅自更换项目经理。承包人擅自更换项目经理的,应按照专用合同条款的约定承担违约责任。

发包人有权书面通知承包人更换其认为不称职的项目经理,通知中应当载明要求更换的理由。承包人应在接到更换通知后14日内向发包人提出书面的改进报告。发包人收到改进报告后仍要求更换的,承包人应在接到第二次更换通知的28日内进行更换,并将新任命的项目经理的注册执业资格、管理经验等资料书面通知发包人。继任项目经理继续履行前任约定的职责。承包人无正当理由拒绝更换项目经理的,应按照专用合同条款的约定承担违约责任。

项目经理因特殊情况授权其下属人员履行其某项工作职责的,该下属人员应具备履行相应职责的能力,并应提前7日将上述人员的姓名和授权范围书面通知监理人,并征得发包人书面同意。

(3)承包人人员

除专用合同条款另有约定外,承包人应在接到开工通知后7日内,向监理人提交承包人项目管理机构及施工现场人员安排的报告,其内容应包括合同管理、施工、技术、材料、质量、安全、财务等主要施工管理人员名单及其岗位、注册执业资格等,以及各工种技术工人的安排情况,并同时提交主要施工管理人员与承包人之间的劳动关系证明和缴纳社会保险的有效证明。

承包人派驻到施工现场的主要施工管理人员应相对稳定。施工过程中如有变动,承包人应及时向监理人提交施工现场人员变动情况的报告。承包人更换主要施工管理人员时,应提前7日书面通知监理人,并征得发包人书面同意。通知中应当载明继任人员的注册执业资格、管理经验等资料。

特殊工种作业人员均应持有相应的资格证明,监理人可以随时检查。

发包人对于承包人主要施工管理人员的资格或能力有异议的,承包人应提供资料证明被质疑人员有能力完成其岗位工作或不存在发包人所质疑的情形。发包人要求撤换不能按照合同约定履行职责及义务的主要施工管理人员的,承包人应当撤换。承包人无正当理由拒绝撤换的,应按照专用合同条款的约定承担违约责任。

除专用合同条款另有约定外,承包人的主要施工管理人员离开施工现场每月累计不超过5日的,应报监理人同意;离开施工现场每月累计超过5日的,应通知监理人,并征得发包人书面同意。主要施工管理人员离开施工现场前应指定一名有经验的人员临时代行其职责,该人员应具备履行相应职责的资格和能力,且应征得监理人或发包人的同意。

承包人擅自更换主要施工管理人员,或前述人员未经监理人或发包人同意擅自离开施工现场的,应按照专用合同条款约定承担违约责任。

(4)承包人现场查勘

承包人应对发包人提交的基础资料所做出的解释和推断负责,但因基础资料存在错误、遗漏导致承包人解释或推断失实的,由发包人承担责任。

承包人应对施工现场和施工条件进行查勘,并充分了解工程所在地的气象条件、交通条件、风俗习惯以及其他与完成合同工作有关的其他资料。因承包人未能充分查勘、了解前述情况或未能充分估计前述情况所可能产生后果的,承包人承担由此增加的费用和(或)延误的工期。

(5)分包

承包人不得将其承包的全部工程转包给第三人,或将其承包的全部工程肢解后以分包的名义转包给第三人。承包人不得将工程主体结构、关键性工作及专用合同条款中禁止分包的专业工程分包给第三人,主体结构、关键性工作的范围由合同当事人按照法律规定在专用合同条款中予以明确。

承包人不得以劳务分包的名义转包或违法分包工程。

承包人应按专用合同条款的约定进行分包,确定分包人。已标价工程量清单或预算书中给定暂估价的专业工程,按照暂估价专业工程是否为必须招标项目分情况确定分包人。按照合同约定进行分包的,承包人应确保分包人具有相应的资质和能力。工程分包不减轻或免除承包人的责任和义务,承包人和分包人就分包工程向发包人承担连带责任。除合同另有约定外,承包人应在分包合同签订后7日内向发包人和监理人提交分包合同副本。

承包人应向监理人提交分包人的主要施工管理人员表,并对分包人的施工人员进行实名制管理,包括但不限于进出场管理、登记造册以及各种证照的办理。

分包合同价款由承包人与分包人结算,未经承包人同意,发包人不得向分包人支付分包工程价款。

生效法律文书要求发包人向分包人支付分包合同价款的,发包人有权从应付承包人工程款中扣除该部分款项。

分包人在分包合同项下的义务持续到缺陷责任期届满以后的,发包人有权在缺陷责任期届满前,要求承包人将其在分包合同项下的权益转让给发包人,承包人应当转让。除转让合同另有约定外,转让合同生效后,由分包人向发包人履行义务。

(6)工程照管与成品、半成品保护

自发包人向承包人移交施工现场之日起,承包人应负责照管工程及工程相关的材料、工程设备,直到颁发工程接收证书之日止。

在承包人负责照管期间,因承包人原因造成工程、材料、工程设备损坏的,由承包人负责修复或更换,并承担由此增加的费用和(或)延误的工期。

对合同内分期完成的成品和半成品,在工程接收证书颁发前,由承包人承担保护责任。因承包人原因造成成品或半成品损坏的,由承包人负责修复或更换,并承担由此增加的费用和(或)延误的工期。

(7) 履约担保

发包人需要承包人提供履约担保的,由合同当事人在专用合同条款中约定履约担保的方式、金额及期限等。履约担保可以采用银行保函或担保公司担保等形式,具体由合同当事人在专用合同条款中约定。

因承包人原因导致工期延长的,继续提供履约担保所增加的费用由承包人承担;非因承包人原因导致工期延长的,继续提供履约担保所增加的费用由发包人承担。

(8) 联合体

联合体各方应共同与发包人签订合同协议书。联合体各方应为履行合同向发包人承担连带责任。

联合体协议经发包人确认后作为合同附件。在履行合同过程中,未经发包人同意,不得修改联合体协议。

联合体牵头人负责与发包人和监理人联系,并接受指示,负责组织联合体各成员全面履行合同。

3. 监理人

(1) 监理人的一般规定

工程实行监理的,发包人和承包人应在专用合同条款中明确监理人的监理内容及监理权限等事项。监理人应当根据发包人授权及法律规定,代表发包人对工程施工相关事项进行检查、查验、审核、验收,并签发相关指示,但监理人无权修改合同,且无权减轻或免除合同约定的承包人的任何责任与义务。

监理人在施工现场的办公场所、生活场所由承包人提供,所发生的费用由发包人承担。

(2) 监理人员

发包人授予监理人对工程实施监理的权利由监理人派驻施工现场的监理人员行使,监理人员包括总监理工程师及监理工程师。监理人应将授权的总监理工程师和监理工程师的姓名及授权范围以书面形式提前通知承包人。更换总监理工程师的,监理人应提前7日书面通知承包人;更换其他监理人员,监理人应提前48小时书面通知承包人。

(3) 监理人的指示

监理人应按照发包人的授权发出监理指示。监理人的指示应采用书面形式,并经其授权的监理人员签字。紧急情况下,为了保证施工人员的安全或避免工程受损,监理人员可以口头形式发出指示,该指示与书面形式的指示具有同等法律效力,但必须在发出口头指示后24小时内补发书面监理指示,补发的书面监理指示应与口头指示一致。

监理人发出的指示应送达承包人项目经理或经项目经理授权接收的人员。因监理人未能按合同约定发出指示、指示延误或发出了错误指示而导致承包人费用增加和(或)工期延误的,由发包人承担相应责任。除专用合同条款另有约定外,总监理工程师不应将合同约定应由总监理工程师做出确定的权力授权或委托给其他监理人员。

承包人对监理人发出的指示有疑问的,应向监理人提出书面异议,监理人应在48小时内对该指示予以确认、更改或撤销,监理人逾期未回复的,承包人有权拒绝执行上述指示。

监理人对承包人的任何工作、工程或其采用的材料和工程设备未在约定的或合理期限内提出意见的,视为批准,但不免除或减轻承包人对该工作、工程、材料、工程设备等应承担的责任和义务。

(4)商定或确定

合同当事人进行商定或确定时,总监理工程师应当会同合同当事人尽量通过协商达成一致,不能达成一致的,由总监理工程师按照合同约定审慎做出公正的确定。

总监理工程师应将确定以书面形式通知发包人和承包人,并附详细依据。合同当事人对总监理工程师的确定没有异议的,按照总监理工程师的确定执行。任何一方合同当事人有异议,按照争议解决约定处理。争议解决前,合同当事人暂按总监理工程师的确定执行;争议解决后,争议解决的结果与总监理工程师的确定不一致的,按照争议解决的结果执行,由此造成的损失由责任人承担。

三、关于质量控制的条款

1.质量检查与验收

(1)质量要求

工程质量标准必须符合现行国家有关工程施工质量验收规范和标准的要求。有关工程质量的特殊标准或要求由合同当事人在专用合同条款中约定。

因发包人原因造成工程质量未达到合同约定标准的,由发包人承担由此增加的费用和(或)延误的工期,并支付承包人合理的利润。

因承包人原因造成工程质量未达到合同约定标准的,发包人有权要求承包人返工直至工程质量达到合同约定的标准为止,并由承包人承担由此增加的费用和(或)延误的工期。

(2)质量保证措施

①发包人的质量管理

发包人应按照法律规定及合同约定完成与工程质量有关的各项工作。

②承包人的质量管理

承包人按照施工组织设计约定向发包人和监理人提交工程质量保证体系及措施文件,建立完善的质量检查制度,并提交相应的工程质量文件。对于发包人和监理人违反法律规定和合同约定的错误指示,承包人有权拒绝实施。

承包人应对施工人员进行质量教育和技术培训,定期考核施工人员的劳动技能,严格执行施工规范和操作规程。

承包人应按照法律规定和发包人的要求,对材料、工程设备以及工程的所有部位及其施工工艺进行全过程的质量检查和检验,并做详细记录,编制工程质量报表,报送监理人审查。此外,承包人还应按照法律规定和发包人的要求,进行施工现场取样试验、工程复核测量和设备性能检测,提供试验样品,提交试验报告和测量成果以及其他工作。

③监理人的质量检查和检验

监理人按照法律规定和发包人授权对工程的所有部位及其施工工艺、材料和工程设备进行检查和检验。承包人应为监理人的检查和检验提供方便,包括监理人到施工现场,或制造、加工地点,或合同约定的其他地方进行察看和查阅施工原始记录。监理人为此进行的检查和检验,不免除或减轻承包人按照合同约定应当承担的责任。

监理人的检查和检验不应影响施工正常进行。监理人的检查和检验影响施工正常进行的,且经检查检验不合格的,影响正常施工的费用由承包人承担,工期不予顺延;经检查检验合格的,由此增加的费用和(或)延误的工期由发包人承担。

(3) 隐蔽工程检查

① 承包人自检

承包人应当对工程隐蔽部位进行自检,并经自检确认是否具备覆盖条件。

② 检查程序

工程隐蔽部位经承包人自检确认具备覆盖条件的,承包人应在共同检查前 48 小时书面通知监理人检查,通知中应载明隐蔽检查的内容、时间和地点,并应附有自检记录和必要的检查资料。

监理人应按时到场并对隐蔽工程及其施工工艺、材料和工程设备进行检查。经监理人检查确认质量符合隐蔽要求,并在验收记录上签字后,承包人才能进行覆盖。经监理人检查质量不合格的,承包人应在监理人指示的时间内完成修复,并由监理人重新检查,由此增加的费用和(或)延误的工期由承包人承担。

监理人不能按时进行检查的,应在检查前 24 小时向承包人提交书面延期要求,但延期不能超过 48 小时,由此导致工期延误的,工期应予以顺延。监理人未按时进行检查,也未提出延期要求的,视为隐蔽工程检查合格,承包人可自行完成覆盖工作,并做相应记录报送监理人,监理人应签字确认。监理人事后对检查记录有疑问的,可重新检查。

③ 重新检查

承包人覆盖工程隐蔽部位后,发包人或监理人对质量有疑问的,可要求承包人对已覆盖的部位进行钻孔探测或揭开重新检查,承包人应遵照执行,并在检查后重新覆盖恢复原状。经检查证明工程质量符合合同要求的,由发包人承担由此增加的费用和(或)延误的工期,并支付承包人合理的利润;经检查证明工程质量不符合合同要求的,由此增加的费用和(或)延误的工期由承包人承担。

④ 承包人私自覆盖

承包人未通知监理人到场检查,私自将工程隐蔽部位覆盖的,监理人有权指示承包人钻孔探测或揭开检查,无论工程隐蔽部位质量是否合格,由此增加的费用和(或)延误的工期均由承包人承担。

(4) 不合格工程的处理

因承包人原因造成工程不合格的,发包人有权随时要求承包人采取补救措施,直至达到合同要求的质量标准,由此增加的费用和(或)延误的工期由承包人承担。无法补救的,发包人可以拒绝接收全部或部分工程。

因发包人原因造成工程不合格的,由此增加的费用和(或)延误的工期由发包人承担,并支付承包人合理的利润。

(5) 质量争议检测

合同当事人对工程质量有争议的,由双方协商确定的工程质量检测机构鉴定,由此产生的费用及因此造成的损失,由责任方承担。

合同当事人均有责任的,由双方根据其责任分别承担。合同当事人无法达成一致的,按照商定或确定执行。

2.材料与设备的控制

(1)材料与工程设备的供应

①发包人供应材料与工程设备

发包人自行供应材料、工程设备的,应在签订合同时在专用合同条款的附件"发包人供应材料设备一览表"中明确材料、工程设备的品种、规格、型号、数量、单价、质量等级和送达地点。

②承包人采购材料与工程设备

承包人负责采购材料、工程设备的,应按照设计和有关标准要求采购,并提供产品合格证明及出厂证明,对材料、工程设备质量负责。合同约定由承包人采购的材料、工程设备,发包人不得指定生产厂家或供应商,发包人违反本款约定指定生产厂家或供应商的,承包人有权拒绝,并由发包人承担相应责任。

(2)材料与工程设备的接收与拒收

①发包人供应材料与设备的接收与拒收

发包人应按"发包人供应材料设备一览表"约定的内容提供材料和工程设备,并向承包人提供产品合格证明及出厂证明,对其质量负责。发包人应提前24小时以书面形式通知承包人、监理人材料和工程设备到货时间,承包人负责材料和工程设备的清点、检验和接收。

发包人提供的材料和工程设备的规格、数量或质量不符合合同约定的,或因发包人原因导致交货日期延误或交货地点变更等情况的,按照第16.1款(发包人违约)约定办理。

②承包人供应材料与设备的接收与拒收

承包人采购的材料和工程设备,应保证产品质量合格,承包人应在材料和工程设备到货前24小时通知监理人检验。承包人进行永久设备、材料的制造和生产的,应符合相关质量标准,并向监理人提交材料的样本以及有关资料,并应在使用该材料或工程设备之前获得监理人同意。

承包人采购的材料和工程设备不符合设计或有关标准要求时,承包人应在监理人要求的合理期限内将不符合设计或有关标准要求的材料、工程设备运出施工现场,并重新采购符合要求的材料、工程设备,由此增加的费用和(或)延误的工期,由承包人承担。

(3)材料与工程设备的保管与使用

①发包人供应材料与工程设备的保管与使用

发包人供应的材料和工程设备,承包人清点后由承包人妥善保管,保管费用由发包人承担,但已标价工程量清单或预算书已经列支或专用合同条款另有约定除外。因承包人原因发生丢失、毁损的,由承包人负责赔偿;监理人未通知承包人清点的,承包人不负责材料和工程设备的保管,由此导致丢失、毁损的由发包人负责。

发包人供应的材料和工程设备使用前,由承包人负责检验,检验费用由发包人承担,不合格的不得使用。

②承包人采购材料与工程设备的保管与使用

承包人采购的材料和工程设备由承包人妥善保管,保管费用由承包人承担。法律规定材料和工程设备使用前必须进行检验或试验的,承包人应按监理人的要求进行检验或试验,检验或试验费用由承包人承担,不合格的不得使用。

发包人或监理人发现承包人使用不符合设计或有关标准要求的材料和工程设备时,有权要求承包人进行修复、拆除或重新采购,由此增加的费用和(或)延误的工期,由承包人承担。

(4)禁止使用不合格的材料和工程设备

监理人有权拒绝承包人提供的不合格材料或工程设备,并要求承包人立即进行更换。监理人应在更换后再次进行检查和检验,由此增加的费用和(或)延误的工期由承包人承担。

监理人发现承包人使用了不合格的材料和工程设备,承包人应按照监理人的指示立即改正,并禁止在工程中继续使用不合格的材料和工程设备。

发包人提供的材料或工程设备不符合合同要求的,承包人有权拒绝,并可要求发包人更换,由此增加的费用和(或)延误的工期由发包人承担,并支付承包人合理的利润。

(5)样品

①样品的报送与封存

需要承包人报送样品的材料或工程设备,样品的种类、名称、规格、数量等要求均应在专用合同条款中约定。样品的报送程序如下:

● 承包人应在计划采购前28日向监理人报送样品。承包人报送的样品均应来自供应材料的实际生产地,且提供的样品的规格、数量足以表明材料或工程设备的质量、型号、颜色、表面处理、质地、误差和其他要求的特征。

● 承包人每次报送样品时应随附申报单,申报单应载明报送样品的相关数据和资料,并标明每件样品对应的图纸号,预留监理人批复意见栏。监理人应在收到承包人报送的样品后7日内向承包人回复经发包人签认的样品审批意见。

● 经发包人和监理人审批确认的样品应按约定的方法封样,封存的样品作为检验工程相关部分的标准之一。承包人在施工过程中不得使用与样品不符的材料或工程设备。

● 发包人和监理人对样品的审批确认仅为确认相关材料或工程设备的特征或用途,不得被理解为对合同的修改或改变,也并不减轻或免除承包人的任何责任和义务。如果封存的样品修改或改变了合同约定,合同当事人应当以书面协议予以确认。

②样品的保管

经批准的样品应由监理人负责封存于现场,承包人应在现场为保存样品提供适当和固定的场所并保持适当和良好的存储环境条件。

(6)材料与工程设备的替代

①需要使用替代材料和工程设备的情况

出现下列情况需要使用替代材料和工程设备的,承包人应按照相关规定进行替代:

● 基准日期后生效的法律规定禁止使用的。
● 发包人要求使用替代品的。
● 因其他原因必须使用替代品的。

②承包人使用替代材料和工程设备的程序

承包人应在使用替代材料和工程设备28日前书面通知监理人,并附下列文件:

● 被替代的材料和工程设备的名称、数量、规格、型号、品牌、性能、价格及其他相关资料。
● 替代品的名称、数量、规格、型号、品牌、性能、价格及其他相关资料。
● 替代品与被替代产品之间的差异以及使用替代品可能对工程产生的影响。
● 替代品与被替代产品的价格差异。

- 使用替代品的理由和原因说明。
- 监理人要求的其他文件。

监理人应在收到通知后14日内向承包人发出经发包人签认的书面指示；监理人逾期发出书面指示的，视为发包人和监理人同意使用替代品。

③使用替代材料和工程设备的价格结算

发包人认可使用替代材料和工程设备的，替代材料和工程设备的价格，按照已标价工程量清单或预算书相同项目的价格认定；无相同项目的，参考相似项目价格认定；既无相同项目也无相似项目的，按照合理的成本与利润构成的原则，由合同当事人按照双方商定或确定的方式确定价格。

(7)施工设备和临时设施

①承包人提供的施工设备和临时设施

承包人应按合同进度计划的要求，及时配置施工设备和修建临时设施。进入施工场地的承包人设备需经监理人核查后才能投入使用。承包人更换合同约定的承包人设备的，应报监理人批准。

除专用合同条款另有约定外，承包人应自行承担修建临时设施的费用，需要临时占地的，应由发包人办理申请手续并承担相应费用。

②发包人提供的施工设备和临时设施

发包人提供的施工设备和临时设施在专用合同条款中约定。

③要求承包人增加或更换施工设备

承包人使用的施工设备不能满足合同进度计划和(或)质量要求时，监理人有权要求承包人增加或更换施工设备，承包人应及时增加或更换，由此增加的费用和(或)延误的工期由承包人承担。

(8)材料与设备专用要求

承包人运入施工现场的材料、工程设备、施工设备以及在施工场地建设的临时设施，包括备品备件、安装工具与资料，必须专用于工程。未经发包人批准，承包人不得运出施工现场或挪作他用；经发包人批准，承包人可以根据施工进度计划撤走闲置的施工设备和其他物品。

3.试验与检验

(1)试验设备与试验人员

承包人根据合同约定或监理人指示进行的现场材料试验，应由承包人提供试验场所、试验人员、试验设备以及其他必要的试验条件。监理人在必要时可以使用承包人提供的试验场所、试验设备以及其他试验条件，进行以工程质量检查为目的的材料复核试验，承包人应予以协助。

承包人应按专用合同条款的约定提供试验设备、取样装置、试验场所和试验条件，并向监理人提交相应进场计划表。

承包人配置的试验设备要符合相应试验规程的要求并经具有资质的检测单位检测，且在正式使用该试验设备前，需要经过监理人与承包人共同校定。

承包人应向监理人提交试验人员的名单及其岗位、资格等证明资料，试验人员必须能够熟练进行相应的检测试验，承包人对试验人员的试验程序和试验结果的正确性负责。

(2)取样

试验属于自检性质的，承包人可以单独取样。试验属于监理人抽检性质的，可由监理人取

取样、试验、检验、案例

样,也可由承包人的试验人员在监理人的监督下取样。

(3)材料、工程设备和工程的试验和检验

承包人应按合同约定进行材料、工程设备和工程的试验和检验,并为监理人对上述材料、工程设备和工程的质量检查提供必要的试验资料和原始记录。按合同约定应由监理人与承包人共同进行试验和检验的,由承包人负责提供必要的试验资料和原始记录。

试验属于自检性质的,承包人可以单独进行试验。试验属于监理人抽检性质的,监理人可以单独进行试验,也可由承包人与监理人共同进行。承包人对由监理人单独进行的试验结果有异议的,可以申请重新共同进行试验。约定共同进行试验的,监理人未按照约定参加试验的,承包人可自行试验,并将试验结果报送监理人,监理人应承认该试验结果。

监理人对承包人的试验和检验结果有异议的,或为查清承包人试验和检验成果的可靠性要求承包人重新试验和检验的,可由监理人与承包人共同进行。重新试验和检验的结果证明该项材料、工程设备或工程的质量不符合合同要求的,由此增加的费用和(或)延误的工期由承包人承担;重新试验和检验结果证明该项材料、工程设备和工程符合合同要求的,由此增加的费用和(或)延误的工期由发包人承担。

(4)现场工艺试验

承包人应按合同约定或监理人指示进行现场工艺试验。对大型的现场工艺试验,监理人认为必要时,承包人应根据监理人提出的工艺试验要求,编制工艺试验措施计划,报送监理人审查。

4.工程验收和工程试车

(1)工程验收

①分部分项工程验收

分部分项工程质量应符合国家有关工程施工验收规范、标准及合同约定,承包人应按照施工组织设计的要求完成分部分项工程施工。

除专用合同条款另有约定外,分部分项工程经承包人自检合格并具备验收条件的,承包人应提前 48 小时通知监理人进行验收。监理人不能按时进行验收的,应在验收前 24 小时向承包人提交书面延期要求,但延期不能超过 48 小时。监理人未按时进行验收,也未提出延期要求的,承包人有权自行验收,监理人应认可验收结果。分部分项工程未经验收的,不得进入下一道工序施工。

分部分项工程的验收资料应当作为竣工资料的组成部分。

②竣工验收

● 竣工验收条件

工程具备以下条件的,承包人可以申请竣工验收:

a.除发包人同意的甩项工作和缺陷修补工作外,合同范围内的全部工程以及有关工作,包括合同要求的试验、试运行以及检验均已完成,并符合合同要求。

b.已按合同约定编制了甩项工作和缺陷修补工作清单以及相应的施工计划。

c.已按合同约定的内容和份数备齐竣工资料。

● 竣工验收程序

承包人申请竣工验收的,应当按照以下程序进行:

a.承包人向监理人报送竣工验收申请报告,监理人应在收到竣工验收申请报告后 14 日内完成审查并报送发包人。监理人审查后认为尚不具备验收条件的,应通知承包人在竣工验收前承包人还需完成的工作内容,承包人应在完成监理人通知的全部工作内容后,再次提交竣工验收申请报告。

b.监理人审查后认为已具备竣工验收条件的,应将竣工验收申请报告提交发包人,发包人应在收到经监理人审核的竣工验收申请报告后28日内审批完毕并组织监理人、承包人、设计人等相关单位完成竣工验收。

c.竣工验收合格的,发包人应在验收合格后14日内向承包人签发工程接收证书。发包人无正当理由逾期不颁发工程接收证书的,自验收合格后第15日起视为已颁发工程接收证书。

d.竣工验收不合格的,监理人应按照验收意见发出指示,要求承包人对不合格工程返工、修复或采取其他补救措施,由此增加的费用和(或)延误的工期由承包人承担。承包人在完成不合格工程的返工、修复或采取其他补救措施后,应重新提交竣工验收申请报告,并按本项约定的程序重新进行验收。

e.工程未经验收或验收不合格,发包人擅自使用的,应在转移占有工程后7日内向承包人颁发工程接收证书;发包人无正当理由逾期不颁发工程接收证书的,自转移占有后第15日起视为已颁发工程接收证书。

除专用合同条款另有约定外,发包人不按照约定组织竣工验收、颁发工程接收证书的,每逾期1日,以签约合同价为基数,按照中国人民银行发布的同期同类贷款基准利率支付违约金。

- 竣工日期的确定

工程经竣工验收合格的,以承包人提交竣工验收申请报告之日为实际竣工日期,并在工程接收证书中载明;因发包人原因,未在监理人收到承包人提交的竣工验收申请报告42日内完成竣工验收,或完成竣工验收不予签发工程接收证书的,以提交竣工验收申请报告的日期为实际竣工日期;工程未经竣工验收,发包人擅自使用的,以转移占有工程之日为实际竣工日期。

- 拒绝接收全部或部分工程

对于竣工验收不合格的工程,承包人完成整改后,应当重新进行竣工验收,经重新组织验收仍不合格的且无法采取措施补救的,则发包人可以拒绝接收不合格工程,因不合格工程导致其他工程不能正常使用的,承包人应采取措施确保相关工程的正常使用,由此增加的费用和(或)延误的工期由承包人承担。

- 移交、接收全部与部分工程

除专用合同条款另有约定外,合同当事人应当在颁发工程接收证书后7日内完成工程的移交。

发包人无正当理由不接收工程的,发包人自应当接收工程之日起,承担工程照管、成品保护、保管等与工程有关的各项费用,合同当事人可以在专用合同条款中另行约定发包人逾期接收工程的违约责任。

承包人无正当理由不移交工程的,承包人应承担工程照管、成品保护、保管等与工程有关的各项费用,合同当事人可以在专用合同条款中另行约定承包人无正当理由不移交工程的违约责任。

(2)工程试车

①试车程序

工程需要试车的,除专用合同条款另有约定外,试车内容应与承包人承包范围相一致,试

车费用由承包人承担。工程试车按如下程序进行:

● 具备单机无负荷试车条件,承包人组织试车,并在试车前 48 小时书面通知监理人,通知中应载明试车内容、时间、地点。承包人准备试车记录,发包人根据承包人要求为试车提供必要条件。试车合格的,监理人在试车记录上签字。监理人在试车合格后不在试车记录上签字,自试车结束满 24 小时后视为监理人已经认可试车记录,承包人可继续施工或办理竣工验收手续。

监理人不能按时参加试车,应在试车前 24 小时以书面形式向承包人提出延期要求,但延期不能超过 48 小时,由此导致工期延误的,工期应予以顺延。监理人未能在前述期限内提出延期要求,又不参加试车的,视为认可试车记录。

● 具备无负荷联动试车条件,发包人组织试车,并在试车前 48 小时以书面形式通知承包人。通知中应载明试车内容、时间、地点和对承包人的要求,承包人按要求做好准备工作。试车合格,合同当事人在试车记录上签字。承包人无正当理由不参加试车的,视为认可试车记录。

● 投料试车

需进行投料试车的,发包人应在工程竣工验收后组织投料试车。发包人要求在工程竣工验收前进行或需要承包人配合时,应征得承包人同意,并在专用合同条款中约定有关事项。

投料试车合格的,费用由发包人承担;因承包人原因造成投料试车不合格的,承包人应按照发包人要求进行整改,由此产生的整改费用由承包人承担;非因承包人原因导致投料试车不合格的,发包人要求承包人进行整改的,由此产生的费用由发包人承担。

② 试车中的责任

因设计原因导致试车达不到验收要求的,发包人应要求设计人修改设计,承包人按修改后的设计重新安装。发包人承担修改设计、拆除及重新安装的全部费用,工期相应顺延。

因承包人原因导致试车达不到验收要求的,承包人按监理人要求重新安装和试车,并承担重新安装和试车的费用,工期不予顺延。

因工程设备制造原因导致试车达不到验收要求的,由采购该工程设备的合同当事人负责重新购置或修理,承包人负责拆除和重新安装,由此增加的修理、重新购置、拆除及重新安装的费用及延误的工期由采购该工程设备的合同当事人承担。

(3) 提前交付单位工程的验收

发包人需要在工程竣工前使用单位工程的,或承包人提出提前交付已经竣工的单位工程且经发包人同意的,可进行单位工程验收,验收的程序按照竣工验收的程序进行。

验收合格后,由监理人向承包人出具经发包人签认的单位工程接收证书。已签发单位工程接收证书的单位工程由发包人负责照管。单位工程的验收成果和结论作为整体工程竣工验收申请报告的附件。

发包人要求在工程竣工前交付单位工程,由此导致承包人费用增加和(或)工期延误的,由发包人承担由此增加的费用和(或)延误的工期,并支付承包人合理的利润。

(4) 施工期运行

施工期运行是指合同工程尚未全部竣工,其中某项或某几项单位工程或工程设备安装已竣工,根据专用合同条款约定,需要投入施工期运行的,经发包人按提前交付单位工程的验收的约定验收合格,证明能确保安全后,才能在施工期投入运行。

在施工期运行中发现工程或工程设备损坏或存在缺陷的,由承包人按缺陷责任期中的约定进行修复。

四、进度控制条款

通用条款中关于进度控制的内容包括:

1.施工组织设计的提交和修改

除专用合同条款另有约定外,承包人应在合同签订后14日内,但至迟不得晚于监理工程师发出开工通知载明的开工日期前7日,向监理人提交详细的施工组织设计,并由监理人报送发包人。除专用合同条款另有约定外,发包人和监理人应在监理人收到施工组织设计后7日内确认或提出修改意见。对发包人和监理人提出的合理意见和要求,承包人应自费修改完善。根据工程实际情况需要修改施工组织设计的,承包人应向发包人和监理人提交修改后的施工组织设计。

2.施工进度计划

(1)施工进度计划的编制

承包人应按照施工组织设计中的约定提交详细的施工进度计划,施工进度计划的编制应当符合国家法律规定和一般工程实践惯例,施工进度计划经发包人批准后实施。施工进度计划是控制工程进度的依据,发包人和监理人有权按照施工进度计划检查工程进度情况。

(2)施工进度计划的修订

施工进度计划不符合合同要求或与工程的实际进度不一致的,承包人应向监理人提交修订的施工进度计划,并附具有关措施和相关资料,由监理人报送发包人。除专用合同条款另有约定外,发包人和监理人应在收到修订的施工进度计划后7日内完成审核和批准或提出修改意见。发包人和监理人对承包人提交的施工进度计划的确认,不能减轻或免除承包人根据法律规定和合同约定应承担的任何责任或义务。

3.开工

(1)开工准备

除专用合同条款另有约定外,承包人应按照施工组织设计约定的期限,向监理人提交工程开工报审表,经监理人报发包人批准后执行。开工报审表应详细说明按施工进度计划正常施工所需的施工道路、临时设施、材料、工程设备、施工设备、施工人员等落实情况以及工程的进度安排。

(2)开工通知

发包人应按照法律规定获得工程施工所需的许可。经发包人同意后,监理人发出的开工通知应符合法律规定。监理人应在计划开工日期7日前向承包人发出开工通知,工期自开工通知中载明的开工日期起算。

除专用合同条款另有约定外,因发包人原因造成监理人未能在计划开工日期之日起90日内发出开工通知的,承包人有权提出价格调整要求,或者解除合同。发包人应当承担由此增加的费用和(或)延误的工期,并向承包人支付合理利润。

4.测量放线

(1)除专用合同条款另有约定外,发包人应在至迟不得晚于开工通知中载明的开工日期前7日通过监理人向承包人提供测量基准点、基准线和水准点及其书面资料。发包人应对其提供的测量基准点、基准线和水准点及其书面资料的真实性、准确性和完整性负责。

承包人发现发包人提供的测量基准点、基准线和水准点及其书面资料存在错误或疏漏的,应及时通知监理人。监理人应及时报告发包人,并会同发包人和承包人予以核实。发包人应就如何处理和是否继续施工做出决定,并通知监理人和承包人。

(2)承包人负责施工过程中的全部施工测量放线工作,并配置具有相应资质的人员、合格的仪器、设备和其他物品。承包人应矫正工程的位置、标高、尺寸或准线中出现的任何差错,并对工程各部分的定位负责。

施工过程中对施工现场内水准点等测量标志物的保护工作由承包人负责。

5.工期延误

(1)因发包人原因导致工期延误

在合同履行过程中,因下列情况导致工期延误和(或)费用增加的,由发包人承担由此延误的工期和(或)增加的费用,且发包人应支付承包人合理的利润:

①发包人未能按合同约定提供图纸或所提供图纸不符合合同约定的。
②发包人未能按合同约定提供施工现场、施工条件、基础资料、许可、批准等开工条件的。
③发包人提供的测量基准点、基准线和水准点及其书面资料存在错误或疏漏的。
④发包人未能在计划开工日期之日起 7 日内同意下达开工通知的。
⑤发包人未能按合同约定日期支付工程预付款、进度款或竣工结算款的。
⑥监理人未按合同约定发出指示、批准等文件的。
⑦专用合同条款中约定的其他情形。

因发包人原因未按计划开工日期开工的,发包人应按实际开工日期顺延竣工日期,确保实际工期不低于合同约定的工期总日历天数。因发包人原因导致工期延误需要修订施工进度计划的,按照施工进度计划的修订规定执行。

(2)因承包人原因导致工期延误

因承包人原因造成工期延误的,可以在专用合同条款中约定逾期竣工违约金的计算方法和逾期竣工违约金的上限。承包人支付逾期竣工违约金后,不免除承包人继续完成工程及修补缺陷的义务。

6.不利物质条件

不利物质条件是指有经验的承包人在施工现场遇到的不可预见的自然物质条件、非自然的物质障碍和污染物,包括地表以下物质条件和水文条件以及专用合同条款约定的其他情形,但不包括气候条件。

承包人遇到不利物质条件时,应采取克服不利物质条件的合理措施继续施工,并及时通知发包人和监理人。通知应载明不利物质条件的内容以及承包人认为不可预见的理由。监理人经发包人同意后应当及时发出指示,指示构成变更的,按合同中变更的约定执行。承包人因采取合理措施而增加的费用和(或)延误的工期由发包人承担。

7.异常恶劣的气候条件

异常恶劣的气候条件是指在施工过程中遇到的,有经验的承包人在签订合同时不可预见的,对合同履行造成实质性影响的,但尚未构成不可抗力事件的恶劣气候条件。合同当事人可以在专用合同条款中约定异常恶劣的气候条件的具体情形。

承包人应采取克服异常恶劣的气候条件的合理措施继续施工,并及时通知发包人和监理人。监理人经发包人同意后应当及时发出指示,指示构成变更的,按合同中变更的约定办理。承包人因采取合理措施而增加的费用和(或)延误的工期由发包人承担。

8.暂停施工

(1)发包人原因引起的暂停施工

因发包人原因引起暂停施工的,监理人经发包人同意后,应及时下达暂停施工指示。情况紧急且监理人未及时下达暂停施工指示的,按照紧急情况下的暂停施工规定执行。

因发包人原因引起的暂停施工,发包人应承担由此增加的费用和(或)延误的工期,并支付承包人合理的利润。

(2)承包人原因引起的暂停施工

因承包人原因引起的暂停施工,承包人应承担由此增加的费用和(或)延误的工期,且承包人在收到监理人复工指示后84日内仍未复工的,视为承包人明确表示或以其行为表明不履行合同主要义务,承担违约责任。

(3)指示暂停施工

监理人认为有必要时,并经发包人批准后,可向承包人做出暂停施工的指示,承包人应按监理人指示暂停施工。

(4)紧急情况下的暂停施工

因紧急情况需暂停施工,且监理人未及时下达暂停施工指示的,承包人可先暂停施工,并及时通知监理人。监理人应在接到通知后24小时内发出指示,逾期未发出指示,视为同意承包人暂停施工。监理人不同意承包人暂停施工的,应说明理由,承包人对监理人的答复有异议,按照争议解决的方式处理。

(5)暂停施工后的复工

暂停施工后,发包人和承包人应采取有效措施积极消除暂停施工的影响。在工程复工前,监理人会同发包人和承包人确定因暂停施工造成的损失,并确定工程复工条件。当工程具备复工条件时,监理人应经发包人批准后向承包人发出复工通知,承包人应按照复工通知要求复工。

承包人无故拖延和拒绝复工的,承包人承担由此增加的费用和(或)延误的工期;因发包人原因无法按时复工的,由发包人承担由此延误的工期和(或)增加的费用。

(6)暂停施工持续56日以上

监理人发出暂停施工指示后56日内未向承包人发出复工通知,除该项停工属于承包人原因引起的暂停施工及因不可抗力约定的情形外,承包人可向发包人提交书面通知,要求发包人在收到书面通知后28日内准许已暂停施工的部分或全部工程继续施工。发包人逾期不予批准的,则承包人可以通知发包人;将工程受影响的部分视为工程变更中的可取消工作。

暂停施工持续84日以上不复工的,且不属于承包人原因引起的暂停施工及因不可抗力约定的情形,并影响到整个工程以及合同目的实现的,承包人有权提出价格调整要求,或者解除合同。

(7)暂停施工期间的工程照管

暂停施工期间,承包人应负责妥善照管工程并提供安全保障,由此增加的费用由责任方承担。

(8)暂停施工的措施

暂停施工期间,发包人和承包人均应采取必要的措施确保工程质量及安全,防止因暂停施工扩大损失。

9.提前竣工

发包人要求承包人提前竣工的,发包人应通过监理人向承包人下达提前竣工指示,承包人应向发包人和监理人提交提前竣工建议书,提前竣工建议书应包括实施的方案、缩短的时间、增加的合同价格等内容。发包人接受该提前竣工建议书的,监理人应与发包人和承包人协商采取加快工程进度的措施,并修订施工进度计划,由此增加的费用由发包人承担。承包人认为提前竣工指示无法执行的,应向监理人和发包人提出书面异议,发包人和监理人应在收到异议后7日内予以答复。任何情况下,发包人不得压缩合理工期。

发包人要求承包人提前竣工,或承包人提出提前竣工的建议能够给发包人带来效益的,合同当事人可以在专用合同条款中约定提前竣工的奖励。

五、工程造价控制条款

本章节的工程造价控制主要是施工阶段的造价控制。其内容包括:

1.合同价格形式

招标工程的合同价格由发包人和承包人依据中标价格在协议书内约定,非招标工程的合同价格由双方协商确定。双方在协议书中可以约定合同价格形式是单价合同、总价合同或其他价格形式。

2.预付款

(1)预付款的支付

预付款的支付按照专用合同条款约定执行,但至迟应在开工通知载明的开工日期7日前支付。预付款应当用于材料、工程设备、施工设备的采购及修建临时工程、组织施工队伍进场等。

除专用合同条款另有约定外,预付款在进度付款中同比例扣回。在颁发工程接收证书前,提前解除合同的,尚未扣完的预付款应与合同价款一并结算。

发包人逾期支付预付款超过7日的,承包人有权向发包人发出要求预付的催告通知,发包人收到通知后7日内仍未支付的,承包人可在付款期满后的第8日起暂停施工。发包人应承担由此增加的费用和延误的工期,并应向承包人支付合理利润。

(2)预付款担保

发包人要求承包人提供预付款担保的,承包人应在发包人支付预付款7日前提供预付款担保。预付款担保可采用银行保函、担保公司担保等形式,具体由合同当事人在专用合同条款中约定。在预付款完全扣回之前,承包人应保证预付款担保持续有效。

发包人在工程款中逐期扣回预付款后,预付款担保额度应相应减少,但剩余的预付款担保金额不得低于未被扣回的预付款金额。

(3)预付款的扣回

双方可以在专用合同条款中约定预付款的抵扣方法,并在进度款中同期抵扣。工程预付款的扣回方法包括:

①双方在合同中确定

如采用等比例或等额扣款的方式或针对工程实际情况具体处理。

②累计工作量法

从未施工工程尚需的主要材料及构件的价值相当于工程预付款数额时扣起,从每次中间结算工程款中,按材料及构件的比重扣抵工程进度款,至竣工之前全部扣清。确定起扣点是工程预付款起扣的关键。

③工作量百分比法

在承包商完成工程款累计达到合同总价的一定百分比后，开始起扣，发包人从每次应付给承包商的进度款中扣回工程预付款，发包人至少在合同规定的完工期前一定时间内将工程预付款的总计金额按逐次分摊的办法扣回。

(4)工程预付款起扣点的确定

①确定累计工作量起扣点

根据累计工作量起扣点的含义，即累计完工建筑安装工作量达到起扣点的数额时，开始扣回工程预付款。此时，未完工程的工作量等于年度建筑安装工作量与累计工作量之差，未完工程的材料和构件的价值等于未完工作量乘以材料比例，即

$$(B-W)K=A \tag{6-1}$$

则

$$W=B-A/K \tag{6-2}$$

式中 W——累计工作量起扣点；

B——年度建筑安装工作量；

A——工程预付款；

K——主要材料及构件的价值占年度建筑工作量的比例。

②确定工作量百分比起扣点

根据工作量百分比起扣点的含义，即建筑安装工程累计完成的建筑安装工作量占年度建筑安装工作量的百分比达到起扣点的百分比时，开始扣还工程预付款，设其为 R，则

$$R=W/B \tag{6-3}$$

【例 6-1】

某承办商与发包人签订的施工合同中关于合同价款的约定如下：

(1)施工合同总价为 660 万元，建筑材料及设备费占施工合同总价的百分比为 60%。

(2)工程预付款为合同总价的 20%。工程实施后，工程预付款从未施工工程所需的主要材料及构件价值与工程预付款数额相等时开始起扣，从每次结算工程款中按材料及构件价值占施工合同总价的百分比扣抵工程预付款，竣工前全部扣清。

(3)工程进度款逐月计算。

各月实际完成产值见表 6-1。

表 6-1　　　　　　　　各月实际完成产值

月份	2	3	4	5	
实际完成产值/万元	55	110	165	220	110

问题：(1)工程预付款、起扣点为多少？

(2)2~5 月每月拨付工程款为多少？累计工程款为多少？

解：工程预付款为施工合同总价的 20% 即 660×20%=132 万元

起扣点

$$W=660-132/0.6=440 \text{ 万元}$$

5个月每月按照完成的产值支付工程款,见表 6-2。

表 6-2　　　　　　　　　　　　工程款支付情况

月　份	2	3	4	5
实际支付工程款/万元	55	110	165	220
累计支付工程款/万元	55	165	330	550

所以从 5 月开始扣,5 月扣预付款

$$(550-440)\times 0.6 = 66 \text{ 万元}$$

5 月支付工程款

$$220-66 = 154 \text{ 万元}$$

累计付款

$$330+154 = 484 \text{ 万元}$$

3.工程计量

(1)工程计量原则

工程计量按照合同约定的工程量计算规则、图纸及变更指示等进行计量。其计量原则如下:

①按合同文件中约定的方法进行计量。

②按承包人在履行合同中实际完成的工程量计算。

③对于不符合合同文件要求的工程,承包人超出施工图纸范围原因造成返工的工程量,不予计量。

④工程量清单中出现漏项、工程量计算偏差以及工程变更引起增减变化的工程量,据实调整,正确计量。

(2)工程计量周期

除专用合同条款另有约定外,工程计量按月进行。

(3)单价合同工程量的计量

①单价合同工程量的计量程序

除专用合同条款另有约定外,单价合同工程量的计量按照如下程序执行:

● 承包人应当按照合同约定的计量周期和时间向发包人提交当期已完工程量报告,并附具进度付款申请单、已完成工程量报表和有关资料。

● 监理人应在收到承包人提交的工程量报告后 7 日内完成对承包人提交的工程量报表的审核并报送发包人,以确定当月实际完成的工程量。监理人对工程量有异议的,有权要求承包人进行共同复核或抽样复测。承包人应协助监理人进行复核或抽样复测,并按监理人要求提供补充计量资料。承包人未按监理人要求参加复核或抽样复测的,监理人复核或修正的工程量视为承包人实际完成的工程量。

监理人未在收到承包人提交的工程量报表后的 7 日内完成审核的,承包人报送的工程量报告中的工程量视为承包人实际完成的工程量,据此计算工程价款。

②单价合同工程计量的方法

监理工程师一般对以下三方面的工程项目进行计量:

- 工程量清单中的全部项目。
- 合同文件中规定的项目。
- 工程变更项目。

(4) 总价合同的计量

采用工程量清单方式招标形成的总价合同,其工程量的计算应按照单价合同的计量规定计算。采用经审定批准的施工图纸及其预算方式发包形成的总价合同,除按照工程变更规定的工程量增减外,总价合同各项的工程量应为承包人用于结算的最终工程量。此外,总价合同约定的项目计量应以合同工程经审定批准的施工图纸为依据,发、承包人在合同中约定工程计量的形象进度或事件节点进行计量。承包人应在合同约定的每个计量周期内对完成的工程进行计量,并向发包人的提交达到工程形象进度完成的工程量和有关计量资料的报告。发包人应在收到承包人提交的工程量报告后 7 日内对承包人的提交进行复核,以确定实际完成的工程量和形象进度。对其工程量有异议的,通知承包人进行共同复核。

4. 工程进度款支付

(1) 付款周期

除专用合同条款另有约定外,付款周期应与计量周期保持一致。

(2) 工程进度款的支付程序

进度款的支付程序如图 6-2 所示。

工程量量测与统计 → 提交已完工程量报告 → 项目监理机构核实并确认 → 业主认可并审批 → 支付工程进度款

图 6-2　工程进度款的支付程序

承包人按合同计量中约定的时间按月向监理人提交申请单,并附上已完成工程量报告和有关资料。

监理人应在收到承包人进度付款申请单以及相关资料后 7 日内完成审查并报送发包人,发包人应在收到后 7 日内完成审批并签发进度款支付证书。发包人逾期未完成审批且未提出异议的,视为已签发进度款支付证书。

发包人和监理人对承包人的进度付款申请单有异议的,有权要求承包人修正和提供补充资料,承包人应提交修正后的进度付款申请单。监理人应在收到承包人修正后的进度付款申请单及相关资料后 7 日内完成审查并报送发包人,发包人应在收到监理人报送的进度付款申请单及相关资料后 7 日内,向承包人签发无异议部分的临时进度款支付证书。存在争议的部分,按争议解决的约定处理。

发包人应在进度款支付证书或临时进度款支付证书签发后 14 日内完成支付,发包人逾期支付进度款的,应按照中国人民银行发布的同期同类贷款基准利率支付违约金。

在对已签发的进度款支付证书进行阶段汇总和复核中发现错误、遗漏或重复的,发包人和承包人均有权提出修正申请。经发包人和承包人同意的修正,应在下期进度付款中支付或扣除。

(3) 工程进度付款的计算

每期应付给承包人的工程进度付款包括下列内容:

① 截至本次付款周期已完成工作对应的金额。

②累计已完成的工程价款。
③累计已支付的工程价款。
④本周期已完成计日工金额。
⑤应增加或扣减的变更金额。
⑥应增加或扣减的索赔金额。
⑦应扣减的质量保证金。
⑧应抵扣的工程预付款。
⑨对已签发的进度款支付证书中出现错误的修正,应在本次进度付款中支付或扣除的金额。
⑩根据合同约定应增加或扣减的其他金额。

5.竣工结算

(1)竣工结算申请

除专用合同条款另有约定外,承包人应在工程竣工验收合格后28日内向发包人和监理人提交竣工结算申请单,并提交完整的结算资料,有关竣工结算申请单的资料清单和份数等要求由合同当事人在专用合同条款中约定。

除专用合同条款另有约定外,竣工结算申请单应包括以下内容:
①竣工结算合同价格。
②发包人已支付承包人的款项。
③应扣留的质量保证金。已缴纳履约保证金的或提供其他工程质量担保方式的除外。
④发包人应支付承包人的合同价款。

(2)竣工结算审核

①除专用合同条款另有约定外,监理人应在收到竣工结算申请单后14日内完成核查并报送发包人。发包人应在收到监理人提交的经审核的竣工结算申请单后14日内完成审批,并由监理人向承包人签发经发包人签认的竣工付款证书。监理人或发包人对竣工结算申请单有异议的,有权要求承包人进行修正和提供补充资料,承包人应提交修正后的竣工结算申请单。

发包人在收到承包人提交竣工结算申请单后28日内未完成审批且未提出异议的,视为发包人认可承包人提交的竣工结算申请单,并自发包人收到承包人提交的竣工结算申请单后第29日起视为已签发竣工付款证书。

②除专用合同条款另有约定外,发包人应在签发竣工付款证书后的14日内,完成对承包人的竣工付款。发包人逾期支付的,按照中国人民银行发布的同期同类贷款基准利率支付违约金;逾期支付超过56日的,按照中国人民银行发布的同期同类贷款基准利率的2倍支付违约金。

③承包人对发包人签认的竣工付款证书有异议的,对于有异议部分应在收到发包人签认的竣工付款证书后7日内提出异议,并由合同当事人按照专用合同条款约定的方式和程序进行复核,或按照争议解决约定处理。对于无异议部分,发包人应签发临时竣工付款证书,并于签发临时竣工付款证书后的14日内付款。承包人逾期未提出异议的,视为认可发包人的审批结果。

(3)甩项竣工协议

发包人要求甩项竣工的,合同当事人应签订甩项竣工协议。在甩项竣工协议中应明确,合同当事人应对已完合格工程进行结算,并支付相应合同价款。

(4)最终结清

除专用合同条款另有约定外,承包人应在缺陷责任期终止证书颁发后7日内,按专用合同条款约定的份数向发包人提交最终结清申请单,并提供相关证明材料。最终结清申请单应列明质量保证金、应扣除的质量保证金、缺陷责任期内发生的增减费用。

发包人对最终结清申请单内容有异议的,有权要求承包人进行修正和提供补充资料,承包人应向发包人提交修正后的最终结清申请单。

发包人应在收到承包人提交的最终结清申请单后14日内完成审批并向承包人颁发最终结清证书。发包人逾期未完成审批,又未提出修改意见的,视为发包人同意承包人提交的最终结清申请单,且自发包人收到承包人提交的最终结清申请单后15日起视为已颁发最终结清证书。

发包人应在颁发最终结清证书后7日内完成支付。发包人逾期支付的,按照中国人民银行发布的同期同类贷款基准利率支付违约金;逾期支付超过56日的,按照中国人民银行发布的同期同类贷款基准利率的2倍支付违约金。

承包人对发包人颁发的最终结清证书有异议的,按争议解决的约定办理。

6.质量保证金

经合同当事人协商一致扣留质量保证金的,应在专用合同条款中予以明确。在工程项目竣工之前,承包人已经提供履约担保的,发包人不得同时预留工程质量保证金。

(1)承包人提供质量保证金的方式

承包人提供质量保证金有以下三种方式:

①质量保证金保函。

②相应比例的工程款。

③双方约定的其他方式。

除专用合同条款另有约定外,质量保证金原则上采用上述第①种方式。

(2)质量保证金的扣留

质量保证金的扣留有以下三种方式:

①在支付工程进度款时逐次扣留,在此情形下,质量保证金的计算基数不包括预付款的支付、扣回以及价格调整的金额。

②工程竣工结算时一次性扣留质量保证金。

③双方约定的其他扣留方式。

除专用合同条款另有约定外,质量保证金的扣留原则上采用上述第①种方式。

发包人累计扣留的质量保证金不得超过工程价款结算总额的3%,如承包人在发包人签发竣工付款证书后28天内提交质量保证金保函,发包人应同时退还扣留的作为质量保证金的工程价款。保函金额不得超过工程价款结算总额的3%。发包人在退还质量保证金的同时按照中国人民银行发布的同期同类贷款基准利率支付利息。

(3)质量保证金的退还

缺陷责任期内,承包人认真履行合同约定的责任,到期后,承包人可向发包人申请返还保证金。

发包人在接到承包人返还保证金申请后,应于14天内会同承包人按照合同约定的内容进行核实。如无异议,发包人应当按照约定将保证金返还给承包人。对返还期限没有约定或者约定不明确的,发包人应当在核实后14天内将保证金返还承包人,逾期未返还的,依法承担违约责任。发包人在接到承包人返还保证金申请后14天内不予答复,经催告后14天内仍不予答复,视同认可承包人的返还保证金申请。

7.合同价格的调整

（1）合同价格调整的事项及程序

①合同价格调整的事项

发生以下事项的,双方当事人应当按照合同约定调整合同价格：

- 法律、法规发生变化。
- 工程变更。
- 项目特征不符。
- 工程量清单偏差。
- 计日工。
- 物价变化。
- 暂估价。
- 不可抗力。
- 提前竣工（赶工补偿）。
- 索赔。
- 现场签证。
- 暂列金额。
- 发、承包双方约定的其他调整事项。

②合同价格调整的程序

- 出现合同价款调增事项（不含工程量偏差、计日工、现场签证、索赔）后的14日内,承包人应向发包人提交合同价款调增报告并附相关资料；承包人在14日内未提交合同价款调增报告的,应视为承包人对该事项不存在调整价款请求。

- 出现合同价款调减事项（不含工程量偏差、索赔）后的14日内,发包人应向承包人提交合同价款调减报告并附相关资料；发包人在14日内未提交合同价款调减报告的,应视为发包人对该事项不存在调整价款请求。

- 发（承）包人应在收到承（发）包人合同价款调增（减）报告及相关资料之日起14日内对其核实,予以确认的应书面通知承（发）包人。当有疑问时,应向承（发）包人提出协商意见。发（承）包人在收到合同价款调增（减）报告之日起14日内未确认也未提出协商意见的,应视为承（发）包人提交的合同价款调增（减）报告已被发（承）包人认可。发（承）包人提出协商意见的,承（发）包人应在收到协商意见后的14日内对其核实,予以确认的应书面通知发（承）包人。承（发）包人在收到发（承）包人的协商意见后14日内既不确认也未提出不同意见的,应视为发（承）包人提出的意见已被承（发）包人认可。

发包人与承包人对合同价款调整的不同意见不能达成一致的,只要对发、承包双方履约不产生实质影响,双方应继续履行合同义务,直到其按照合同约定的争议解决方式得到处理。经发、承包双方确认调整的合同价款,作为追加（减）合同价款,应与工程进度款或结算款同期支付。

(2)法律变化引起的调整

招标工程以投标截止日前28日,非招标工程以合同签订前28日为基准日期,基准日期后,法律变化导致承包人在合同履行过程中所需要的费用增加时,由发包人承担由此增加的费用;减少时,应从合同价格中予以扣减。基准日期后,因法律变化造成工期延误时,工期应予以顺延。

因承包人原因造成工期延误,在工期延误期间出现法律变化的,由此增加的费用和(或)延误的工期由承包人承担。

(3)项目特征不符

《建设工程工程量清单计价规范》(GB 50500—2013中)的规定如下:

发包人在招标工程量清单中对项目特征的描述,应被认为是准确的和全面的,并且与实际施工要求相符合。承包人应按照发包人提供的招标工程量清单,根据项目特征描述的内容及有关要求实施合同工程,直到项目被改变为止。

承包人应按照发包人提供的设计图纸实施合同工程,若在合同履行期间出现设计图纸(含设计变更)与招标工程量清单任一项目的特征描述不符,且该变化引起该项目工程造价增减变化的,应按照实际施工的项目特征,按规范中工程变更相关条款的规定重新确定相应工程量清单项目的综合单价,并调整合同价款。

(4)工程量清单缺项

施工过程中,工程量清单项目的增(减)变化必然引起合同价款的增(减)变化。而导致工程量清单缺项的原因主要有三方面,即设计变更、施工条件改变、工程量清单编制错误。

《建设工程工程量清单计价规范》(GB 50500—2013)中的规定如下:

①合同履行期间,由于招标工程量清单中缺项,新增分部分项工程清单项目的,应按照规范中工程变更相关条款确定单价,并调整合同价款。

②新增分部分项工程清单项目后,引起措施项目发生变化的,应按照规范中工程变更相关规定,在承包人提交的实施方案被发包人批准后调整合同价款。

③由于招标工程量清单中措施项目缺项,承包人应将新增措施项目实施方案提交发包人批准后,按照规范相关规定调整合同价款。

(5)工程量偏差

施工过程中,由于施工条件、地质水文、工程变更等变化以及招标工程量清单编制人专业水平的差异,导致在合同履行期间,应予以计量的工程量与招标工程量清单出现偏差,工程量偏差过大,给综合成本的分摊带来影响,如增加过多,仍按照原综合单价计价,对发包人不公平;而突然减少过多,仍按照原综合单价计价,对承包人不公平,并且有经验的承包人可能乘机进行不平衡报价。因此为了维护公平,应当对工程量偏差带来的合同价款调整做出规定。

①合同履行期间,应予计算的实际工程量与招标工程量清单出现偏差,且符合下述两项规定的,发、承包双方应调整合同价款。

②对于任一招标工程量清单项目,当因工程量偏差和工程变更等原因等原因导致工程量偏差超过15%时,可进行调整。当工程量增加15%以上时,增加部分的工程量的综合单价应予调低;当工程量减少15%以上时,减少后剩余部分的工程量的综合单价应予调高。

③当工程量出现超过15%的变化,且该变化引起相关措施项目相应发生变化时,按系数或单一总价方式计价的,工程量增加的措施项目费调增,工程量减少的措施项目费调减。

【例 6-2】

某土石方工程,招标文件中估计工程量为 120 万立方米,合同中约定:土石方单价为 5 元/立方米,当实际工程量超过估算工程量 15% 时,调整单价,单价调整为 4 元/立方米。工程结束时实际完成土石方工程量为 160 万立方米,则土石方工程结算款应该为多少?

解:合同约定范围内的工程款为
$$120 \times (1 + 15\%) \times 5 = 690 \text{ 万元}$$
超出 15% 的部分的工程款为
$$[160 - 120 \times (1 + 15\%)] \times 4 = 88 \text{ 万元}$$
总的土石方工程款为 $690 + 88 = 778$ 万元

(6) 计日工

计日工是指在施工过程中,承包人完成发包人提出的工程合同范围以外的零星项目或工作,按合同中约定的单价计价的一种方式。发包人通知承包人以计日工方式实施的零星工作,承包人应予执行。

采用计日工计价的任何一项变更工作,在该项变更的实施过程中,承包人应按合同约定提交下列报表和有关凭证送发包人复核:

① 工作名称、内容和数量。
② 投入该工作所有人员的姓名、工种、级别和耗用工时。
③ 投入该工作的材料名称、类别和数量。
④ 投入该工作的施工设备型号、台数和耗用台时。
⑤ 发包人要求提交的其他资料和凭证。

任一计日工项目持续进行时,承包人应在该项工作实施结束后的 24 小时内向发包人提交有计日工记录汇总的现场签证报告一式三份。发包人在收到承包人提交现场签证报告后的 2 日内予以确认并将其中一份返还给承包人,作为计日工计价和支付的依据。发包人逾期未确认也未提出修改意见的,应视为承包人提交的现场签证报告已被发包人认可。

任一计日工项目实施结束后,承包人应按照确认的计日工现场签证报告核实该类项目的工程数量,并应根据核实的工程数量和承包人已标价工程量清单中的计日工单价计算,提出应付价款;已标价工程量清单中没有该类计日工单价的,由发、承包双方按工程变更的相关规定商定计日工单价计算。

每个支付期末,承包人应按照规范中进度款的相关条款规定向发包人提交本期间所有计日工记录的签证汇总表,并应说明本期间自己认为有权得到的计日工金额,调整合同价款,列入进度款支付。

(7) 物价变化

合同履行中因为履行时间长,经常出现人工、材料、工程设备和机械台班等市场价格波动,由此造成承包人施工成本的增加或减少,从而影响到合同价格调整。

合同履行期间,因人工、材料、工程设备和机械台班价格波动影响合同价款时,应按照合同约定的方法(如价格指数调整法或造价信息差额调整方法)计算调整合同价款。承包人采购材料和工程设备的,应在合同中约定主要材料、工程设备价格变化的范围或幅度;当没有约定,且材料和工程设备单价变化超过 5% 时,超出部分的价格应按照价格指数调整法或造价信息差额调整方法计算调整材料和工程设备费。

发生合同工程工期延误的,应按照下列规定确定合同履行期应予调整的价格:

● 因非承包人原因导致工期延误的,计划进度日期后续工程的价格,应采用计划进度与实际进度日期两者中价格较高者。

● 因承包人原因导致工期延误的,计划进度日期后续工程的价格,应采用计划进度与实际进度日期两者中价格较低者。

① 采用价格指数进行价格调整

● 价格调整公式

因人工、材料和设备等价格波动影响合同价格时,根据专用合同条款中约定的数据,按以下公式计算差额并调整合同价格:

$$\Delta P = P_0 \left[A + \left(B_1 \cdot \frac{F_{t1}}{F_{01}} + B_2 \cdot \frac{F_{t2}}{F_{02}} + B_3 \cdot \frac{F_{t3}}{F_{03}} + \cdots + B_n \cdot \frac{F_{tn}}{F_{0n}} \right) - 1 \right] \tag{6-4}$$

式中　ΔP——需调整的价格差额;

P_0——约定的付款证书中承包人应得到的已完成工程量的金额。此项金额应不包括价格调整、不计质量保证金的扣留和支付、预付款的支付和扣回。约定的变更及其他金额已按现行价格计价的,也不计在内;

A——定值权重(不调部分的权重);

B_1、B_2、B_3 … B_n——各可调因子的变值权重(可调部分的权重),即各可调因子在签约合同价中所占的比例;

F_{t1}、F_{t2}、F_{t3} … F_{tn}——各可调因子的现行价格指数,指约定的付款证书相关周期最后一天的前 42 日的各可调因子的价格指数;

F_{01}、F_{02}、F_{03} … F_{0n}——各可调因子的基本价格指数,指基准日期的各可调因子的价格指数。

式(6-4)中的各可调因子、定值和变值权重以及基本价格指数及其来源在投标函附录价格指数和权重表中约定。非招标订立的合同,由合同当事人在专用合同条款中约定。价格指数应首先采用工程造价管理机构发布的价格指数。无前述价格指数时,可采用工程造价管理机构发布的价格代替。

● 暂时确定调整差额

在计算调整差额时无现行价格指数的,合同当事人同意暂用前次价格指数计算。实际价格指数有调整的,合同当事人进行相应调整。

● 权重的调整

因变更导致合同约定的权重不合理时,双方按照协商确定。

● 因承包人原因工期延误后的价格调整

因承包人原因未按期竣工的,对合同约定的竣工日期后继续施工的工程,在使用价格调整公式时,应采用计划竣工日期与实际竣工日期的两个价格指数中较低的一个作为现行价格指数。

【例 6-3】

某项目合同约定采用调价公式法进行结算。合同价为 120 万元,并约定合同价的 70% 为可调部分。在可调部分中,人工费占 40%,材料费占 45%,其他占 15%。结算时人工费、材料费价格指数分别增长了 10%、15%,其他增长了 5%,则该工程实际结算款额为多少万元?

解:调整系数 $= 0.3 + 0.7 \times (0.4 \times 1.1 + 0.45 \times 1.15 + 0.15 \times 1.05) = 1.080\ 5$

工程实际结算款 $= 120 \times 1.080\ 5 = 129.66$ 万元

②采用造价信息进行价格调整

合同履行期间,因人工、材料、工程设备和机械台班价格波动影响合同价格时,人工、机械使用费按照国家或省、自治区、直辖市建设行政管理部门、行业建设管理部门或其授权的工程造价管理机构发布的人工、机械使用费系数进行调整;需要进行价格调整的材料,其单价和采购数量应由发包人审批,发包人确认需调整的材料单价及数量,作为调整合同价格的依据。

● 人工单价发生变化且符合省级或行业建设主管部门发布的人工费调整规定,合同当事人应按省级或行业建设主管部门或其授权的工程造价管理机构发布的人工费等文件调整合同价格,但承包人对人工费或人工单价的报价高于发布价格的除外。

● 材料、工程设备价格变化的价款调整按照发包人提供的基准价格,按以下风险范围调整:

a.承包人在已标价工程量清单或预算书中载明材料单价低于基准价格的:除专用合同条款另有约定外,合同履行期间材料单价涨幅以基准价格为基础超过 5% 时,或材料单价跌幅以在已标价工程量清单或预算书中载明材料单价为基础超过 5% 时,其超过部分据实调整。

b.承包人在已标价工程量清单或预算书中载明材料单价高于基准价格的:除专用合同条款另有约定外,合同履行期间材料单价跌幅以基准价格为基础超过 5% 时,或材料单价涨幅以在已标价工程量清单或预算书中载明材料单价为基础超过 5% 时,其超过部分据实调整。

c.承包人在已标价工程量清单或预算书中载明材料单价等于基准价格的:除专用合同条款另有约定外,合同履行期间材料单价涨跌幅以基准价格为基础超过 ±5% 时,其超过部分据实调整。

d.承包人应在采购材料前将采购数量和新的材料单价报发包人核对,发包人确认用于工程时,发包人应确认采购材料的数量和单价。发包人在收到承包人报送的确认资料后 5 日内不予答复的视为认可,作为调整合同价格的依据。未经发包人事先核对,承包人自行采购材料的,发包人有权不予调整合同价格。发包人同意的,可以调整合同价格。

前述基准价格是指由发包人在招标文件或专用合同条款中给定的材料、工程设备的价格,该价格原则上应当按照省级或行业建设主管部门或其授权的工程造价管理机构发布的信息价编制。

③施工机械台班单价或施工机械使用费发生变化超过省级或行业建设主管部门或其授权的工程造价管理机构规定的范围时,按规定调整合同价格。

【例 6-4】

某工程的商品混凝土由承包人供应,其需要的品种见表 6-3,在施工期间,采购的混凝土的单价分别为:C20,327 元/m^3;C25,335 元/m^3;C30,345 元/m^3。合同约定的单价应如何调整?

表 6-3　　　　　　　　　某工程的商品混凝土需求

序号	名称、规格、型号	单位	数量	风险系数/%	基准单价/元	投标单价/元	实际均价/元	发包人确认价/元	备注
1	商品混凝土C20	m^3	25	≤5	310	308	327	309.5	
2	商品混凝土C25	m^3	560	≤5	323	325	335	325	
3	商品混凝土C30	m^3	340	≤5	340	340	345	340	

解:(1)C20

$$(327/310-1)\times 100\% = 5.48\%$$

投标价低于基准价,按照基准价算,超出约定的风险系数,应予以调整。调整的价格为

$$308+310\times 0.48\% = 309.5$$

(2)C25

$$(335/325-1)\times 100\% = 3.08\%$$

投标价高于基准价,按照投标价算,未超出约定的风险系数,不予以调整。

(3)C30

$$(345/340-1)\times 100\% = 1.47\%$$

投标价等于基准价,按照基准价算,未超出约定的风险系数,不予以调整。

(8)暂估价

发包人在招标工程量清单中给定暂估价的材料、工程设备属于依法必须招标的,应由发、承包双方以招标的方式选择供应商,确定价格,并应以此为依据取代暂估价,调整合同价款。

发包人在招标工程量清单中给定暂估价的材料、工程设备不属于依法必须招标的,应由承包人按照合同约定采购,经发包人确认单价后取代暂估价,调整合同价款。

发包人在工程量清单中给定暂估价的专业工程不属于依法必须招标的,应按照工程变更价款的确定方法确定专业工程价款,并应以此为依据取代专业工程暂估价,调整合同价款。

发包人在招标工程量清单中给定暂估价的专业工程,依法必须招标的,应当由发、承包双方依法组织招标选择专业分包人,并接受有管辖权的建设工程招标投标管理机构的监督,还应符合下列要求:

①除合同另有约定外,承包人不参加投标的专业工程发包招标,应由承包人作为招标人,但拟定的招标文件、评标工作、评标结果应报送发包人批准。与组织招标工作有关的费用应当被认为已经包括在承包人的签约合同价(投标总报价)中。

②承包人参加投标的专业工程发包招标,应由发包人作为招标人,与组织招标工作有关的费用由发包人承担。同等条件下,应优先选择承包人中标。

③应以专业工程发包中标价为依据取代专业工程暂估价,调整合同价款。

(9)提前竣工(赶工补偿)

《建设工程工程量清单计价规范》(GB 50500—2013)中对赶工做出如下规定:

①工程发包时,招标人应依据相关工程的工期定额合理计算工期,压缩的工期不得超过定额工期的 20%;超过者,应在招标文件中明示增加赶工费用。

②发包人要求合同工程提前竣工的,应征得承包人同意后与承包人商定采取加快工程进度的措施,并应修订合同工程进度计划。发包人应承担承包人由此增加的提前竣工(赶工补偿)费用。

③发、承包双方应在合同中约定提前竣工每日历天应补偿额度,此项费用应作为增加合同价款列入竣工结算文件中,应与结算款一并支付。

赶工费一般包括:人工费的增加;材料费的增加;机械费的增加。

(10)暂列金额

暂列金额是招标人在工程量清单中暂定并包括在合同价款中的一笔款项。用于工程合同签订时尚未确定或者不可预见的所需材料、工程设备、服务的采购,施工中可能发生的工程变更、合同约定调整因素出现时的合同价款调整以及发生的索赔、现场签证确认等的费用。

已签约合同价中的暂列金额应由发包人掌握使用。发包人按照合同规定做出支付后,如有剩余,则暂列金额余额应归发包人所有。

六、安全文明施工与环境保护

1. 安全文明施工

(1)安全生产要求

在合同履行期间,合同当事人均应当遵守国家和工程所在地有关安全生产的要求,合同当事人有特别要求的,应在专用合同条款中明确施工项目安全生产标准化达标目标及相应事项。承包人有权拒绝发包人及监理人强令承包人违章作业、冒险施工的任何指示。

在施工过程中,如遇到突发的地质变动、事先未知的地下施工障碍等影响施工安全的紧急情况,承包人应及时报告监理人和发包人,发包人应当及时下令停工并报政府有关行政管理部门采取应急措施。

因安全生产需要暂停施工的,按照暂停施工的约定执行。

(2)安全生产保证措施

承包人应当按照有关规定编制安全技术措施或者专项施工方案,建立安全生产责任制度、治安保卫制度及安全生产教育培训制度,并按安全生产法律规定及合同约定履行安全职责,如实编制工程安全生产的有关记录,接受发包人、监理人及政府安全监督部门的检查与监督。

(3)特别安全生产事项

承包人应按照法律规定进行施工,开工前做好安全技术交底工作,施工过程中做好各项安全防护措施。承包人为实施合同而雇用的特殊工种的人员应受过专门的培训并已取得政府有关管理机构颁发的上岗证书。

承包人在动力设备、输电线路、地下管道、密封防震车间、易燃易爆地段以及临街交通要道附近施工时,施工开始前应向发包人和监理人提出安全防护措施,经发包人认可后实施。

实施爆破作业,在放射、毒害性环境中施工(含储存、运输、使用)及使用毒害性、腐蚀性物品施工时,承包人应在施工前7日以书面形式通知发包人和监理人,并报送相应的安全防护措施,经发包人认可后实施。

需单独编制危险性较大分部分项专项工程施工方案的,及要求进行专家论证的超过一定规模的危险性较大的分部分项工程,承包人应及时编制和组织论证。

(4)治安保卫

除专用合同条款另有约定外,发包人应与当地公安部门协商,在现场建立治安管理机构或联防组织,统一管理施工场地的治安保卫事项,履行合同工程的治安保卫职责。

发包人和承包人除应协助现场治安管理机构或联防组织维护施工场地的社会治安外,还应做好包括生活区在内的各自管辖区的治安保卫工作。

除专用合同条款另有约定外,发包人和承包人应在工程开工后7日内共同编制施工场地治安管理计划,并制定应对突发治安事件的紧急预案。在工程施工过程中,发生暴乱、爆炸等恐怖事件,以及群殴、械斗等群体性突发治安事件的,发包人和承包人应立即向当地政府报告。发包人和承包人应积极协助当地有关部门采取措施平息事态,防止事态扩大,尽量避免人员伤亡和财产损失。

(5)文明施工

承包人在工程施工期间,应当采取措施保持施工现场平整,物料堆放整齐。工程所在地有关政府行政管理部门有特殊要求的,按照其要求执行。合同当事人对文明施工有其他要求的,可以在专用合同条款中明确。

在工程移交之前,承包人应当从施工现场清除承包人的全部工程设备、多余材料、垃圾和各种临时工程,并保持施工现场清洁整齐。经发包人书面同意,承包人可在发包人指定的地点保留承包人履行保修期内的各项义务所需要的材料、施工设备和临时工程。

(6)安全文明施工费

安全文明施工费由发包人承担,发包人不得以任何形式扣减该部分费用。因基准日期后合同所适用的法律或政府有关规定发生变化,增加的安全文明施工费由发包人承担。

承包人经发包人同意采取合同约定以外的安全措施所产生的费用,由发包人承担。未经发包人同意的,如果该措施避免了发包人的损失,则发包人在避免损失的额度内承担该措施费。如果该措施避免了承包人的损失,由承包人承担该措施费。

除专用合同条款另有约定外,发包人应在开工后28日内预付安全文明施工费总额的50%,其余部分与进度款同期支付。发包人逾期支付安全文明施工费超过7日的,承包人有权向发包人发出要求预付的催告通知,发包人收到通知后7日内仍未支付的,承包人有权暂停施工,发包人承担违约责任。

承包人对安全文明施工费应专款专用,承包人应在财务账目中单独列项备查,不得挪作他用,否则发包人有权责令其限期改正;逾期未改正的,可以责令其暂停施工,由此增加的费用和(或)延误的工期由承包人承担。

(7)紧急情况处理

在工程实施期间或缺陷责任期内发生危及工程安全的事件,监理人通知承包人进行抢救,承包人声明无能力或不愿立即执行的,发包人有权雇佣其他人员进行抢救。此类抢救按合同约定属于承包人义务的,由此增加的费用和(或)延误的工期由承包人承担。

(8)事故处理

工程施工过程中发生事故的,承包人应立即通知监理人,监理人应立即通知发包人。发包人和承包人应立即组织人员和设备进行紧急抢救和抢修,减少人员伤亡和财产损失,防止事故扩大,并保护事故现场。需要移动现场物品时,应做出标记和书面记录,妥善保管有关证据。发包人和承包人应按国家有关规定,及时、如实地向有关部门报告事故发生的情况,以及正在采取的紧急措施等。

(9)安全生产责任

①发包人的安全生产责任

发包人应负责赔偿以下情况造成的损失:
- 工程或工程的任何部分对土地的占用所造成的第三者财产损失。
- 由于发包人原因在施工场地及其毗邻地带造成的第三者人身伤亡和财产损失。
- 由于发包人原因对承包人、监理人造成的人员人身伤亡和财产损失。
- 由于发包人原因造成的发包人自身人员的人身伤害以及财产损失。

②承包人的安全生产责任

由于承包人原因在施工场地内及其毗邻地带造成的发包人、监理人以及第三者人员伤亡和财产损失,由承包人负责赔偿。

2.职业健康

(1)劳动保护

承包人应按照法律规定安排现场施工人员的劳动和休息时间,保障劳动者的休息时间,并支付合理的报酬和费用。承包人应依法为其履行合同所雇用的人员办理必要的证件、许可、保险和注册等,承包人应督促其分包人为分包人所雇用的人员办理必要的证件、许可、保险和注册等。

承包人应按照法律规定保障现场施工人员的劳动安全,并提供劳动保护,并应按国家有关劳动保护的规定,采取有效的防止粉尘、降低噪声、控制有害气体和保障高温、高寒、高空作业安全等劳动保护措施。承包人雇佣人员在施工中受到伤害的,承包人应立即采取有效措施进行抢救和治疗。

承包人应按法律规定安排工作时间,保证其雇佣人员享有休息和休假的权利。因工程施工的特殊需要占用休假日或延长工作时间的,应不超过法律规定的限度,并按法律规定给予补休或付酬。

(2)生活条件

承包人应为其履行合同所雇用的人员提供必要的膳宿条件和生活环境;承包人应采取有效措施预防传染病,保证施工人员的健康,并定期对施工现场、施工人员生活基地和工程进行防疫和卫生的专业检查和处理,在远离城镇的施工场地,还应配备必要的伤病防治和急救的医务人员与医疗设施。

3.环境保护

承包人应在施工组织设计中列明环境保护的具体措施。在合同履行期间,承包人应采取合理措施保护施工现场环境。对施工作业过程中可能引起的大气、水、噪声以及固体废物污染采取具体可行的防范措施。

承包人应当承担因其原因引起的环境污染侵权损害赔偿责任,因上述环境污染引起纠纷而导致暂停施工的,由此增加的费用和(或)延误的工期由承包人承担。

七、保 险

1. 工程保险

发包人应投保建筑工程一切险或安装工程一切险;发包人委托承包人投保的,因投保产生的保险费和其他相关费用由发包人承担。

2. 工伤保险

发包人应依照法律规定参加工伤保险,并为在施工现场的全部员工办理工伤保险,缴纳工伤保险费,并要求监理人及由发包人为履行合同聘请的第三方依法参加工伤保险。

承包人应依照法律规定参加工伤保险,并为其履行合同的全部员工办理工伤保险,缴纳工伤保险费,并要求分包人及由承包人为履行合同聘请的第三方依法参加工伤保险。

3. 其他保险

发包人和承包人可以为其施工现场的全部人员办理意外伤害保险并支付保险费,包括其员工及为履行合同聘请的第三方的人员,具体事项由合同当事人在专用合同条款约定。

承包人应为其施工设备等办理财产保险。

4. 未按约定投保的补救

发包人未按合同约定办理保险,或未能使保险持续有效的,则承包人可代为办理,所需费用由发包人承担。发包人未按合同约定办理保险,导致未能得到足额赔偿的,由发包人负责补足。

承包人未按合同约定办理保险,或未能使保险持续有效的,则发包人可代为办理,所需费用由承包人承担。承包人未按合同约定办理保险,导致未能得到足额赔偿的,由承包人负责补足。

5. 通知义务

除专用合同条款另有约定外,发包人变更除工伤保险之外的保险合同时,应事先征得承包人同意,并通知监理人;承包人变更除工伤保险之外的保险合同时,应事先征得发包人同意,并通知监理人。

保险事故发生时,投保人应按照保险合同规定的条件和期限及时向保险人报告。发包人和承包人应当在知道保险事故发生后及时通知对方。

八、索 赔

1. 承包人的索赔

根据合同约定,承包人认为有权得到追加付款和(或)延长工期的,应按以下程序向发包人提出索赔:

(1)承包人应在知道或应当知道索赔事件发生后28日内,向监理人递交索赔意向通知书,并说明发生索赔事件的事由;承包人未在前述28日内发出索赔意向通知书的,丧失要求追加付款和(或)延长工期的权利。

(2)承包人应在发出索赔意向通知书后28日内,向监理人正式递交索赔报告;索赔报告应详细说明索赔理由以及要求追加的付款金额和(或)延长的工期,并附必要的记录和证明材料。

(3)索赔事件具有持续影响的,承包人应按合理时间间隔继续递交延续索赔通知,说明持续影响的实际情况和记录,列出累计的追加付款金额和(或)工期延长天数。

(4)在索赔事件影响结束后28日内,承包人应向监理人递交最终索赔报告,说明最终要求索赔的追加付款金额和(或)延长的工期,并附必要的记录和证明材料。

2.对承包人索赔的处理

对承包人索赔的处理如下:

(1)监理人应在收到索赔报告后14日内完成审查并报送发包人。监理人对索赔报告存在异议的,有权要求承包人提交全部原始记录副本。

(2)发包人应在监理人收到索赔报告或有关索赔的进一步证明材料后的28日内,由监理人向承包人出具经发包人签认的索赔处理结果。发包人逾期答复的,则视为认可承包人的索赔要求。

(3)承包人接受索赔处理结果的,索赔款项在当期进度款中进行支付;承包人不接受索赔处理结果的,按照合同争议解决方式处理。

3.发包人的索赔

(1)根据合同约定,发包人认为有权得到赔付金额和(或)延长缺陷责任期的,监理人应向承包人发出通知并附有详细的证明。

(2)发包人应在知道或应当知道索赔事件发生后28日内通过监理人向承包人提出索赔意向通知书,发包人未在前述28日内发出索赔意向通知书的,丧失要求赔付金额和(或)延长缺陷责任期的权利。发包人应在发出索赔意向通知书后28日内,通过监理人向承包人正式递交索赔报告。

4.对发包人索赔的处理

对发包人索赔的处理如下:

(1)承包人收到发包人提交的索赔报告后,应及时审查索赔报告的内容、查验发包人证明材料。

(2)承包人应在收到索赔报告或有关索赔的进一步证明材料后28日内,将索赔处理结果答复发包人。如果承包人未在上述期限内做出答复的,则视为对发包人索赔要求的认可。

(3)承包人接受索赔处理结果的,发包人可从应支付给承包人的合同价款中扣除赔付的金额或延长缺陷责任期;发包人不接受索赔处理结果的,按合同争议解决方式处理。

5.提出索赔的期限

(1)承包人在竣工结算审核后,按约定接收竣工付款证书后,应被视为已无权再提出在工程接收证书颁发前所发生的任何索赔。

(2)承包人在最终结清时提交的最终结清申请单中,只限于提出工程接收证书颁发后发生的索赔。提出索赔的期限自接受最终结清证书时终止。

6.4 建设工程施工合同的履行

6.4.1 建设工程施工合同的担保

为了保证工程合同的履行,双方当事人约定所采取的具有法律效力的一种保证措施。

担保方式可分为保证、抵押、质押、留置和定金。建设工程中的担保包括投标担保、履约担保、预付款担保、业主支付担保、民工工资担保等。

1.投标担保

(1)概念

投标担保是指在招标投标活动中,投标人随投标文件一同提交给招标人的一定形式、一定金额的投标责任担保。其主要保证投标人在递交投标文件后不得撤销投标文件,中标后不得无正当理由不与招标人订立合同,在签订合同时不得向招标人提出附加条件或者不按照招标文件要求提交履约担保,否则,招标人有权不予退还其提交的投标担保。

(2)方式

投标保证金在投标报价前或在投标报价的同时向中标人提供。投标保证金的形式有很多种,具体方式有中标人在招标文件中规定。常见的有以下几种:

①现金

②支票

③银行保函

④由保险公司或担保公司出具的投标保证书

⑤银行汇票

⑥不可撤销信用证

(3)额度

招标人要求投标人提交投标担保的,投标担保金额一般不超过招标项目估算价的2%。招标人要求投标人提交投标担保的,应当在招标文件中载明。投标人应当按照招标文件要求的方式和金额,在规定的时间内向招标人提交投标担保。投标人未提交投标担保或提交的投标担保不符合招标文件要求的,其投标文件无效。

(4)有效期

投标担保的有效期应当与投标有效期一致。投标保证金一般是招标人最迟在书面合同签订5日内向中标人和未中标的投标人退还投标保证金及银行同期存款利息。

2.履约担保

(1)概念

履约担保是承包商在与业主签订施工合同时向业主提交的第三方的担保,保证承包商按照合同约定全面和实际地履行其合同责任和义务。当承包商不履行合同的,业主可要求保证人在担保金额内承担保证责任。

这是工程担保中最重要的、也是担保金额最大的一种工程担保。

(2)方式

①银行保函

②担保公司出具的担保书

③履约保证金

④同行担保

(3)额度

《招标投标法实施条例》(2019年修正版)规定,招标人要求中标人提交履约保证金的,中标人应当按照招标文件的要求提交。履约保证金不得超过中标合同金额的10%。若用经评审的最低投标价法中标的,履约担保金额不得低于中标合同价款的15%。

(4)有效期

承包商履约担保的有效期应当截止到承包商根据合同完成了工程施工并经竣工验收合格之后 30 日至 180 日。

3. 预付款担保

(1)概念

预付款担保是指承包商与发包人签订合同后,承包商正确、合理地使用发包人支付的预付款的担保。建设工程合同签订以后,发包人给承包人一定比例的预付款,一般为合同金额的 10%,但需由承包人的开户银行向发包人出具预付款担保。

预付款担保的主要作用是保证承包人能够按合同规定进行施工,偿还发包人已支付的全部预付金额。如果承包人中途毁约,中止工程,使发包人不能在规定期限内从应付工程款中扣除全部预付款,则发包人作为保函的受益人有权凭预付款担保向银行索赔该保函的担保金额作为补偿。

(2)方式

①银行保函

②发包人与承包人约定的其他形式

(3)额度

预付款担保的额度与预付款金额相等。预付款保函的担保金额根据预付款扣回的数额相应递减,但在预付款扣回之前一直保持有效。

(4)有效期

发包人应在预付款扣完后 14 日内将预付款保函退还给承包人。

4. 业主支付担保

(1)概念

业主支付担保是指应承包人的要求,发包人提交的保证履行合同中约定的工程款支付义务的担保。实行业主支付担保对于解决工程款拖欠问题是一种非常有效的措施。

(2)方式

①银行保函

②履约保证金

③担保公司出具的担保书

④抵押或者质押

(3)额度

业主支付担保金额和履约担保金额一般相等。

(4)有效期

支付保函的截止日一般为工程款实际支付之日。即发包人的支付担保的有效期应当截止到发包人根据合同约定完成了除工程质量保修金以外的全部工程结算款支付之日。

5. 民工工资担保

(1)概念

民工工资担保是指由担保人为建设单位或承包商向民工工资监管人提供的,保证建设单位或承包商如期履行民工工资支付义务的担保。如建设单位或承包商违约,则由担保人承担相应担保责任。

(2)方式

①银行保函

②保证保险函

③担保公司出具的担保书

(3)额度

建设单位或承包商在开工前分别按工程标价的2.5%向当地的人力资源和社会保障部门指定的账户存入农民工工资保证金。

(4)有效期

民工工资担保的有效期一般有两种方式:一是以工程项目为单位办理,该方式的担保只对该工程项目有效,工程总承包企业办理的担保正常终止时间在该工程竣工验收备案6个月后;二是以企业为单位办理,该方式的担保应当连续担保并对该企业在当地范围内所有工程承建工程项目有效,每一担保期限一般为3年。

6.4.2 建设工程施工合同的变更管理

1.工程变更的概念

工程变更是指工程实施过程中出现与签订合同时预计条件不一致的情况,需要改变原定施工范围内的某些工作内容。

由于工程变更必然引起工程成本或工期的改变,所以在工程实施工程中,不管是发包人还是承包人都要加强对工程变更的管理。

2.工程变更的内容

工程变更包括设计变更、进度计划变更、施工条件变更、施工措施变更以及新增(减)工程项目内容等。

(1)设计变更

根据提出变更的主体不同,设计变更可以分为业主提出的设计变更、承包商提出的设计变更、监理单位提出的设计变更以及设计单位提出的设计变更。设计变更是工程变更中的主体内容。常见的设计变更包括:因设计错误或图纸错误发出的设计变更;因设计遗漏或设计深度不够而做出的设计变更通知书;应业主、承包商、监理方请求对设计做出的设计优化调整等。

(2)进度计划变更

在工程实施中,业主因一些特别的需要,对原进度计划提出新的要求,从而调整原定施工进度计划。如业主要求提前或延后竣工、由于国家计划调整相应做出的调整等。

(3)施工条件变更

施工条件变更主要是指业主不能按合同约定提供必需的施工条件或提供的施工条件与原来的勘察有很大差异所引起的变更,以及因为不可抗力导致工程无法按预定计划实施所引起的变更。一般把因业主原因或不可抗力所发生的工程变更统称为施工条件变更。

(4)施工措施变更

施工措施变更是指在工程实施过程中承包商因为工程地质条件变化、施工环境或施工条件的改变,而向业主或监理方提出的改变原施工措施方案的变更。施工措施变更应经监理工程师或业主审查同意后实施;否则,引起的费用增加或工期延误的责任由承包商承担。对于重大的施工措施方案的变更应征询设计单位意见。如施工中遇见地下障碍物或地下文物需要停工采取相应的保护措施,人工挖孔桩在桩孔开挖中出现地下流沙层或淤泥层,需要采取特殊支护措施等。

(5)新增(减)工程项目内容

业主为完善或调整功能提出新增或减少某些工程项目内容。

3. 工程变更后价款或工期的确定

(1)工程变更的程序

无论哪方提出的工程变更,均由监理机构确认并签发工程变更指令。监理机构签发的工程变更指令是对工程变更的确认,作为工程变更、工程价款和进度计划调整的依据。工程变更的处理程序如图6-3所示。

提出工程变更 → 分析提出的工程变更对项目目标的影响 → 分析有关的合同条款和会议、通信纪录 → 向业主提交变更评估报告(初步确定处理变更所需的费用、时间范围和质量要求) → 确认工程变更,签发工程变更指令

图6-3 工程变更的处理程序

(2)工程变更价款确定的方法

①已标价工程量清单项目或工程数量发生变化的调整方法

根据《建设工程价款结算暂行办法》《建设工程施工合同(示范文本)》《建设工程工程量清单计价规范》的约定,工程变更价款的确定方法如下:

● 已标价工程量清单或预算书有适用于变更工程项目的,按照该项目单价认定;但当工程变更导致实际完成的变更工程量与已标价工程量清单或预算书中列明的该项目工程量的变化幅度超过15%的,该项目单价可以进行调整。当工程量增加15%以上时增加部分的工程量的综合单价应予调低,当工程量减少15%以上时,减少后剩余部分的工程量的综合单价应予调高。

● 已标价工程量清单或预算书中没有适用项目,但有类似变更项目的,参照类似项目的单价认定。

● 已标价工程量清单或预算书中没有适用项目及类似项目单价的,承包人根据变更工程资料、计量规则、计价办法和工程造价管理机构发布的信息加工和承包人报价浮动率提出变更工程项目的单价,报发包人确认后调整。承包人报价浮动率按照下列公式计算:

a. 招标工程

$$承包人报价浮动率 L = (1 - 中标价/招标控制价) \times 100\%$$

b. 非招标工程

$$承包人报价浮动率 L = (1 - 报价/施工图预算) \times 100\%$$

● 已标价工程量清单或预算书中没有适用项目及类似项目单价的,且工程造价管理机构发布的信息价格缺价的,承包人根据变更工程资料、计量规则、计价办法和通过市场调查等取得有合法依据的市场价格,提出变更工程项目的单价,报发包人确认后调整。

②措施项目费的调整

工程变更引起施工方案改变并使措施项目发生变化时,承包人提出措施项目工程变更引起施工方案改变并使措施项目发生变化时,承包人提出调整措施项目费的,应事先将拟实施的方案提交发包人确认,并应详细说明与原方案措施项目相比的变化情况。拟实施的方案经发、承包双方确认后执行,并应按照下列规定调整措施项目费:

- 安全文明施工费应按照实际发生变化的措施项目调整,不得浮动。
- 采用单价计算的措施项目费,应按照实际发生变化的措施项目,按前述已标工程量清单项目的规定确定单价。
- 按总价(或系数)计算的措施项目费,按照实际发生变化的措施项目调整,但应考虑承包人报价浮动因素,即调整金额按照实际调整金额乘以承包人报价浮动率计算。

如果承包人未事先将拟实施的方案提交给发包人确认,则应视为工程变更不引起措施项目费的调整或承包人放弃调整措施项目费的权利。

当发包人提出的工程变更因非承包人原因删减了合同中的某项原定工作或工程,致使承包人发生的费用或(和)得到的收益不能被包括在其他已支付或应支付的项目中,也未被包含在任何替代的工作或工程中时,承包人有权提出并得到合理的费用及利润补偿。其构成如图 6-4 所示。

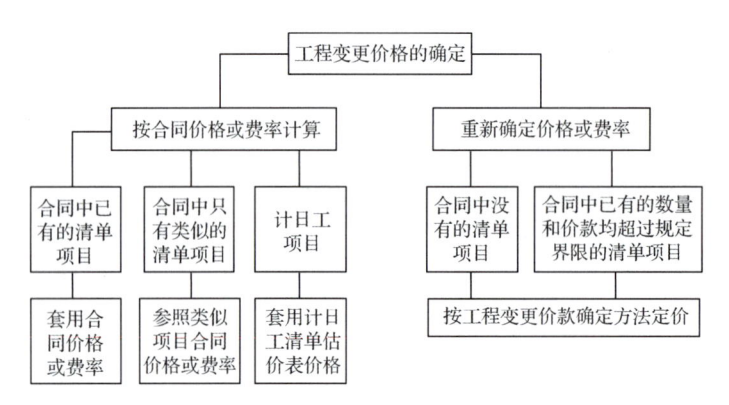

图 6-4 工程变更价格的确定

(3)工程变更工期的调整

因变更引起工期变化的,合同当事人均可要求调整合同工期,由合同当事人协商并参考工程所在地的工期定额标准确定增(减)工期天数。

【例 6-5】

某工程项目招标文件中规定采用综合单价计价方法,其土方工程的工程量为 1.4×10^5 m³,合同单价为 16 元/m³,合同约定承包商承担风险范围为 15%。施工过程中,因设计变更导致新增土方工程量 1.0×10^5 m³,总监理工程师与承包人协商确定土方的变更单价为 14 元/m³,那么对于新增土方工程部分,承包人的变更费用应为多少?

解:新增土方工程量为 1.0×10^5 m³

在合同约定的 15% 范围内应该执行原合同单价的新增土方工程量 $= 14 \times 0.15\% = 2.1 \times 10^4$ m³

新增土方工程的价款 $= 2.1 \times 16 + (10 - 2.1) \times 14 = 144.2$ 万元

4.工程变更估价程序

承包人应在收到变更指示后 14 日内,向监理人提交变更估价申请。监理人应在收到承包人提交的变更估价申请后 7 日内审查完毕并报送发包人,监理人对变更估价申请有异议,通知承包人修改后重新提交。发包人应在承包人提交变更估价申请后 14 日内审批完毕。发包人逾期未完成审批或未提出异议的,视为认可承包人提交的变更估价申请。其程序如图6-5所示。

因变更引起的价格调整应计入最近一期的进度款中支付。

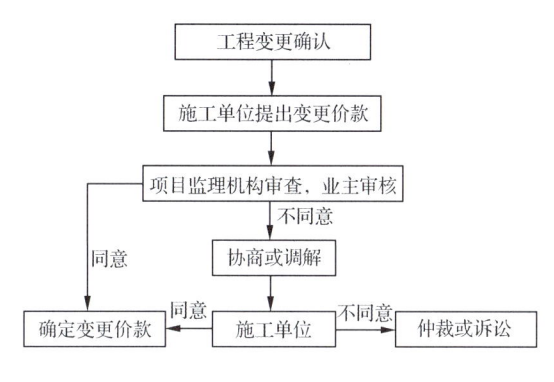

图 6-5　工程变更估价程序

6.4.3　建设工程施工合同的风险管理

1.风险管理概述

(1)风险的概念

风险是指在某一特定环境下,在某一特定时间段内,某种损失发生的可能性。即风险是在某一个特定时间段里,人们所期望达到的目标与实际出现的结果之间产生的距离。风险是由风险因素、风险事故和风险损失等要素组成的。

(2)风险管理的概念

风险管理就是人们对潜在的意外损失进行辨识、评估,并根据具体情况采取相应的措施进行处理,从而减少意外损失或进而使风险为我所用。

2.风险管理的程序

风险管理的程序一般包括风险识别、风险分析与评估、风险对策的决策。

风险识别是指风险管理人员在收集资料和调查研究之后,运用各种方法对尚未发生的潜在风险以及客观存在的各种风险进行系统归类和全面识别。

风险分析与评估是指在定性识别风险因素的基础上,进一步分析和评价风险因素发生的概率、影响的范围、可能造成的损失以及多种风险因素对项目目标的总体影响等。

风险对策的决策是确定项目风险事件最佳对策组合的过程。常见的风险对策有风险回避、风险转移、风险控制、风险分散、风险自留等。

3.建设工程施工合同管理中的风险

(1)合同条款不完整

合同中没有将双方的权利和义务全面包括,有一些漏项,导致在合同履行中双方出现较大的利益纷争。合同条款不完整可能是由于某方的故意,也可能由于对合同内容预计不足造成的。

(2)合同条文不清楚

由于合同条款的不细致、不严密,或合同条款的语义有歧义导致双方对合同的理解产生差异。

(3)合同中明确规定的承包商应该承担的风险

承包商在合同中承担的风险与选择合同的类型有关。例如总价合同,承包商承担了工程量和报价的风险;而单价合同中承包商承担报价的风险。合同类型的选择直接确定了承包商承担的风险。

(4)发包人为单方面转移风险提出的单方面约束性、苛刻的、权责不平衡的合同条款

发包人有时利用自己在合同中的主导地位,单方面为了减少自己的责任而提出的一些不平衡的条款。例如"发包人有权对施工中出现的任何情况发出指令,承包人应无条件按照发包人的指令执行",但是对执行指令后发生的费用却不明确承担主体。

(5)违反国家法律、法规的条款

例如中标后,发包人要求承包商降低中标价签订两份不同的合同。一份用于备案的合同,一份用于双方实际支付结算的合同。

(6)业主的资信风险

业主的资信风险主要表现在发包人由于资金不足,支付能力差导致的工程价款的拖欠。

(7)其他种类的风险

发包人在合同履行中协调、执行、决策能力差,分包人违约导致出现不能按质按量按期完成分包合同内容,或监理工程师的工作效率低,或发出错误指令等。

4.建设工程施工合同风险的防范对策

(1)风险回避

在报价时对于风险较大的工程项目,一种是直接放弃不投标;二是在报价中将风险大、花费大的分项工程抛开,在报价单中注明,双方在中标后再协商确定。

(2)风险转移

风险转移有两种方式:保险风险转移和非保险风险转移。保险风险转移主要是购买保险,例如《建筑法》中规定:建筑施工企业应当依法为职工参加工伤保险,缴纳工伤保险费;鼓励企业为从事危险作业的职工办理意外伤害保险,支付保险费;以及承包人购买的工程一切险、施工设备险、第三方责任险等。

非保险风险转移的方式主要有将工程分包,对工程采取担保措施等。

(3)风险控制

风险控制主要表现为采取技术、经济管理措施保证施工合同的履行。

(4)风险分散

风险分散主要表现为多投标、多承接工程,减少因某些工程亏损带来的风险。或实行联合体承包,将风险分摊给联合体的其他成员等。

6.5 违约责任的承担

6.5.1 发包人违约

(1)发包人的违约行为

在合同履行过程中发包人发生的下列情形,应当承担违约责任:

①因发包人原因未能在计划开工日期前7日内下达开工通知的。
②因发包人原因未能按合同约定支付合同价款的。
③发包人自行实施被取消的工作或转由他人实施的。
④发包人提供的材料、工程设备的规格、数量或质量不符合合同约定,或因发包人原因导致交货日期延误或交货地点变更等情况的。
⑤因发包人违反合同约定造成暂停施工的。
⑥发包人无正当理由没有在约定期限内发出复工指示,导致承包人无法复工的。
⑦发包人明确表示或者以其行为表明不履行合同主要义务的。
⑧发包人未能按照合同约定履行其他义务的。
(2)发包人承担违约责任的方式
①赔偿损失
发包人应承担因其违约给承包人增加的费用并支付承包人合理的利润。
②顺延工期
因发包人违约而延误的工期,应相应顺延。
③支付违约金
双方可以在合同中约定违约金的数额和计算方法。
④继续履行
承包人要求继续履行的,发包人应当在承担上述违约责任后继续履行。

6.5.2 承包人违约

1.承包人违约的情形

在合同履行过程中发生的下列情形,属于承包人违约:
(1)承包人违反合同约定进行转包或违法分包的。
(2)承包人违反合同约定采购和使用不合格的材料和工程设备的。
(3)因承包人原因导致工程质量不符合合同要求的。
(4)承包人未经批准,私自将已按照合同约定进入施工现场的材料或设备撤离施工现场的。
(5)承包人未能按施工进度计划及时完成合同约定的工作,造成工期延误的。
(6)承包人在缺陷责任期及保修期内,未能在合理期限对工程缺陷进行修复,或拒绝按发包人要求进行修复的。
(7)承包人明确表示或者以其行为表明不履行合同主要义务的。
(8)承包人未能按照合同约定履行其他义务的。

2.承包人承担违约责任的方式

(1)赔偿损失
承包人应承担因其违约给发包人造成的损失,其损失包括合同履行后可以获得的利益。
(2)采取补救措施
发包人可以要求承包人采取返工、修理、重做、更换等补救措施。
(3)支付违约金
双方可以在合同中约定违约金的数额和计算方法。

(4) 继续履行

承包人违约后,发包人要求继续履行的,承包人应当在承担上述违约责任后继续履行。

6.5.3　第三人造成的违约

在履行合同过程中,一方当事人因第三人的原因造成违约的,应当由一方当事人向对方当事人承担违约责任。一方当事人和第三人之间的纠纷,依照法律规定或者约定解决。

6.5.4　不可抗力的免责条款

1. 不可抗力的确认

不可抗力是指合同当事人在签订合同时不可预见,在合同履行过程中不可避免且不能克服的自然灾害和社会性突发事件,如地震、海啸、瘟疫、骚乱、戒严、暴动、战争和专用合同条款中约定的其他情形。

不可抗力发生后,发包人和承包人应收集证明不可抗力发生及不可抗力造成损失的证据,并及时认真统计所造成的损失。合同当事人对是否属于不可抗力或其损失的意见不一致的,由监理人按商定或确定的约定处理。发生争议时,按解决争议的约定处理。

2. 不可抗力后果的承担

不可抗力属于免责条款,可以全部或部分免去当事人的责任,关于不可抗力的规定如下:不可抗力导致的人员伤亡、财产损失、费用增加和(或)工期延误等后果,由合同当事人按以下原则承担:

(1)永久工程、已运至施工现场的材料和工程设备的损坏,以及因工程损坏造成的第三人人员伤亡和财产损失由发包人承担。

(2)承包人施工设备的损坏由承包人承担。

(3)发包人和承包人承担各自人员伤亡和财产的损失。

(4)因不可抗力影响承包人履行合同约定的义务,已经引起或将引起工期延误的,应当顺延工期,由此导致承包人停工的费用损失由发包人和承包人合理分担,停工期间必须支付的工人工资由发包人承担。

(5)因不可抗力引起或将引起工期延误,发包人要求赶工的,由此增加的赶工费用由发包人承担。

(6)承包人在停工期间按照发包人要求照管、清理和修复工程的费用由发包人承担。

不可抗力发生后,合同当事人均应采取措施尽量避免和减少损失的扩大,任何一方当事人没有采取有效措施导致损失扩大的,应对扩大的损失承担责任。

因合同一方迟延履行合同义务,在迟延履行期间遭遇不可抗力的,不免除其违约责任。

6.6　建设工程施工合同争议的解决

承发包人在合同履行中出现争议,可以通过以下方式解决:

1. 和解

合同当事人可以就争议自行和解,自行和解达成协议的,经双方签字并盖章后作为合同补充文件,双方均应遵照执行。

2. 调解

合同当事人可以就争议请求建设行政主管部门、行业协会或其他第三方进行调解,调解达成协议的,经双方签字并盖章后作为合同补充文件,双方均应遵照执行。

3. 争议评审

合同当事人在专用合同条款中约定采取争议评审方式解决争议以及评审规则,并按下列约定执行:

(1)争议评审小组的确定

合同当事人可以共同选择1名或3名争议评审员,组成争议评审小组。除专用合同条款另有约定外,合同当事人应当自合同签订后28日内,或者争议发生后14日内,选定争议评审员。

选择1名争议评审员的,由合同当事人共同确定;选择3名争议评审员的,各自选定1名,第3名成员为首席争议评审员,由合同当事人共同确定或由合同当事人委托已选定的争议评审员共同确定,或由专用合同条款约定的评审机构指定第3名首席争议评审员。

评审员报酬由发包人和承包人各承担一半。

(2)争议评审小组的决定

合同当事人可在任何时间将与合同有关的任何争议共同提请争议评审小组进行评审。争议评审小组应秉持客观、公正原则,充分听取合同当事人的意见,依据相关法律、规范、标准、案例经验及商业惯例等,自收到争议评审申请报告后14日内做出书面决定,并说明理由。合同当事人可以在专用合同条款中对本项事项另行约定。

(3)争议评审小组决定的效力

争议评审小组做出的书面决定经合同当事人签字确认后,对双方具有约束力,双方应遵照执行。

任何一方当事人不接受争议评审小组决定或不履行争议评审小组决定的,双方可选择采用其他争议解决方式。

4. 仲裁或诉讼

因合同及合同有关事项产生的争议,合同当事人可以在专用合同条款中约定以下一种方式解决争议:

(1)向约定的仲裁委员会申请仲裁。

(2)向有管辖权的人民法院起诉。

5. 争议解决条款效力

合同有关争议解决的条款独立存在,合同的变更、解除、终止、无效或者被撤销均不影响其效力。

思考与习题

一、选择题

1. 下列建设工程施工合同的解释顺序中,正确的是( )。
   A. 中标通知书→合同协议→合同通用条款→合同专用条款
   B. 合同协议→合同专用条款→中标通知书→合同通用条款
   C. 合同专用条款→中标通知书→合同协议→合同通用条款
   D. 合同协议→中标通知书→合同专用条款→合同通用条款

2. 确定水准点与坐标控制点的位置,以书面形式进行现场交验,是( )的义务。
   A. 承包人　　　B. 发包人　　　C. 监理人　　　D. 市政测量部门

3. 投标文件不包括的内容有( )。
   A. 投标须知
   B. 投标函及其他必要的资料
   C. 投标报价
   D. 施工组织设计

4. 根据《招标投标法》,在下列( )情形下,招标人有权没收投标人的投标保证金。
   A. 投标人在投标有效期内撤回其投标文件
   B. 投标人在投标文件提交日期截止前要求修改投标文件的内容
   C. 投标人的投标报价不符合招标文件的要求
   D. 投标文件没有单位盖章和法人代表盖章

5. 依据施工合同示范文本规定,投料试车工作应在工程竣工( )。
   A. 验收后由发包人负责
   B. 验收前由发包人负责
   C. 验收后由工程师负责
   D. 验收前由工程师负责

6. 在工程变更的各种类别中,通常由业主或不可抗力引起的是( )。
   A. 设计变更
   B. 施工措施变更
   C. 施工条件变更
   D. 计划变更

7. 在施工合同中,因监理人指示延误或发出错误指示而导致承包人费用增加和(或)工期延误,由( )承担相应责任。
   A. 承包人
   B. 工程师与发包人共同
   C. 工程师
   D. 发包人

二、简答题

1. 简述《建设工程施工合同》文件的组成和解释顺序。
2. 简述发包人和承包人承担违约责任的方式。
3. 简述工程变更估价的原则。
4. 我国工程建设中主要开展的工程担保有哪些?
5. 简述暂停施工的相关规定。
6. 简述工程竣工验收条件。
7. 在执业中,如何遵守施工合同规则,坚守诚信履约合同精神。

三、案例分析

1.某项目法人(以下称为甲方)与某施工企业(以下称为乙方)于 2020 年 6 月 5 日签订了合同协议书,合同条款部分内容如下:

(1)合同协议书中的部分条款

①工程概况

工程名称:商品住宅楼。

工程地点:市区。

工程内容:5 栋砖混结构住宅楼,每栋建筑面积为 3 150 m²。

②承包范围

砖混结构住宅楼的土建、装饰、水暖电工程。

③合同工期

开工日期:2020 年 5 月 15 日。

竣工日期:2020 年 10 月 15 日。

合同工期总日历天数:147 日。

④质量标准

达到某国际质量标准(我国现行强制性标准未对该国际质量标准做出规定)。

⑤合同总价

人民币伍佰陆拾陆万捌仟元整(¥566.8 万元)。

⑥乙方承诺的质量保修

● 地基基础和主体结构工程,为设计文件规定的该工程的合理使用年限。

● 屋面防水工程、有防水要求的卫生间、房间和外墙面的防渗漏,为 3 年。

● 供热与供冷系统,为 3 个采暖期、供冷期。

● 电气系统、给排水管道、设备安装,为 2 年。

● 装修工程,为 1 年。

⑦甲方承诺的合同价款支付期限与方式

● 工程预付款:在开工之日后 3 个月内,根据经甲方代表确认的已完工程量、构成合同价款相应的单价及有关计价依据计算,支付预付款。根据实际情况,预付款可直接抵作工程进度款。

● 工程进度款:基础工程完成后,支付合同总价的 15%;主体结构 4 层完成后,支付合同总价的 15%;主体结构封顶后,支付合同总价的 20%;工程竣工时,支付合同总价的 35%。甲方资金迟延到位 1 个月内,乙方不得停工和拖延工期。

(2)施工合同专用条款中有关合同价款的条款

合同价款与支付:工程竣工后,甲方向乙方支付全部合同价款人民币伍佰陆拾陆万捌仟元整(¥566.8 万元)。

问题:

(1)上述施工合同的条款有哪些不妥之处?应如何修改?

(2)上述施工合同条款之间是否有矛盾之处?如果有,应如何解释?简述施工合同的组成与解释顺序。

(3)合同如有争议,应如何解决?

2.某工程合同价为400万元人民币,合同约定采用调价公式进行动态结算,其中固定部分所占比例为0.20,调价要素分为A、B、C三类,占合同价的比例分别为0.15、0.35、0.30,结算时价格指数分别增长了20%、25%、15%,则该工程实际结算款额为多少万元?

3.某业主与承包商签订了某建筑安装工程项目施工总承包合同。承包范围包括土建工程和水、电、通风、设备的安装工程,合同总价为2 000万元人民币,工期为1年。承包合同规定:

(1)业主应向承包商支付当年合同价25%的工程预付款。

(2)工程预付款应从承包商获得累计工程款超过合同价的50%以后的下一个月起,分4个月平均扣除。

(3)工程质量保修金为承包合同总价的3%,经双方协商,业主每个月从承包商的工程款中按3%的比例扣留。在保修期满后,保修金及保修金利息扣除已支出费用后的剩余部分退还给承包商。

(4)除设计变更和其他不可抗力因素外,合同总价不做调整。

经业主的工程师代表签认的承包商各月计划和实际完成的建安工作量见表6-4。

表6-4　　　　　　　　　　　　　建安工作量

月份/月	1~6	7	8	9	10	11	12
计划完成工程量/万元	900	200	200	200	190	190	120
实际完成建安工程量/万元	900	180	220	205	195	180	120

问题:

(1)工程预付款为多少?预付款从哪个月起扣?每月应扣工程预付款为多少?

(2)每期监理工程师应签发的工程款为多少?

(3)工程竣工结算款为多少?

第 7 章

FIDIC 施工合同条件

知识目标

1. 掌握 FIDIC 合同条件的构成、合同文件的组成及优先次序、FIDIC 合同条件的主要内容。
2. 熟悉 FIDIC 合同条件的具体运用。
3. 了解 FIDIC 合同条件的历史沿革。

职业素质及职业能力目标

1. 培养学生的专业素养,能自觉遵守行业规范,能正确领会 FIDIC 合同条件所蕴含的工程合同管理的国际理念,并在实践工作中遵行。
2. 具备工程合同管理的国际视野,能够运用 FIDIC 合同条件的基本思想和方法处理实践中的合同与索赔管理问题。

7.1 FIDIC 合同条件概述

7.1.1 FIDIC 组织简述

FIDIC 是国际咨询工程师联合会(Fédération Internationale Des Ingénieurs Conseils)的法文缩写。FIDIC 始创于 1913 年,是目前世界上最具权威性的咨询工程师组织,其总部设在瑞士洛桑。我国于 1996 年 10 月正式加入 FIDIC 组织。该组织在世界各个国家或地区只吸收一个独立的咨询工程师协会作为组织成员,至今已有 60 多个国家或地区的成员。

FIDIC 下设 2 个地区成员协会:FIDIC 亚洲及太平洋成员协会(ASPAC)、FIDIC 非洲成员协会集团(CAMA)。FIDIC 还设立了许多专业委员会,用于专业咨询和管理。如:雇主/咨询工程师关系委员会(CCRC)、合同委员会(CC)、执行委员会(EC)、风险管理委员会(ENVC)、质量管理委员会(QMC)、21 世纪工作组(Task Force 21)等。

7.1.2 FIDIC 合同条件简述

FIDIC 合同条件集合了工业发达国家建筑行业近百年的经验,将建筑行业工程技术、法律、经济和管理等领域知识有机结合起来。FIDIC 合同条件以雇主和承包商订立的承发包合同为基础,以独立、公正的第三方(工程师)为核心,从而形成雇主、工程师、承包商三者之间互相联系、互相制衡、互相监督的合同管理模式。FIDIC 合同条件强调了工程师在工程建设领域中的灵魂地位和作用,有利于建筑工程各参与方权利与义务的相互制衡,有利于降低建设成本,提高建设质量,从而取得较好的经济效益和社会效益。

1957 年 1 月,国际咨询工程师联合会以当时英国使用的《土木建筑工程一般合同条件》为蓝本,编制并出版了标准的土木工程施工合同条件,在此之前还没有专门适用于国际工程的合同条件。为了适应国际建筑市场的不断变化,FIDIC 每隔 10 年左右对其各个合同条件修订一次,以使合同条件更符合实际。FIDIC 合同条件于 1999 年 9 月出版(习惯上称为新版 FIDIC 合同条件),在继承了以往合同条件的优点的基础上,在内容、结构和措辞等方面进行了重大的调整。2002 年,中国工程咨询协会经过授权将新版 FIDIC 合同条件译成中文。2017 年,FIDIC 合同条件进行了再次修订。

新版 FIDIC 合同条件主要有以下 4 份合同标准格式:

1.《施工合同条件》

《施工合同条件》(Conditions of Contract for Construction)简称"新红皮书"。推荐用于由雇主设计的或由其代表——工程师设计的房屋建筑或工程。在这种合同形式下,承包商一般都按照雇主提供的设计施工。但工程中的某些土木、机械、电力和(或)建造工程也可能由承包商设计。

2.《永久设备和设计——建造合同条件》

《永久设备和设计——建造合同条件》(Conditions of Contract for Plant and Design-Build)简称"新黄皮书"。推荐用于电力和/或机械设备的提供以及房屋建筑或工程的设计与实施。在这种合同形式下,一般都是由承包商按照雇主的要求设计、提供设备和(或)其他工程(可能包括土木、机械、电力和/或建造工程的任何组合形式)。

3.《EPC/交钥匙项目合同条件》

《EPC/交钥匙项目合同条件》(Conditions of Contract for EPC/Turnkey Projects)简称"银皮书"。适用于在交钥匙的基础上进行的工厂或其他类似设施的加工或能源设备的提供或基础设施项目和其他类型的开发项目的实施,这种合同条件所适用的项目对最终价格和施工时间的确定性要求较高,承包商完全负责项目的设计和施工,雇主基本不参与工作。在交钥匙项目中,一般情况由承包商实施所有的设计、采购和建造工作。即在"交钥匙时",提供一个配备完整、可以运行的设施。

4.《简明合同格式》

《简明合同格式》(Short Form of Contract)简称"绿皮书"。推荐用于价值相对较低的建筑或工程。根据工程的类型和具体条件的不同,此格式也适用于价值较高的工程,特别是较简单的或重复性的或工期短的工程。在这种合同形式下,一般都是由承包商按照雇主或其代表——工程师提供的设计实施工程,但对于部分或完全由承包商设计的土木、机械、电力和(或)建造工程的合同也同样适用。

7.1.3　FIDIC 合同文件的组成及优先次序

构成合同的各个文件应被视作互为说明的。为解释之目的,各文件的优先次序如下:

(1) 合同协议书
(2) 中标函
(3) 投标函
(4) 专用条件
(5) 通用条件
(6) 规范
(7) 图纸
(8) 资料表以及其他构成合同一部分的文件

如果在合同文件中发现任何含混或矛盾之处，工程师应颁发任何必要的澄清或指示。

7.1.4　FIDIC合同条件的具体运用

FIDIC专业委员会编制了一系列规范性合同条件，这些合同条件虽然不是法律、法规，却是被世界公认的一种国际惯例，在世界银行、亚洲开发银行、非洲开发银行等国际金融组织的贷款项目和一些国家的国际工程项目中广泛采用。具体运用方式包括：

1. 国际金融机构贷款项目直接采用

凡采用世界银行或各洲开发银行的国际工程贷款项目均要求全文采用FIDIC合同条件。因此这些项目的各参与方必须了解和熟悉FIDIC合同条件，才能保证合同的顺利实施。

在我国，凡亚洲开发银行的贷款项目均全文采用FIDIC《施工合同条件》（"新红皮书"）。凡世界银行贷款项目，财政部受国务院委托，直接负责对华贷款的管理工作。财政部根据中国利用世界银行贷款项目的具体情况，对世界银行制定的几种合同文本进行了修改，并于1997年5月正式出版试行。

2. 对比借鉴采用

很多国家的相关部门都结合本国实际情况自行编制了合同条件，它们与FIDIC范本均有相似之处，主要区别在于处理问题的程序规定和风险分担的原则。FIDIC合同条件在处理雇主和承包商的权利与义务及风险分担的问题方面程序严谨，公正严明。因此可以在了解和熟悉FIDIC合同条件的基础上与其他合同条件逐条比较，发现风险因素，制定切实可行的风险防范和利用措施，从而寻找索赔机遇。

3. 局部选用

工程师在协助雇主编制招标文件或总包单位编制分包文件时，可局部采用FIDIC合同条件中的部分条款，也可以在合同履行的过程中借鉴某些思路或程序处理遇到的实际问题。

4. 合同谈判时参考

在招标投标过程中如果承包商认为招标文件的部分规定不合理或不完善，则可以将FIDIC合同条件作为国际惯例，要求雇主修改、删除或补充部分条款。

深入系统地了解和熟悉FIDIC合同条件可以使参与建筑工程各方人员在招标投标过程中和实施项目具体管理的方面与国际惯例接轨，从而提高自身的管理水平，更好地行使自身职权和维护自身权益。

7.2 FIDIC施工合同条件的主要内容

7.2.1 FIDIC施工合同条件中涉及一般权利与义务的条款

1. 雇主

新版FIDIC施工合同条件中提及的"雇主"相当于我国的业主,即建设单位。

新版FIDIC施工合同条件中对雇主的一般权利与义务做出如下规定:

(1)进入现场的权利

雇主应在投标函附录中注明的时间(或各时间段)内给予承包商进入现场和占用现场所有部分的权利。此类进入和占用权可不为承包商独享。

如果合同要求雇主赋予承包商对基础、结构、永久设备或通行手段的占用权,则雇主应在投标函附录中注明的时间内按照规定的方式履行该职责。但是在收到履约保证之前,雇主可以不给予任何此类权利。

如果投标函附录中未注明时间,雇主应在合理的时间内给予承包商进入现场和占用现场的权利,此时间应能使承包商按照提交的进度计划顺利开始施工。

(2)许可、执照和批准

雇主应根据承包商的请求,为以下事宜向承包商提供合理的协助(如果雇主的地位能够做到),以帮助承包商:

①获得与合同有关的但不易取得的工程所在国的法律的副本。

②申请法律所要求的许可、执照或批准。

(3)雇主的人员

雇主有责任保证现场的雇主人员和雇主的其他承包商:

①配合承包商的工作。

②遵守项目安全与环境保护的规定。

(4)雇主的资金安排

在接到承包商的请求后,雇主应在28日内提供合理的证据,表明自身已经做出了资金安排,并将一直坚持实施这种安排,此安排能够使雇主支付合同价格。如果雇主欲对资金安排做出任何实质性变更,雇主应向承包商发出通知并提供详细资料。

(5)雇主的索赔

如果雇主认为按照任何合同条件或其他与合同有关条款的规定,有权获得由承包商支付的款项和(或)缺陷通知期限的延长,则雇主或工程师应向承包商发出通知并说明细节。

当雇主意识到某事件或情况可能导致索赔时应尽快地发出通知。涉及任何延期的通知应在相关缺陷通知期期满之前发出。

2. 工程师

新版FIDIC施工合同条件中提及的"工程师",就是国际工程界所谓的咨询工程师,在通常情况下指的是咨询公司,相当于我国的监理公司。无论国际国内,工程师都受雇于雇主,是雇主管理工程的具体执行者。

新版 FIDIC 施工合同条件中对工程师的一般权利与义务做出如下规定：
(1)工程师的职责和权力

雇主应任命工程师,该工程师应履行合同中赋予的职责。工程师的人员包括有恰当资格的工程师以及其他有能力履行相应职责的专业人员。

工程师无权修改合同。

工程师可行使合同中明确规定的或必然隐含的赋予的权力。如果要求工程师在行使其规定权力之前需获得雇主的批准,则此类要求应在合同专用条件中注明。除非雇主与承包商达成一致意见,否则雇主不能对工程师的权力加以进一步限制。当工程师行使某种需经雇主批准的权力时,不论该权力是否得到了雇主的批准,从承包商角度而言,都视为其已经获得雇主的批准。

除非合同条件中另有说明,否则：

①当履行职责或行使合同中明确规定的或必然隐含的权力时,均认为工程师为雇主工作。

②工程师无权解除雇主和承包商依照合同具有的任何权利、义务或责任。

③工程师的任何批准、审查、证书、同意、审核、检查、指示、通知、建议、请求、检验或类似行为,不能解除承包商依照合同应具有的责任。

(2)工程师的授权

工程师可以随时将自身的职责和权力委托给助理,并可撤回此类委托或授权。此类委托、授权或撤回应以书面形式做出,并在雇主和承包商均收到该副本之后才能生效。工程师对于重大职责、权力的授权或委托,必须经过雇主和承包商同意。

助理只能在其被授权范围内对承包商发布指示。由助理按照委托或授权做出的任何批准、审查、证书、同意、审核、检查、指示、通知、建议、请求、检验或类似行为,与工程师做出的具有同等的效力。如果助理没有否决某项工作、永久设备和材料,并不构成最终批准该项工作、永久设备和材料,工程师仍有权拒绝。如果承包商对助理的决定或指令有质疑,可以向工程师提出,工程师应尽快对此类决定或指示加以确认、否定或更改。

> **知识链接**
>
> **工程师助理**
>
> 工程师助理包括现场工程师和(或)指定的对设备和(或)材料进行检查和(或)检验的独立检查人员。
>
> 助理必须是合适的合格人员,有能力履行职责以及行使权力,并且能够流利地使用合同中规定的语言进行交流。

(3)工程师的指示

工程师可以按照合同的规定随时向承包商发出指示和有关图纸。承包商只能接受工程师或其授权助理的指示。

承包商必须遵守工程师或其授权助理对有关合同某些问题所发出的指示。指示应以书面形式做出。如果工程师或其授权助理做出口头指示,承包商应在收到口头指示后的 2 个工作日内,主动将自己记录的口头指示以书面形式报告给工程师,要求工程师确认。如果工程师收到报告后的2个工作日内没有回复,则将承包商记录的口头指示视为工程师的书面指示。

(4)工程师的撤换

如果雇主打算撤换工程师,应至少提前42日向承包商发出通知,并说明拟替换的工程师名称、地址及相关经历。如果承包商对拟替换人选向雇主发出了拒绝通知,并附有具体的证明资料,则雇主不能撤换工程师。

(5)工程师的决定

根据合同条件的规定,要求工程师对某一事项做出决定时,工程师应与雇主和承包商协商并力争达成一致意见。如果不能达成一致意见,工程师应按照合同规定在适当考虑到所有有关情况后做出公正的决定。工程师应将自己的决定通知雇主和承包商,并附有具体的证明资料。

3. 承包商

新版FIDIC施工合同条件中对承包商的一般权利与义务做出如下规定:

(1)承包商的一般义务

承包商应按照合同规定及工程师的指示,对工程进行设计、施工和竣工,并修补其任何缺陷,应提供实施工程期间所需的临时性或永久性的设备、文件、人员、货物以及其他物品和服务。

承包商应对所有现场作业和施工方法的完备性、稳定性、可操作性和安全性负责。除合同特别约定以外,承包商应对其文件、临时工程和按照合同规定对永久设备、材料所做的设计负责。

在工程师的要求下,承包商应提交为实施工程拟采用的方法以及所做安排的详细说明。在事先未通知工程师的情况下,不得对此类安排和方法进行重大修改。

如果合同明确规定由承包商对部分永久工程进行设计:

①承包商应按照合同规定的程序提供该部分工程的设计文件,文件应符合规范和图纸并用合同规定语言书写。

②承包商应对其设计的部分工程负责。

③承包商应在竣工检验开始之前向工程师提交竣工文件和操作维护手册,否则该部分工程不能视为完工和验收。

(2)履约担保

承包商应通过自费的方式取得一份保证其恰当履行建设合同的履约保证,保证的金额与货币种类与投标函附录中的规定一致。如果投标函附录中没有说明履约担保金额,则本条款不适用。

承包商应在收到中标函之后的28日内将履约保证提交给雇主,并向工程师提交一份副本。

在承包商完成工程并修补任何缺陷之前,承包商应保证履约保证持续有效。如果履约保证明确规定了有效期,而且承包商在有效期届满前第28日仍拿不到履约证书,则承包商应延长履约保证的有效期,直至工程竣工并修复了缺陷。

雇主应当在收到工程师签发的履约证书副本后21日内将履约保证退还给承包商。

(3)承包商的代表

承包商应任命承包商的代表,并授予其按照合同代表承包商行为时所必需的一切权力。除非合同中已注明承包商代表的姓名,否则承包商应在开工前,将其拟任命的代表姓名及详细资料提交工程师，以取得同意。如果没有取得工程师同意，或者工程师撤销了该同意，或者该指定人员无法担任承包商代表，则承包商应同样地提交另一合适人选的姓名及详细情况，以获批准。

没有工程师的事先同意，承包商不得撤销对承包商代表的任命或对其进行更换。承包商代表应以其全部时间协助承包商履行合同。如果承包商代表在工程实施过程中要暂时离开现场，在事先取得工程师批准的前提下，可以任命一名合适的替代人员，并及时通知工程师。

承包商代表应代表承包商接受工程师的各项指示。承包商代表可以将自身权力和职责委托给有能力的下属，并可随时撤回此类委托，但此类委托和撤回必须通知工程师后才能生效。

(4) 分包商

承包商不得将整个工程分包出去。

承包商应将分包商、分包商的代理人或雇员的行为或违约视为承包商自身的行为或违约，并为之承担全部责任。除非专用条件中另有规定，否则：

①承包商在选择材料供应商或者向合同中已注明的分包商进行分包时，无须征得同意。

②其他拟雇用的分包商，需得到工程师的事先同意。

③承包商应至少提前 28 日将各分包商的工程预期开工日期和现场开工日期通知工程师。

④承包商与分包商签订分包合同时，分包合同中应加入有关规定，使得分包合同能够在特定的情况下转让给雇主。

(5) 分包合同利益的转让

如果分包商的义务超过了缺陷通知期的期满之日，且工程师在此期满之日前已指示承包商将该分包合同的利益转让给雇主，则承包商应遵守该指示。除非另有说明，否则承包商在转让生效以后，不再对分包商实施的工程负责。

(6) 合作

承包商应按照合同规定或工程师的指示，为下述人员从事其工作提供一切适当的机会：

①雇主的人员。

②雇主雇用的任何其他承包商。

③任何合法公共机构的人员。

承包商向上述人员提供的服务包括同意其使用承包商的设备、临时工程，或负责他们进入现场的安排。

如果按照合同规定，要求雇主按照承包商的文件给予承包商对任何基础、结构、永久设备或通行手段的占用，承包商应在规定的时间内以其规定的方式向工程师提交此类文件。

(7) 放线

承包商应根据合同规定或工程师通知的原始基准点、基准线和参照标高对工程进行放线。承包商应对工程各部分的正确定位负责，并且矫正工程的位置、标高、尺寸或基准线中出现的任何差错。

雇主应对此类给定的或通知的参照项目的任何差错负责，但承包商在使用这些参照项目前，应付出合理的努力证实其准确性。

如果由于这些参照项目的差错而不可避免地对实施工程造成了延误和(或)导致了费用，而且一个有经验的承包商无法合理发现这种差错并避免此类延误和(或)费用，承包商应向工程师发出通知并有权提出索赔。

(8)安全措施

承包商应当做到：

①遵守所有适用的安全规章。

②保证有权进入施工现场所有人员的安全。

③清理施工现场和工程不必要的障碍物。

④提供工程的围栏、照明、防护及看守。

⑤提供因工程实施，为邻近地区的所有者和占有者以及公众提供便利和保护所必需的任何临时工程（包括道路、人行道、防护及围栏）。

(9)质量保证

承包商应按照合同的要求建立一套质量保证体系，工程师有权审查质量保证体系各个方面的内容。在每一设计和实施阶段开始之前，所有工作程序和执行文件均应提交给工程师，供其参考。任何具有技术特性的文件提交给工程师时，该文件必须有承包商自身的事先批准标志。遵守该质量保证体系不应解除承包商依据合同具有的任何职责、义务和责任。

(10)现场数据

在基准日期之前，雇主应向承包商提供已经掌握的一切现场地表以下及水文条件的有关数据，包括环境方面的数据，以供承包商参考。雇主在基准日期之后得到的所有数据同样应提供给承包商。承包商应负责解释上述数据。

在费用和时间允许的前提下，承包商应在投标前已经取得了可能对投标文件或工程产生影响或作用的有关风险、意外事故及其他情况的全部必要资料。承包商还应在投标前已经对施工现场及其周围环境以及提供的其他资料进行检查和审核，包括（但不限定）：

①现场地形条件，包括地表以下的条件。

②水文及气候条件。

③为实施和完成工程以及修补任何缺陷所需工作和货物的范围和性质。

④工程所在国的法律、程序和雇佣劳务的习惯做法。

⑤承包商对施工条件的需求，包括食宿、设施、人员、电力、交通、水及其他服务。

(11)接受合同款额的完备性

承包商与雇主订立合同时，应以提供的现场数据、解释、必要资料、检查、审核及其他相关资料为前提，约定合同款额。承包商应完全理解并接受此合同款额。

除非合同中另有规定，合同款额应包括承包商为实施和完成工程及修补工程任何缺陷所需的全部费用。

(12)不可预见的外界条件

外界条件是指承包商在实施工程中遇到的外界自然条件及人为条件和其他外界障碍和污染物，包括地表以下和水文条件，但不包括气候条件。

如果承包商遇到自身认为无法预见的外界条件，应尽快通知工程师且说明理由，并及时采取合理措施避免影响扩大。工程师收到通知后，应当对该外界条件进行检查和分析并做出相应指示。承包商应遵守工程师给予的任何指示。如果该指示构成了工程变更，承包商有权提出相关索赔。

(13) 道路通行权和设施

承包商应自费获得自身所需的特殊和(或)临时的道路通行权。如果承包商施工需要，还应自费获得施工现场以外附加设施的使用权，并自担风险。

(14) 避免干扰

承包商不得干扰公众的便利，也不得干扰人们正常使用的所有道路。因承包商不必要或不恰当的干扰所导致的一切后果，由承包商自行承担。

(15) 进场路线

承包商应制定适宜的进场路线，并保护此路线中的相关道路或桥梁免于因承包商原因而遭受损坏，如有损坏，承包商自行负责维修。承包商应在征得有关部门批准后，提供所有沿进场路线必需的标志或方向指示。

(16) 货物的运输

承包商应在任何永久设备或其他主要货物运入施工现场日期前不少于21日通知工程师。承包商应对工程所需的所有货物和其他物品的包装、装载、运输、接收、卸货、保存和保护负责。

(17) 承包商的设备

承包商应对所有承包商的设备负责。所有承包商的设备运到施工现场后，都应视为专门用于该工程的实施。没有工程师的同意，承包商不得将任何主要的承包商的设备移出现场，但运输货物或人员的交通工具的进出不在此限。

(18) 环境保护

承包商应采取一切合理措施保护施工现场内外的环境，并控制因其施工作业引起的污染、噪声及其他后果对公众和财产造成的损害。承包商应保证施工活动产生的散发物、地面排水及排污不超过合同中规定的数值，也不超过法律规定的数值。

(19) 电、水、气

除明文规定外，承包商应负责提供其所需的一切电、水、气等服务设施。为了施工，承包商有权使用施工现场已有的电、水、气及其他服务设施，风险自担，并应按照合同规定的价格和条件向雇主支付该项款额。

(20) 雇主的设备和免费提供的材料

雇主应按规范中说明的细节、安排和价格，在实施工程中向承包商提供雇主的设备。雇主应对自身提供的设备负责。但是，当承包商的任何人员在操作、驾驶、指导、占有或控制雇主的设备时，承包商应对该设备负责。

如果规范中有特殊要求，雇主应按规范的要求免费提供材料。雇主应自担风险和自付费用并按规定的时间和地点提供这些材料。承包商应对材料进行目测检查，并将这些材料的任何短缺、缺陷或损坏通知工程师。除非双方另有协议，否则雇主应立即补齐任何短缺、修复任何缺陷或损坏。在目测检查后，此类免费提供的材料归承包商照管、监护和控制。承包商检查、照管、监护和控制的义务，不应解除雇主对此材料目测检查时不明显的短缺、缺陷或损坏所负有的责任。

(21) 进度报告

除非专用条件中另有说明，承包商应编制月进度报告，并将6份副本提交给工程师。第一次报告所包含的期间应从开工之日起到第一个月末，此后每月应在上月最后一日之后的7日内提交月进度报告。月进度报告的提交应一直持续至承包商完成一切扫尾工作为止。

(22)现场保安

承包商应负责阻止未获授权的人员进入施工现场。

> **知识链接**
>
> **有权进入施工现场的人员**
>
> 雇主的人员、承包商的人员、雇主的其他承包商在施工现场的授权人员、雇主或工程师通知了承包商的任何其他人员。

(23)承包商的现场工作

承包商应将自身的施工作业区域限制在施工现场范围内,征得工程师同意后,也可另外征地作为附加工作区域。

在工程实施期间,承包商应使施工现场避免出现一切不必要的障碍物,应存放并妥善处置承包商的任何设备和剩余材料。

在颁发接收证书后,承包商应立即从该接收证书涉及的那部分施工现场和工程中清除并运走承包商的所有设备、剩余材料、残物、垃圾和临时工程,应保持该部分施工现场和工程处于清洁和安全状况。

(24)化石

施工现场发现的所有化石、硬币、有价值的物品或文物、建筑结构以及其他具有地质或考古价值的遗迹或物品应归于雇主看管和处置。承包商应采取合理的预防措施防止承包商的人员或其他人员移动或损坏发现的文物。

一旦发现此类物品,承包商应立即通知工程师,工程师做出关于处理上述物品的指示。如果承包商由于遵守该指示而引起工期延误和(或)导致费用增加,则有权提出索赔。

7.2.2 FIDIC施工合同条件中涉及质量控制的条款

FIDIC施工合同条件对永久设备、材料和工艺做出了相关规定,作为工程质量控制的手段。具体规定包括:

1.实施方式

对永久设备的制造、材料的制造和生产、其他工程的实施,承包商应遵守以下三项原则:

(1)如果合同中有明确规定,按此类具体规定实施。

(2)按照公认的良好惯例,以恰当、熟练和谨慎的方式实施。

(3)除非合同另有规定,应使用适当装备的设施以及安全材料。

2.样本

承包商应在工程中或为工程使用该材料之前,向工程师提交以下材料的样本以及有关资料,以获得工程师的同意:

(1)承包商自费提供制造商的材料标准样本和合同中规定的样本。

(2)工程师指示作为变更增加的样本。

每件样本应标明其原产地以及在工程中的预期使用部位。

3.检查

雇主的人员有权在一切合理的时间内进入施工现场及天然料场,有权在生产、制造和施工期间对材料和工艺进行审核、检查、测量与检验,并对永久设备的制造进度和材料的生产及制造进度进行审查。承包商应提供一切机会协助雇主的人员实施上述工作,包括提供通道、设施、许可及安全装备。

在工程覆盖、掩蔽或产品包装、运输之前,承包商应及时通知工程师。工程师应随即进行审核、检查、测量或检验,不得无故拖延。如果承包商没有发出此类通知,在工程师要求时,承包商应打开已经覆盖的这部分工程,以供工程师检查并随后自费恢复原状。

4. 检验

本款规定适用于合同中明确规定的一切检验(竣工后的检验除外)。

承包商应提供为有效进行检验所需的一切装置、协助、文件和其他资料、电、燃料、消耗品、仪器、劳工、材料与适当的有经验的合格职员。承包商应与工程师商定对任何永久设备、材料和工程其他部分进行规定检验的时间和地点。

工程师有权根据变更条款的规定,变更检验的位置或细节,或指示承包商进行附加检验。如果此变更或附加检验证明被检验的永久设备、材料或工艺不符合合同规定,则此变更费用应由承包商承担。

如果工程师打算参加检验,工程师应提前至少24小时通知承包商。如果工程师未在商定的时间和地点参加检验,除非工程师另有指示,承包商可以自行检验,并且此检验应被视为是在工程师在场的情况下进行的,工程师应认可承包商的检验结果。

如果由于遵守工程师的指示或因雇主的延误而使承包商遭受了工期延误和(或)导致了费用增加,承包商应通知工程师并提出索赔。在接到此通知后,工程师应立即对此事做出商定或决定。

检验结束后,承包商应立即向工程师提交具有有效证明的检验报告。当检验通过后,工程师应对承包商提交的检验证书批注认可,或由工程师向承包商另外颁发一份检验证书。

5. 拒收

如果从审核、检查、测量或检验的结果看,发现任何永久设备、材料或工艺存在缺陷或不符合合同其他规定,工程师可拒收此永久设备、材料或工艺,并通知承包商,同时说明理由。承包商应立即修复上述缺陷并保证使被拒收的项目符合合同规定。

如果工程师要求对此永久设备、材料或工艺进行重新检验,则检验应按相同条款和条件重新进行。如果重新检验使雇主产生了附加费用,雇主可按规定的程序向承包商索赔。

6. 补救工作

无论之前是否进行了任何检验或颁发了检验证书,工程师仍有权指示承包商:

(1) 将工程师认为不符合合同规定的永久设备或材料从施工现场移走并进行替换。
(2) 把不符合合同规定的任何其他工程移走并重建。
(3) 实施任何因保护工程安全而急需的工作。

承包商应在合理时间内执行工程师的指令。如果承包商未能遵守该指示,雇主有权雇用其他人来实施工作。如果这些工作属于承包商职责范围内的工作,雇主可以向承包商提出相应索赔。

7.2.3 FIDIC施工合同条件中涉及进度控制的条款

FIDIC施工合同条件中对开工、延误和暂停做出了相关规定,作为工程进度控制的手段。

具体规定包括：

1. 工程的开工

工程师应至少提前 7 日通知承包商开工日期。除非专用条件中另有说明，开工日期应在承包商接到中标函后的 42 日内。承包商应在开工日期后合理可行的情况下尽快开始实施工程，不得拖延。

2. 竣工时间

FIDIC 施工合同条件中对竣工时间的定义，相当于我国建设工程习惯上称作的"合同工期"。即竣工时间是指一个时间段，起点是开工日期，终点是竣工日期。

承包商应在工程或某区段的竣工时间内完成整个工程以及每一区段，包括：

(1) 通过竣工检验。

(2) 完成合同中规定的所有工作。

3. 进度计划

承包商应在接到开工通知后 28 日内向工程师提交详细的进度计划。当原进度计划与实际进度或承包商的义务不符时，承包商还应提交一份修改的进度计划。

除非工程师在接到进度计划后 21 日内通知承包商该进度计划不符合合同规定，否则承包商应按照此进度计划履行义务。雇主的人员可以依据此进度计划，进行工作安排。

在工程实施过程中，如果承包商认为可能发生对工程造成不利影响、使合同价格增加或延误工程施工的事件或情况，应及时通知工程师并做出具体说明。工程师可要求承包商提交一份对将来事件或情况的预期影响的估计，以及按照变更程序提交一份建议书。

4. 竣工时间的延长

如果由于下述任何原因致使承包商的竣工时间遭到或将要遭到延误，承包商有权提出索赔，要求延长竣工时间：

(1) 合同变更或某工程量发生实质性变化。

(2) 本合同条件中提到的赋予承包商索赔权的原因。

(3) 异常不利的气候条件。

(4) 由于传染病或其他政府行为导致人员或货物的不可预见的短缺。

(5) 由雇主、雇主人员或施工现场中雇主的其他承包商直接造成的或认为属于其责任的任何延误、干扰或阻碍。

工程师在决定是否给予延长竣工时间时，应考虑以前已经给予的延期，但只能增加工期，而不能减少在此索赔事件之前已经给予的总的延期时间。

5. 由公共当局引起的延误

如果下列条件成立，此类延误或干扰应被视为承包商有权提出索赔，要求延长竣工时间：

(1) 承包商已努力遵守了工程所在国有关合法公共当局制定的程序。

(2) 这些公共当局延误或干扰了承包商的工作。

(3) 此延误或干扰是无法预见的。

6. 进展速度

如果出现下述情况，工程师可以指示承包商提交一份修改的进度计划以及证明文件，并详细说明承包商为加快施工并在竣工时间内完工拟采取的修正方法：

(1) 实际进度过于缓慢以致无法按竣工时间完工。

(2)进度已经或将要落后于规定的现行进度计划,而承包商又无法索赔工期。

除非工程师另有通知,承包商采取上述修正方法时,应自担风险和自付费用。如果这些修正方法导致雇主产生了附加费用,承包商应向雇主支付该笔附加费用。

7. 误期损害赔偿费

如果承包商未能遵守竣工时间,承包商应根据雇主的索赔要求,向雇主支付误期损害赔偿费。这笔误期损害赔偿费是指投标函附录中注明的金额,即自竣工时间起至接收证书注明的日期止的每日支付。但全部应付款额不应超过投标函附录中规定的误期损害的最高限额。

除特殊情况外,支付误期损害赔偿费是承包商对其拖延完工的唯一赔偿责任。但此费用的支付并不解除承包商完成工程的义务或合同规定的其他职责、义务或责任。

8. 工程暂停

工程师可以随时指示承包商暂停进行部分或全部工程,并说明停工原因。暂停期间,承包商应保护、保管以及保障该部分或全部工程免遭任何侵蚀、损失或损害。

9. 工程暂停引起的后果

如果工程暂停的责任不归于承包商,承包商因遵守工程师所发出的工程暂停指示而导致的工期延误和费用增加,承包商可以提出索赔。如果工程暂停的责任应由承包商承担,则承包商无权提出索赔。

10. 工程暂停时对永久设备和材料的支付

如果工程暂停的责任不归于承包商,承包商有权获得因工程暂停超过28日仍没有运至施工现场的永久设备和材料的支付。支付的金额为工程暂停当日这些永久设备和材料的价值(这些永久设备和材料必须是承包商按照工程师的指示已标记为雇主的财产)。

11. 持续的工程暂停

如果工程暂停责任在雇主且工程暂停时间已持续84日以上,承包商可请求工程师同意其继续施工。如果工程师接到上述请求后28日内未给予许可,则承包商可以将暂停的这部分工程视为已经删减。如果暂停涉及的是整个工程,承包商可以向雇主发出通知,提出终止合同。

12. 复工

在接到复工的许可或指示后,承包商应和工程师共同检查受到暂停影响的工程以及永久设备和材料。承包商应修复在暂停期间发生在工程、永久设备或材料中的任何缺陷或损失。

13. 缺陷通知期及其延长

FIDIC施工合同条件中的缺陷通知期相当于我国建设工程习惯上称作的"质量保修期",是指工程师通知承包商修复工程缺陷的期间,"工程"是指雇主已经接收并颁发给承包商接收证书的工程或区段。

承包商应在工程师指示的合理时间内完成签发接收证书时还剩下的扫尾工作,并修复雇主在缺陷通知期期满之日或之前通知的缺陷,使工程达到合同要求。

如果在缺陷通知期内发生了质量问题,导致工程或区段无法按预期的目的使用,雇主有权延长缺陷通知期,但在任何情况下,延长的时间不得超过2年。

7.2.4 FIDIC施工合同条件中涉及费用控制的条款

FIDIC施工合同条件中对合同价格和支付做出了相关规定,作为工程费用控制的手段。具体规定包括:

1. 合同价格

除非专用条件中另有规定,否则:

(1)雇主和承包商应对合同价格、支付日期、支付方式达成一致意见,并根据合同条款和合同履行过程中的具体情况进行适当调整。

(2)承包商应根据合同条款支付相关税费、关税和费用,此类费用并不构成合同价格的调整。

(3)在开工日期开始后28日之后,承包商应向工程师提交资料表中所列每项总价的建议分类细目。工程师编制付款证书时可以考虑此分类细目,但不受其限制。

2. 预付款

工程预付款分为动员预付款和预付材料款两个部分。

(1)动员预付款

雇主为了解决承包商施工前期工作时资金短缺的问题,从今后的工程款中提前支付一部分价款。

动员预付款的支付金额由承包商在投标函中确认,一般为合同总价款的10%~15%。承包商首先将银行预付款保函提交给雇主并通知工程师,工程师在接到通知之后的14日内签发"动员预付款支付证书",雇主根据合同约定支付动员预付款。

承包商获得工程进度款累计金额达到合同总价款的20%时,当月起扣,直至合同约定的竣工日期前3个月扣清,在此期间按照每月等值从应得工程进度款中扣出。

(2)预付材料款

雇主为了解决承包商订购大宗主要材料和设备的资金周转问题,订购大宗主要材料和设备运送到施工现场并经过工程师确认合格后,按照发票价值乘以合同约定的百分比(一般是60%~90%)作为预付材料款,计入当月应当支付的工程进度款之内。预付材料款的扣还方式由通常雇主和承包商在FIDIC专用条件中约定。

3. 期中支付款

期中支付款相当于我国建设工程的工程进度款。

(1)工程量的计量

工程量清单或其他报表中列出的任何工程量仅为估算的工程量,不得将其视为实际或正确的工程量,不能直接作为承包单位完成施工工作的结算依据。每次支付工程进度款时,应当通过测量来核对承包单位的实际完成工程量,以测量值作为支付的凭据。

(2)工程进度款的支付

承包商应在每个月末按工程师规定的格式,一式六份向工程师提交支付报表,报表中详细载明承包商认为自身应得价款,同时提交相关证明资料。

工程师审查支付报表,认为其内容合理和计算正确的,在当月应得工程进度款的基础上,再扣除动员预付款、预付材料款、保留金以及因所有承包商责任而应当扣除的工程款项后,根据最后计算金额签发期中支付证书。

雇主应当在收到工程师签发的期中支付证书之后的28日内支付工程进度款。雇主逾期支付的,承包商有权获得根据合同约定的利率计算的延期利息。

4. 保留金

保留金是根据合同约定从承包商应得工程款项中扣除部分金额保留在雇主手中,作为约束承包商严格履行合同义务的一种方法,当承包商有违约行为使雇主的利益遭受损失时,可以从该金额内直接扣除损害赔偿费。

工程师颁发工程接收证书后,工程师应开具证书将保留金总额的一半支付给承包商。如果颁发的接收证书仅限于一个区段或工程的一部分,则应就相应百分比的保留金开具证书并给予支付。这个百分比应是将估算的区段或部分的合同价值除以最终合同价格的估算值计算得出的比例的40%。

在缺陷通知期期满时,工程师应开具证书将保留金尚未支付的部分支付给承包商。如果颁发的接收证书仅限于一个区段,则在这个区段的缺陷通知期期满后,应立即就保留金的后一半的相应百分比开具证书并给予支付。这个百分比应该是将估算的区段或部分的合同价值除以最终合同价格的估算值计算得出的比例的40%。但如果在此期间,承包商尚有任何工作仍需完成,工程师有权在此类工作完成之前扣发与完成工作所需费用相应的保留金余额的支付证书。

5. 竣工报表

竣工报表相当于我国建设工程的竣工结算。

在收到工程接收证书后的84日内,承包商应按照工程师规定的格式,一式六份向工程师提交竣工报表,并附有相关证明文件,详细说明:

(1)到工程的接收证书注明的日期为止,承包商根据合同所完成的所有工作的价值。

(2)承包商认为到期应支付的其他款项。

(3)承包商认为根据合同应支付的其他估算款额。该款额应在此竣工报表中单独列出。

工程师应按照签发期中支付证书的程序开具支付证明。

6. 最终支付证书与结清单

在颁发履约证书后的56日内,承包商应当按照工程师规定的格式,一式六份向工程师提交最终报表草案,报表中详细载明承包商认为自身应得价款,并附有证明资料。如果工程师不同意或无法核实该报表中载明的任何部分,承包商应根据工程师的要求提交补充资料,并根据双方协商一致的意见,对该草案进行修改。承包商对最终报表草案进行补充和修改后形成最终报表。

承包商在提交最终报表的同时,还应提交一份书面结清单。结清单上应确认最终报表中的总额即雇主支付给承包商的全部和最终的合同结算款额,作为同意与雇主终止合同关系的书面文件。

工程师应在收到承包商的最终报表和书面结清单之后的28日内签发最终支付证书。雇主应当在收到工程师签发的最终支付证书之后的56日内对承包商支付相应价款。至此,雇主在合同中的支付义务全部结束。

7.2.5 FIDIC施工合同条件中涉及合同争议解决方式的条款

国际建设工程中,由于合同主体各自不同的法律背景、经济政治制度、文化形态等因素,难免在工程实施过程中产生一些争议。FIDIC施工合同条件规定争议解决方式和程序如下:

1. 提交工程师决定

鉴于FIDIC合同条件是以雇主和承包商订立的承发包合同为基础,以独立、公正的第三方(施工监理)为核心,从而形成雇主、监理、承包商三者之间互相联系、互相制衡、互相监督的合同管理模式,因此无论承包商的索赔还是雇主的索赔都应当首先提交工程师决定。工程师做出决定时,应当尽力与雇主、承包商协商一致,从而达成统一意见。如果不能达成统一意见,工程师应当根据合同约定并兼顾公平后做出决定。

2. 争端裁决委员会（DAB）

如果合同任何一方不服工程师做出的决定,可将合同争议以书面形式提交争端裁决委员会,供其裁定,并将副本送交对方和工程师。争端裁决委员会应在收到提交的争议文件之后的84日内做出合理的裁决。该裁决做出之后的28日内,合同任何一方没有表示对裁决结果不满意,此裁决结果即最终的决定,合同双方均必须遵照执行。

> **知识链接**
>
> **争端裁决委员会的组成**
>
> 争端裁决委员会根据投标书附录中的约定由雇主和承包商共同设立,由1人或者3人组成。如果投标书附录中没有载明成员人数,并且合同没有特别约定的,通常情况下争端裁决委员会应由3人组成。如果争端裁决委员会由3人组成,则由雇主和承包商各提名1人,并且此人应得到对方的认可,雇主和承包商共同商定第3位成员作为主席。

3. 友好解决

如果合同任何一方表示对争端裁决委员会的裁决结果不满意,或者争端裁决委员会未能在收到提交的争议文件之后的84日内做出合理的裁决,在此期限之后的28日内应将合同争议提交仲裁。但是仲裁机构在收到提交的争议文件之后的56日才能开始审理。此期间要求雇主和承包商应尽力友好协商,争取达成统一意见,从而解决合同争议。

4. 仲裁

如果通过友好解决的方式仍然不能解决合同争议的,则将合同争议交由国际仲裁机构最终裁决。除非合同双方另有协议,否则:

(1) 根据国际商会的仲裁规则进行仲裁。
(2) 由3名仲裁人员进行仲裁。
(3) 合同双方以日常交流语言作为仲裁语言。

仲裁在工程竣工之前或竣工之后均可进行。但合同各方应履行的义务不得因在工程实施期间进行仲裁而有所改变。

> **思考与习题**
>
> 一、单选题
>
> 1. FIDIC合同条件规定,在收到工程接收证书后的84日内,承包商应当向工程师报送（　　）。
>
>   A. 最终报表　　　　　　　B. 竣工报表
>   C. 结清证明　　　　　　　D. 临时支付报表

2.FIDIC合同的各个文件之间相互解释和相互补充,当各个文件规定出现矛盾时,具有第一优先解释顺序的文件是( )。
A.投标书 B.技术规范
C.合同专用条款 D.合同协议书

3.FIDIC合同条件规定,保留金全全部退还给承包商是在( )。
A.施工完毕之后 B.工程移交之后
C.保修期满之后 D.竣工验收报告批准之后

4.FIDIC合同条件规定,解决合同争议的方法不包括( )。
A.提交争端裁决委员会决定 B.协商
C.仲裁 D.诉讼

5.根据FIDIC合同条件规定,现场工程师由( )任命。
A.工程师 B.雇主
C.施工单位 D.争端裁决委员会

6.根据FIDIC合同条件规定,下列有关工程师权利的说法中正确的是( )。
A.工程师只能定期向承包商发出指令或变更
B.雇主和承包商达不成一致意见时,工程师应当将双方意见翔实记录后,提交争端裁决委员会决定
C.承包商应当无条件接受工程师发出的与合同有关的指令
D.承包商实施与建筑工程有关的某项操作时,只要是在确保建筑工程质量的前提下,就可实施,无须得到工程师的批准

二、简答题
1.简述FIDIC合同条件的具体运用方式。通过查阅资料分析FIDIC合同条件在我国建筑工程中最主要的运用方式。
2.简述FIDIC合同条件中承包商的一般权利与义务。
3.简述FIDIC合同条件规定的合同争议解决方式与我国建设工程中相关规定的不同。

自我测评

通过本章的学习,你是否掌握了FIDIC合同条件的相关知识?下面赶快拿出手机扫描二维码测一测吧。

第 8 章

建设工程施工索赔管理

知识目标

1. 了解索赔的概念、特点、起因、分类和反索赔。
2. 熟悉索赔条件、索赔证据、索赔程序和索赔策略。
3. 掌握索赔报告和索赔值的计算。

职业素质及职业能力目标

1. 培养学生树立索赔理念,能根据法律和合同要求,遵守索赔程序,发现索赔机会,进行索赔。
2. 遵守国家法律法规,索赔有理有据,具备工期、费用索赔的计算能力。

8.1 索赔概述

8.1.1 工程索赔的概念及特点

1. 工程索赔的概念

工程索赔通常是指在工程合同履行过程中,合同当事人一方因对方不履行或未能正确履行合同,或者由于其他非自身因素而受到经济损失或权利损害,通过合同规定的程序向对方提出经济或时间补偿要求的行为。从这个意义上来讲,只要存在合同关系,当事人之间都有可能向对方提出索赔,这就决定了索赔是双向的。例如承包商与业主之间、承包商与材料供货商之间、总包商与分包商之间等都可以互相提出索赔。

在国际工程承包界的习惯上,将承包商向业主提出的此类要求称为"索赔",将业主向承包商提出的类似要求称为"反索赔"。但是,从法律的角度来看,通常称索赔人或者原告人的请求为索赔,而将答辩人或者被告所做的抗辩称为反索赔。

在实际工程中,索赔是双向的。业主也可能向承包商提出索赔要求。但是通常业主索赔的数量较小,而且处理方面,可以通过扣拨工程款、没收履约保函、扣保修金等实现对承包商的索赔。所以最常见的、最有代表性的、处理也比较困难的是承包商对业主提出的索赔。在工程承包中,对承包商来说,索赔的范围很广泛。一般只要不是承包商自身的责任引起的工期延长和费用增加,都有可能向合同另一方提出索赔。

2. 工程索赔的特点

(1) 索赔是一种未经确认的单方行为

从索赔的概念可以看出,索赔与我们通常所说的工程约定不同。在施工过程中,工程约定是双方就额外费用或工期延长达成一致的书面证明材料或补充协议,它可以直接作为工程款结算或最终增(减)工程造价的依据。而索赔是单方面的行为,对双方尚未形成约束力,这种要求必须得到对方的确认才能最终实现。

(2) 对某一特定事件的索赔没有预定的统一的标准解决方式

在不同项目中,对同一类索赔事件的索赔,要达到索赔目的还需要分析:

① 项目的合同背景

索赔的处理过程、解决方法、依据、索赔值的计算方法都由合同规定。不同的合同,对风险有不同的定义和规定,有不同的补偿范围、条件和方法,则索赔就会有不同的解决结果。

② 业主以及工程师的信誉、公正性和管理水平

如果业主和工程师的管理水平不高,则索赔比较容易解决;反过来,如果业主是十分精明的管理专家,或聘请了专业人士进行合同管理,则通常索赔比较困难。

③ 承包商的管理水平和索赔业务能力

如果承包商的工程管理水平比较高,首先能保证全面完成合同责任,管理过程中无失误,又有健全的文档管理系统,对项目目标能充分跟踪、及时诊断,另外,承包商还比较重视索赔、熟悉索赔业务,则容易取得索赔的成功。

(3) 对索赔事件造成的损失,承包商只有"索",业主才有可能"赔",不"索"则不"赔"

如果承包商自己没有索赔意识,不重视索赔,而白白放弃了索赔机会;或者对索赔缺乏信心,怕得罪业主而使后期合作困难,不敢索赔,那么任何业主都不会主动提出赔偿。

(4) 由于合同管理注重实务,所以对案例的研究十分重要

在国际工程中,许多合同条款的解释和索赔的解决要符合大家公认的一些案例,有时甚至可以直接引用过去典型案例的解决结果作为索赔的理由。这些案例的合同背景、工程环境、合同管理和其他细节问题以及双方的索赔(反索赔)策略等,都对索赔问题的解决有很大的影响,因此应注意收集并仔细阅读和分析这些索赔案例,从中吸取经验和教训,来帮助和提高自己。

8.1.2 索赔起因和索赔依据

1. 索赔起因

索赔起因常见的有:

(1) 增加(减少)工程量。

(2) 地基变化。

(3) 工期延长。

(4) 加速施工。

(5) 不利的自然条件或人为障碍。

(6) 工程范围变更。

(7) 工程拖期。

(8) 合同文件错误。

(9) 暂停施工。

(10)终止合同。
(11)设计图纸拖交。
(12)拖延付款。
(13)物价上涨。
(14)业主风险——合同中明确定义的业主风险项下的条款。
(15)特殊风险——一般是人为的,例如战争、恐怖活动、罢工、政变等。
(16)不可抗力天灾。
(17)业主违约。
(18)法令变更等。

2.索赔依据

索赔依据也称为索赔理由,是承包商提出索赔的前提条件,其作用是论证承包商的索赔权,即对某一索赔事件承包商是否有权利提出索赔。索赔依据通常来自于下列四个部分:

(1)双方签订的合同文件

这里的合同文件不单纯是通用条款和专用条款,还包括投标书、合同协议书以及技术规程等一系列其他文件。

(2)与合同相关的法律、法规

如果索赔事件发生后,承包商在所有合同文件中均找不到依据时,是不是就放弃索赔了呢? 其实不然。因为不管什么合同,均要受与之相关的法律、法规的调整,与建设工程施工相关的法律、法规有《民法典》《建筑法》《劳动法》等。遇到合同文件中未做任何规定的索赔事件,如节假日、加班工资、税收、进出口材料等的规定,承包商可以从上述规定中寻找依据来确立自己的索赔权。

(3)工程惯例

所谓的工程惯例,就是工程承包界公认的一些原则和习惯做法。它虽然不是法律,对工程合同双方也没有强制约束力,但是在一定程度上仍有助于公正合理地解决合同双方的纠纷,弥补了合同缺陷和遗漏。对于工程惯例的具体内容,国内外还没有书籍专门做出权威的统一论述。

(4)过去类似案例的索赔处理结果

在英美法系国家,处理纠纷时很多以旧案例为依据。在大陆法系国家虽然很少采用,但是英美法系国家大多数属于发达国家,它们对工程纠纷的处理方法在工程承包界相当具有影响力,在国际工程中已经得到全世界多数国家认可。因此,我国的承包商也应该有这方面的意识,平时多注意收集一些权威期刊上刊登的典型工程纠纷处理案例,在必要时可以派上用场,引经据典地论证承包商的索赔权。

8.1.3 索赔的分类与索赔成立的条件

1.工程索赔的分类

(1)按索赔要求分类

①工期索赔

要求业主延长工期。

②费用索赔

要求业主补偿费用损失,调整合同价格。

知识链接

表 8-1 列出了 2017 版《建设工程施工合同》(示范文本)中承包商的索赔条款。

表 8-1　2017 版《建设工程施工合同》(示范文本)中承包商的索赔条款

条款号	条款内容	索赔要求
1.6.1	发包人未按合同约定提供图纸	工期、费用
1.7.3	一方未及时签收，或者拒不签收对方送来的信函	工期、费用
1.9	承包人对现场发现的化石、文物采取保护措施	工期、费用
1.10.2	承包人采取措施完善场外交通	费用
2.1	发包人未及时办理有关许可、批准和备案	工期、费用
2.4.4	发包人未按合同约定及时提供施工现场、施工条件、基础资料	工期、费用
3.7	非承包人原因导致工期延长，而且承包人继续提供履约担保的	费用
4.3	监理人未能按合同约定发出指示、指示延误、指示错误	费用、工期
5.1.2/5.4.2	因发包人原因致使工程质量未达到合同约定标准	费用、工期、利润
5.2.3	监理人的检查和检验影响正常施工的	工期、费用
5.3.3	监理人对已经隐蔽的工程进行钻孔探测或揭开重新检查，而且检查结果合格的	费用、工期、利润
7.3.2	因发包人原因造成监理人未能在计划开工日期之日起 90 日内发出开工通知	费用、工期、利润
7.5.1	(1)发包人未能按合同约定提供图纸或所提供图纸不符合合同约定的； (2)发包人未能按合同约定提供施工现场、施工条件、基础资料、许可、批准等开工条件的； (3)发包人提供的测量基准点、基准线和水准点及其书面资料存在错误或疏漏的； (4)发包人未能在计划开工日期之日起 7 日内同意下达开工通知的； (5)发包人未能按合同约定日期支付工程预付款、进度款或竣工结算款的； (6)监理人未按合同约定发出指示、批准等文件的； (7)专用合同条款中约定的其他情形	费用、工期、利润
7.6	现场遇到不可预见的不利的物质条件	工期、费用
7.7	异常恶劣的气候条件	工期、费用
7.8.1	因发包人原因引起的暂停施工	费用、工期、利润
7.8.5	因发包人原因无法按时复工	费用、工期、利润
8.5.3	发包人提供的材料或设备不符合合同要求	费用、工期、利润
11.1	物价上涨超过合同约定的范围	费用
11.2	法律变化引起费用增加	费用
12.4.4	发包人逾期支付进度款	费用
13.2.2	发包人未按约定组织竣工验收，颁发工程接收证书	费用
13.2.5	发包人无正当理由不接收工程	费用

续表

条款号	条款内容	索赔要求
13.3.2	因设计原因导致试车达不到设计要求	费用、工期
13.3.3	因非承包商原因导致投料试车不合格,且发包人要求进行整改	费用
13.4.2	发包人要求在工程竣工前交付单位工程	费用、工期、利润
14.2	发包人逾期支付竣工付款	费用
14.4.2	发包人在颁发最终结清证书后未按约定付款	费用
15.2.3	非承包商原因导致的缺陷或损坏修复后,重新进行试验和试运行的	费用
15.4.2	保修期内,对非承包人原因导致的缺陷、损坏进行修复	费用、利润
16.1.2	发包人违约	费用、工期、利润
16.1.3	因发包人违约解除合同	费用、利润
17.3.2(1)	因不可抗力导致永久工程、已运至现场的材料和待安装设备损坏,以及因工程损坏造成第三人人员伤亡和财产损失	费用
17.3.2(4)	因不可抗力导致工期延误	工期
17.3.2(5)	因不可抗力导致工期延误,且发包人要求赶工	费用
17.3.2(6)	因不可抗力导致工程停工,承包人按发包人要求照管、清理和修复工程	费用
17.4	因不可抗力导致合同解除	费用
18.6.1	发包人未按合同约定办理保险,或未能使保险持续有效,而承包人代为办理的	费用

(2)按照索赔所依据的理由分类

①合同内索赔

依据合同条款提出的索赔,这种索赔比较常见,而且成功率高。

②合同外索赔

又称为非合同索赔,指提出索赔的依据在合同中找不到,要在合同之外的法律法规或者工程管理中寻找。

③道义索赔

由于承包商自己的原因带来的重大损失,并严重影响到承包商的履约能力时,承包商可以提出要求,并希望业主从道义上给予一定补偿。但是这种索赔成功的概率非常小。一般在下列四种情况下,业主可能会同意道义索赔:

a.若另找其他承包商,费用会更大。

b.业主为了树立自己的形象。

c.业主出于对承包商的同情和信任。

d.谋求与承包商更长久的合作。

【案例 8-1】

某工程合同条件中关于工程变更的条款为:"……业主有权对本合同范围的工程进行其认为必要的调整。业主有权指令不加代替地取消任何工程或部分工程,有权指令增加新工程……但增加或减少的总量不得超过合同额的 25%。这些调整并不减少乙方全面完成工程的责任,而且不赋予乙方针对业主指令的工程量的增加或减少任何要求价格补偿的权利。"在报价单中有门窗工程一项,工作量为 10 133.2 m²,对工作内容承包商的理解(翻译)为"以平方米计算,根据工艺的要求运进、安装和油漆门和窗,根据图纸中标明的规范和尺寸施工。"即认为承包商不承担门窗制作的责任。因此,对此项承包商报价仅为 2.5 LE(埃磅)/m²。而上述的翻译"运进"是不对的,应为"提供",即承包商承担门窗制作的责任,而报价时没有门窗详图。如果包括制作,按照当时的正常报价应为 130 LE/m²。在工程中,由于业主觉得承包商门窗报价很低,所以下达变更令加大门窗面积,增加门窗层数,使门窗工作量达到 25 090 m²,且大部分门窗都有板、玻璃、纱三层。

索赔过程:承包商以业主扩大门窗面积、增加门窗层数为由要求与业主重新商讨价格,业主的答复为:合同规定业主有权变更工程,工程变更总量在合同总额 25%范围之内,承包商无权要求重新商讨价格,所以门窗工程都以原合同单价支付。对合同中"25%的增(减)量"是合同总价格,而不是某个分项工程量,例如本例中尽管门窗增加了 150%,但墙体的工程量减少,最终合同总额并未有多少增加,所以合同价格不能调整。实际付款必须按实际工程量乘以合同单价,尽管这个单价是错的,仅为正常报价的 1.3%。承包商在无奈的情况下,与业主的上级接触。由于本工程承包商报价存在较大的失误,损失很大,所以业主的上级希望业主能从承包商实际情况及双方友好关系的角度考虑承包商的索赔要求。

最终业主同意:(1)在门窗工作量增加 25%范围内按原合同单价支付,即 12 666.5 m² 按原价格 2.5 LE/m² 计算。

(2)对超过的部分,双方按实际情况重新商讨价格。最终确定单价为 130 LE/m²,则承包商取得费用赔偿为

$$(25\,090 - 10\,133.2 \times 1.25) \times (130 - 2.5) = 1\,583\,996.25 \text{ LE}$$

案例分析:这个索赔实际上是道义索赔,即承包商的索赔没有合同条件的支持,或按合同条件是不应该赔偿的。业主完全从双方友好合作的角度出发同意补偿。

(3)按索赔的处理方式分类

① 单项索赔

单向索赔仅针对某一索赔事件提出的索赔,原因单一,责任单一。

② 总索赔

在工程竣工验收前,将所有未解决的索赔事件编号,集中起来编制综合索赔报告。

2. 索赔成立的条件

任何索赔事件的成立,都应满足以下条件:

(1)索赔事件客观存在,而且造成了工期或费用的损失。

(2)索赔事件和损失之间存在因果关系,即工期或费用方面的损失确实是由该索赔事件造成的。

(3)正当的索赔理由,即索赔事件是对方造成的,依据合同或法律、法规的规定,可以向对方提出索赔。

(4)有效的索赔证据,即作为支撑材料的索赔证据能真实有效地证明索赔事件的发生及其带来的损失。

(5)在合同约定的时间内提出,若不能在规定时间内提出索赔意向通知,就会丧失索赔权。

【案例8-2】

某施工单位与建设单位按《建设工程施工合同(示范文本)》签订了可调整价格施工承包合同,合同工期为390日,合同总价为5 000万元。该工程在施工过程中出现了如下事件:

(1)因地质勘探报告不详,出现图纸中未标明的地下障碍物,处理该障碍物导致工作A持续时间延长10日(该工作处于非关键线路上且延长时间未超过总时差),增加人工费2万元、材料费4万元、机械费3万元。

(2)因不可抗力而引起施工单位的施工供电设施发生火灾,使工作B持续时间延长10日(该工作处于非关键线路上且延长时间未超过总时差),维修供电设施增加人工费1.5万元、其他损失费用5万元。

对此承包商提出索赔,要求延长工期20日,补偿费用15.5万元。

案例分析: 事件(1)属于承包人遇到不可预见的不利的物质条件,承包商可以合理得到工期和费用补偿;但是由于该工作处于非关键线路上且延长时间未超过总时差,所以工期索赔不成立,只有费用索赔成立。

事件(2)属于不可抗力造成的损失,工期本可以得到补偿,但是由于该工作处于非关键线路上且延长时间未超过总时差,所以不能索赔工期;而费用损失发生在承包商的施工设施上,按合同规定,此项损失只能由承包商自己承担,因此费用索赔也不成立。

综上所述,承包商仅能索赔事件(1)中的费用,共计9万元。

8.1.4 索赔证据

索赔证据是指为了证明索赔事件的真实性以及承包商的索赔要求的合理性等的材料。证据不足或没有证据的索赔是不可能得到对方认可的。

1. 种类

(1)招标文件、合同文本及其附件

例如业主认可的工程实施计划,各种工程图纸、技术规范等。

(2)来往信件

如业主的变更指令、各种认可信、通知、对承包商问题的答复等。值得注意的是,商讨性和意向性的信件通常不能作为变更指令或合同变更文件。

(3)会谈纪要

在标前会议和决标前的澄清会议上,业主对承包商问题的书面答复或双方签署的会谈纪要以及在合同实施过程中,业主、工程师和承包商在各种会议上做出的决议或决定。这些都可以作为合同的补充。

(4)现场文件

如施工日志、施工备忘录、工长及检查员的工作日记、工程师填写的各种签证、天气情况记录等。

(5)材料、设备的采购、运输、进场使用的记录、凭证、报表等

(6)会计核算资料

会计核算资料包括工资报表、工程款账单、各种收付款原始凭证、工程成本报表等。

(7)工程中的检查验收报告和技术鉴定报告

例如工程水文地质勘测报告、土质分析报告、地基承载力试验报告、隐蔽工程验收报告、材料开箱验收报告等。

(8)市场行情资料

如市场价格、官方的物价指数、工资指数、央行的外汇比率等官方对外公布的材料。

(9)其他材料

例如工程照片、国家的政策、法令等。

2.要求

上面这些材料通常还要满足下列要求才能作为索赔证据:

(1)真实性

索赔证据必须是在实际工程实施过程中产生的,完全反映实际情况,能经得住对方的推敲。不真实的、虚假的证据违反商业道德甚至法律。

(2)全面性

所提供的证据应能说明事件的全过程,如索赔事件的发生、影响、索赔理由、索赔值等。

(3)法律证明效率

一切证据都应是书面的,有的还需要有工程师签字认可或者双方签署才有效,口头承诺、口头协议都无效。

(4)及时性

证据应是索赔事件发生时的同期纪录,除了专门规定外(如FIDIC中,对工程师口头指令的书面确认),后补的证据通常不容易被认可。

(5)关联性

收集到的证据必须与索赔事件有关。

8.1.5 索赔任务

1.预测索赔机会

索赔事件产生于施工过程,但是根由是在招标文件、合同中,所以在投标、合同谈判与签订补充合同时就应考虑。另外,在合同实施过程中也要善于及时发现索赔事件并抓住索赔机会。

2. 处理索赔事件，解决索赔争执

处理索赔事件，解决索赔争执时要做到以下三点：

(1) 索赔事件发生后，承包商应立即向业主和监理递交索赔意向通知。

(2) 索赔事件发生后，或者持续过程中进行事态调查，并收集、保存证据。

(3) 在索赔事件结束后提出索赔报告。

8.1.6　索赔程序

不管是使用我国的《建设工程施工合同（示范文本）》，还是使用 FIDIC 施工合同，承包人或发包人向对方提出索赔都要经历如下程序：

1. 递交索赔意向通知书

承包人应在知道或应当知道索赔事件发生后 28 日内，向监理人（FIDIC 施工合同是工程师）递交索赔意向通知书；如果是发包人向承包人提出索赔，则应在知道或应当知道索赔事件发生后 28 日内通过监理人向承包人提出索赔意向通知书。超过 28 日未提出意向通知书的，将丧失索赔的权利。

2. 递交索赔报告

承包人应在发出索赔意向通知书后 28 日内，向监理人正式递交索赔报告；同样的，发包人也应在发出索赔意向通知书后 28 日内，通过监理人向承包人正式递交索赔报告。索赔报告应详细说明索赔理由以及要求追加的付款金额和（或）延长的工期，并附必要的记录和证明材料。索赔事件具有持续影响的，提出索赔的一方应按合理时间间隔继续递交延续索赔通知，并在索赔事件影响结束后 28 日内，向对方递交最终索赔报告，附上必要的记录和证明材料。

3. 索赔处理

(1) 审查索赔报告

被索赔的一方在收到对方的索赔报告后，应及时审查索赔报告的内容和证明材料；如果是承包人提出的索赔，则监理人应在收到索赔报告后 14 日内完成审查并报送发包人。

(2) 向对方做出索赔答复

向对方做出索赔答复应在收到索赔报告或有关索赔的进一步证明材料后的 28 日内，以书面形式做出。逾期答复的，则视为认可对方的索赔要求。

(3) 执行索赔处理结果或采用其他办法解决争议

提出索赔的一方接受索赔处理结果的，由对方补偿费用或者工期损失；如果不能接受索赔处理结果，则按照合同中关于"争议解决"的约定处理。

8.1.7　索赔报告

索赔报告是向对方提出索赔的书面文件，是索赔成功与否的重要决定因素，对方的反应，不管认可或是驳斥，都是针对索赔报告进行的。

1. 索赔报告的基本要求

索赔报告的基本要求如下：首先，索赔事件必须是正式发生的；其次，对索赔事件的责任应进行清楚、准确的分析；最后，索赔报告应简洁、条理清楚，结论定义准确，有逻辑性，还要注意用词委婉，避免使用强硬、不友好的抗议式语言。

此外，在索赔报告中应注意强调以下几点：

(1)索赔事件的不可预见性或突然性。
(2)承包商已经将索赔事件的发生及时通知监理工程师,听取了监理工程师的意见,并采取了防止事态扩大的措施。
(3)索赔事件造成了承包商的工期延长和费用增长。
(4)承包商在合同中能够找到索赔权。

2.索赔报告的格式和内容

(1)单项索赔报告

单项索赔报告包括承包商或其授权人致业主及工程师的信、索赔报告正文及附件(粘贴证据)。

> **知识链接**
>
> 单项索赔报告的一般格式
>
> 负责人:
> 编　号:　　　日　期:
>
> ××项目索赔报告
>
> 题目:(简单地说明根据什么提出索赔)
> 事件:(简要叙述事件的起因、经过以及过程中双方的努力,重点叙述自己一方采取的积极行动,以及对方的失误)
> 理由:(总结事件,引述合同条款或其他来证明承包商的索赔权)
> 影响:(简要说明对承包商的成本和工期的影响)
> 结论:(成本增加;工期延长)
> 附件

(2)综合索赔报告

①总论部分

总论部分包括序言、索赔事项概述、具体索赔要求、索赔报告的编写及审核人员。总论部分要求简明扼要,引述较大的索赔事项,以3~5页为限。

②合同引证部分

合同引证部分是为了确立索赔权。需要概述索赔事项的处理过程,重点说明自己一方如何尽力;还要说明发出索赔意向通知书的时间、引证合同条款,并指明所附的证据资料。

③索赔论证

若是工期索赔,则对工期延长、实际工期和理论工期等进行详细论述,并说明自己一方要求工期延长的根据;如果是费用索赔,则说明承包商遇到合同规定以外的额外任务或不利于合同实施的条件,承包商由此承担了额外经济损失,并且这些损失应由业主承担。

④索赔款确定部分

索赔款确定部分即索赔款计算部分,要注意采用合适的计算方法、说明索赔款计价的构成、列出索赔款计价表、分项论述各组成部分的计算过程并提出所依据的证据资料的名称和编号。

⑤工期延长部分论证

论证方法主要有网络图分析法、比例分析法等。

⑥附件

附件即粘贴证据资料的部分。

8.2 索赔值的计算

8.2.1 工期索赔的计算

承包商进行工期索赔的目的,通常有两个:首先是为了获得工期的延长,以免承担误期损害赔偿费的经济损失;其次,在此基础上,进一步探索获得经济补偿的可能性。

在索赔报告中,工期索赔的计算方法主要有网络图分析法、比例分析法以及其他方法,每一种方法都各有其优缺点。

1.网络图分析法

网络图分析法是进行工期索赔的首选分析方法,适用于各种索赔事件的工期索赔,并可以利用计算机软件进行网络分析和计算。其实质就是通过分析索赔事件发生前、后网络图的变化,对比两种情况下工期计算的结果来确定工期索赔值,是一种科学合理的分析方法。

网络图分析法的基本思路为:假设工程施工一直按照原网络计划确定的施工顺序和工期进行,现发生了一个或多个延误,使网络中的某个或某些活动受到影响,如延长持续时间,或活动之间逻辑关系变化,或增加新的活动。并将这些影响代入原网络中,重新进行网络分析,得到一个新工期,则新工期与原工期之差即延误对总工期的影响,即工期索赔值。

在利用网络图分析工期索赔时应注意两个问题:

(1)时差的利用

一般而言,如果受业主责任引起的索赔事件影响的工作位于非关键线路上,且受影响的程度小于或是刚好等于总时差,那么承包商是不能提出工期索赔的,换句话说,只有索赔事件影响了总工期才能索赔。

(2)多事件干扰下的工期索赔影响

工程项目工期索赔处理中,要注意多事件干扰下的工期索赔分析,每个事件单独考虑与多事件综合考虑,可能会得出不同的结果;不同的事件组合会产生不同的影响。因此,在处理工期索赔时,应以批准的原网络计划为基准,全面综合分析各索赔事件对工期的影响,严格区分和界定引起工期延误的各方责任,准确确定不可原谅拖期、可原谅且不给予补偿的拖期和可原谅但给予补偿的拖期。

2.比例分析法

在实际工程中,索赔事件常常只影响某些单项工程、单位工程或是分部分项工程的工期,要分析他们对总工期的影响,可以采用更为简单的比例分析法。比例分析法通常有两种情况:

(1)按同价格进行比例类推,即根据已知的合同价格对应的工期来计算增加的合同价格应延长的工期。

(2)按工程量进行比例类推,即根据已知的工程量对应的工期来计算增加的工程量应延长的工期。

3. 其他方法

除了上述两种方法以外,工期索赔计算中还有可能用到其他方法,例如横道图表法、进度评估法和顺序作业法等。在此不再一一阐述。

8.2.2 费用索赔的计算

费用索赔是承包商向业主要求补偿本不应该由承包商自己承担的经济损失或额外开支,取得合理的经济补偿的行为。

1. 索赔费用的组成

索赔费用的组成与建筑安装工程造价的组成相似,一般包括以下几个方面:

(1)分部分项工程量清单费用

①人工费

人工费的索赔包括:由于完成合同之外的额外工作所花费的人工费用;超过法定工作时间的加班劳动;法定工资增长;非因承包商原因导致工效降低所增加的人工费用;因非承包商原因导致工程停工的人员窝工费等。值得注意的是,不同情况导致的索赔,人工费的计算也不完全相同,如完成额外工作的人工费按照计日工费计算,而停工和工效降低的人工费损失按窝工费计算,窝工费的标准由双方在合同中另行约定。

②材料费

材料费的索赔包括:由于索赔事项引起的材料实际用量超过计划用量而增加的材料费;材料价格大幅度上涨;非承包商责任的工程延期导致的材料价格上涨和超期存储的费用。材料费用中应包括运输费、仓储费以及合理的损耗费用。如果由于承包商管理不善,造成材料损坏失效,则不能列入索赔计价。

③施工机具使用费

施工机具使用费的索赔包括:由于完成额外工作增加的机具使用费;非承包商责任的工效降低增加的机具使用费;由于业主或者监理工程师原因导致机械停工的窝工费。完成额外工作的机械费一般按机械台班费计算;窝工费的计算,如系租赁设备,一般按实际租金和调进/调出费用的分摊计算;如系承包商自有设备,一般按台班折旧费计算,而不能按台班费计算,因台班费中包括了设备使用费。

④企业管理费

索赔款中的企业管理费主要指的是工程延长期间所增加的管理费,包括管理人员工资、办公费、差旅交通费、固定资产使用费、工具用具使用费、劳动保险和职工福利费、劳动保护费、检验试验费、工会经费、职工教育经费、财产保险费、财务费、税金、其他管理费以及总部领导人员赴工地检查指导工作等开支。企业管理费由于各工程计算基数不相同,而且费率也不完全相同,所以索赔时应区别对待。

⑤利润

索赔利润的款额计算通常应与原报价单中利润百分率保持一致。

⑥延迟付款的利息

发包人未按合同约定付款的,应按约定利率支付延迟付款的利息。

(2)措施项目费

因为分部分项工程量清单漏项或非承包人原因引起的工程变更,引起措施项目发生变化的,往往措施项目费也要发生变化。对于清单中已有的措施项目,按原措施费的组价方法进行调整;而清单中没有的措施项目,由承包人根据措施项目的变更情况,提出新的措施项目费,经发包人确认后调整。

(3)其他项目费

其他项目费中涉及的人工费、材料费可以索赔的,按合同约定计算。

(4)规费和税金

规费和税金通常只有在工程内容变更或增加时,才能索赔。其他情况一般不能索赔。另外,规费和税金的索赔款计算通常与原报价单中的百分率保持一致。

2.费用索赔的计算方法

费用索赔常用的计算方法有分项法、总费用法和修正的总费用法。

(1)分项法

分项法又称为实际费用法,是计算索赔费用的最科学、最容易被接受的方法,其宗旨是将索赔事件引起的损失按可以索赔的费用项目分别进行计算,然后汇总得到总索赔额。值得注意的是,采用这种方法不要遗漏可索赔的费用项目。

(2)总费用法

总费用法又称为总成本法,是指当发生多次索赔事件以后,重新计算该工程的实际总费用,再以实际总费用减去投标报价时的估算总费用,即得索赔金额,即

$$索赔款额 = 实际总费用 - 投标报价估算总费用 \tag{8-2}$$

总费用法的使用有严格的限制条件,通常在如下情况下使用:

①由于该项索赔在施工时的特殊性质,难以或不可能精确地计算出承包商损失的款额及额外费用。

②承包商对工程项目的报价(投标时的估算总费用)是比较合理的。

③已开支的实际总费用经过逐项审核,认为是比较合理的。

④承包商有比较丰富的工程施工管理经验和能力。

(3)修正的总费用法

修正的总费用法是对总费用法的改进,即在总费用计算的原则上,去掉一些不合理的因素,使其更合理。修正的内容如下:

①将计算索赔款的时限局限于受到外界影响的时间,而不是整个施工期。

②只计算受影响时段内的某项工作所受影响的损失,而不是计算该时段内所有施工工作所受的损失。

③与该项工作无关的费用不列入总费用中。

④对投标报价费用重新进行核算:按受影响时段内该项工作的实际单价进行核算,乘以实际完成的该项工作的工程量,得出调整后的报价费用。

按修正后的总费用法计算索赔金额的公式为

$$索赔金额 = 某项工作调整后的实际总费用 - 该项工作的报价费用 \tag{8-3}$$

修正的总费用法与总费用法相比,有了实质性的改进,它的准确程度已接近于分项法。

8.3 承包商的索赔策略与技巧

8.3.1 索赔策略

1. 确定索赔目标

索赔目标是承包商对索赔的最终期望值。在确定索赔目标时,承包商应分析和创造实现目标的基本条件。同时,还要分析目标实现的风险,包括承包商在履行合同时的失误。

2. 对对方进行分析

这里的对方包括业主和监理工程师。主要集中在分析对方的兴趣和利益所在以及合同的法律基础、特点和对方的工作态度上。

3. 承包商自身的经营战略分析

承包商的经营战略直接制约着索赔策略和计划。在分析业主的目标及其自身的情况、工程所在地的情况后,承包商应考虑是否还有可能与业主继续进行新的合作,是否在当地继续扩展业务或其前景如何,与业主之间的关系对在当地扩展业务是否有影响,影响程度如何等。

4. 承包商的主要对外关系分析

在合同实施过程中,承包商与多方人员具有合作关系。承包商应对这些关系进行详细分析,从而在索赔工作中利用这些关系,争取各方面的合作与支持,尤其是与监理工程师的关系。

5. 对可能获得的索赔值进行估计

在工程实施过程中,索赔与反索赔往往相伴而行。因此,承包商应对自己可能获得的索赔值的最大值和最小值进行分析,分析自己要求的合理性和业主反驳的可能性,预测索赔批准的可能。

6. 制定谈判策略,进行谈判过程分析

根据前面对索赔情况的分析,承包商应根据自身的处境和对方的情况,对自身可以采取的谈判策略做出分析,同时对对方可能采取的谈判策略进行预测,然后,确定自身可做出的让步情况,分析对方可能做出的让步程度,预测最终谈判结果,从而制定出最佳的谈判策略。

7. 注意防止两种倾向

承包商在索赔过程中要注意防止两种不良倾向:其一,只讲关系、义气、情面,忽视索赔,致使损失得不到应有的补偿,正当的权益受到侵害;其二,索赔管理人员好大喜功,只注重索赔,而不顾双方的合同关系和承包商的信誉和长远利益。

8.3.2 索赔技巧

1. 做好项目管理工作

承包商要成功进行索赔,首先应站得直、行得正,把自己的工作做好。这就需要在施工过程中,守信誉、不偷工减料、不以次充好,保证工程质量;配合业主和监理工程师搞好项目管理工作;及时进行进度分析和成本分析;索赔事件发生后,及时采取措施,减少损失;同时,做好合同管理中的签好合同、正确履约、及时索赔等工作。

2. 充分论证索赔权

索赔权是索赔要求能否成立的法律依据,其基础是施工合同文件。因此,承包商的索赔管理人员应该通晓合同文件,并善于在合同条款、技术规范、工程量清单、工作范围等全部合同文件中寻找索赔的法律依据。除了合同文件以外,承包商还可以从工程所在地(国)的法律、法规,类似情况的成功索赔案例以及工程惯例等方面来充分论证自己的索赔权。

3. 平时做好证据资料的收集和整理工作

即使没有索赔事件发生,承包商也要养成良好的习惯,平时就注重各种文档资料的收集和整理工作;如果有索赔事件发生,更要注意收集和整理出对索赔有用的证据资料。同时,对工程师的各种"口头指示"应及时进行书面确认。

4. 及时提出索赔要求,编好索赔报告

一个有经验的承包商的做法是:一旦意识到索赔事件发生,必要时立即请工程师到现场,要求其做出指示;对索赔事态进行录像或详细论述,作为今后的索赔证据;并在合同规定的时限内及时向工程师和业主提交索赔意向通知书。

5. 合理计算索赔款

如果说索赔权的论证是属于定性的,是法律论证部分,那么索赔款计算就是定量的,是经济论证部分。计算索赔款时应注意处理好以下问题:

(1)采用合理的计价方法,最好能采用分项法,进行单项索赔,合理计算出要求补偿的额外费用。

(2)不要无根据地扩大索赔款,在计算中应尊重事实,有根有据,漫天要价是不严肃的行为,会给索赔带来严重障碍。

(3)计算数据要准确无误,防止计算上的数字错误和笔误。

6. 尽可能一事一索赔,避免一揽子索赔

一事一索赔一般索赔金额较小,容易解决;而一揽子索赔金额大、索赔内容多而乱,证据不容易整理,会使得索赔不容易解决。

7. 争取以和平方式解决争执

在工程实际中,索赔争端是难免的。这时承包商不应急躁地将索赔争端提交仲裁或到法院进行诉讼,也不要威胁对方,而应寻求通过中间人(或机构或对方的上级部门)调停的途径,解决争端。

8. 注重索赔过程中的灵活性

承包商在索赔过程中如果注重灵活性,会使一些原本索赔无望或很难解决的索赔争端,变得可以索赔和容易解决。例如着眼于重大索赔,注意索赔解决中的让步,变不利为有利,变被动为主动,必要时施加一定的压力。

8.4 反索赔

索赔案例1　索赔案例2　索赔案例3

在施工索赔管理中,不仅要会向对方正确提出索赔,同时也要学会反驳对方的索赔。

8.4.1　反索赔的措施

1. 反驳对方的索赔理由

按照合同规定,承包商违约或应承担风险所造成对方的损失,对方才可以向承包商索赔。所以承包商对对方的索赔理由的反驳主要是提出证据证明承包商不该对对方的损失负责,因为索赔事件不是或不完全是承包商的责任风险范畴。

2. 反驳对方的索赔计算

对对方的索赔计算方法和计算数值的反驳,也是反驳对方索赔的重要方面。主要是对对方索赔计算时所依据的费用、单价等的合理性进行核算,提出自己的不同意见。

3. 反驳对方的索赔证据

其实,不管是业主对承包商索赔的反驳,还是承包商对业主索赔的反驳,索赔证据都是索赔反驳的重点之一,因为没有充足的证据支撑的索赔款项是不能被认可的。若对方没有提供某项索赔计算的证据,或证据不充分,或是提供的证据没有法律证明效力等,则承包商都可以进行反驳,免去该项赔偿责任。

4. 对对方不遵守索赔程序的反驳

在我国《建设工程施工合同(示范文本)》中有明确的索赔程序和时限的要求。在 FIDIC《施工合同条件》1999 年第 1 版中也有由工程师向承包商发出通知的要求。如果对方不遵守这些规定,承包商可以提出反驳。

8.4.2　反索赔报告的编写

承包商在上述反驳索赔的分析基础上,往往通过编写正式的反索赔报告,向对方提出书面的反驳意见。此报告是对上述反驳的意见总结,也是向对方(索赔者)表明自己对索赔要求的不同看法和分纳结论以及反驳的依据与证据。根据索赔事件的性质、索赔事件的复杂程度、索赔值计算的方法与数值大小以及对索赔要求反驳与认可的程度,反索赔报告的内容差别也很大,并没有规定的格式与标准。但是,报告中必须有明确反驳的依据与证据,具有说服力,同时列出自己的详细计算书。

8.5　索赔案例

某工程索赔报告书

一、总论

前言:2020 年 4 月,乙公司(下称我司)参与了由甲公司(下称贵司)投资建设的重庆某大学城市科技学院学生食堂及活动中心工程招标投标且获得中标,中标价为 671.121 万元,该工程设计为全框架 4 层现浇结构,建筑面积为 12 302.84 m²。在施工合同尚没有签署时,贵司通知我司按照招标投标相关内容进场施工,并要求加班加点,必须在 2020 年 8 月 25 日前完成所有施工内容。按照贵司要求和监理工程师指示,我司迅速编制并向贵司递交了施工组织设计和施工进度计划,并专门成立了永川项目部,委派汪××为本项目总指挥,组建了以李××为现场负责人的项目部领导班子,抽调我司技术骨干和优质管理人员参与本项目的施工建设,从领导班子、技术和管理服务水平等方面提供根本保证。我司于2020年4月20日正式进场施工,按照设计施工内容和贵司要求周密部署,稳步整体推进,精心组织。为了满足施工现场材料的需要,我司不但投入了几百万元的现金保障施工资金的需要,还在项目部下设立了材料采购组,保障施工材料的质量和施工需要数量。2020年5月上旬,所有材料采购均已经签署合同,部分正在按照合同履行。2020年5月31日前,施工需要钢材、木材已经全部采购并运抵工地。进场施工前及施工过程中,在技术性民工很难招聘的情况下,承诺不低于重庆市2019年度平均工资待遇,保证月月兑现和满足总工程量在12 000 m³以上,且承担民工单边路费,从1 000千米之外的奉节县选聘了几十名优秀民工,同时在潼南、巴南等地招聘了部分民工,均签署了劳务合同书,至2020年5月31日,工地民工达126人,加上劳务班组负责人,共计130余人,实行三班倒轮休制,加班加点施工。为了改善施工工地管理人员及民工的生活环境和保障其良好的休息,顺利完成施工任务,我司投资数万元搭建工棚,购买空调,创造良好的施工环境。2020年5月31日前,我司永川项目部承担的施工任务正在按照计划进行,施工现场如火如荼。

索赔事项概述:2020年6月1日,当我司施工现场全面正规化、正常化,正在紧锣密鼓、井井有条地按贵司的施工质量和工期要求及我司的施工组织设计、施工进度计划组织施工,且工程已经完成基础部分和第1层的主体结构工程时,贵司单方决定将食堂及活动中心由招标文书确定的4层全框架改建为2层,原第3、4层施工内容全部取消,致使我司的所有计划必须重新调整,也导致我司在人、材、物等多方面的损失和众多合同构成违约而承担违约责任,造成多项直接和间接损失。

索赔要求:由于我司向贵司索赔的事由是贵司单方变更施工内容,故索赔要求包括下列方面:

(1)人工费

人工费包括:2020年6月1日前,为了完成原工程总量加班、加点而额外支付的人工费用;因总工程量减少,按照劳务合同支付给民工的补偿金及路费。

(2)材料费

材料费包括租赁材料(钢管、模板)、购买材料(线管、电线、塑钢窗、钢材、木材)两方面以及以下内容:由于购买材料超过实际用量而增加的材料购买费用及相应资金利息损失;按原施工组织设计租赁但超过实际需要的周转材料的租赁费损失;缩短使用期限,提前终止周转材料租赁合同违约金。

(3)施工机械损失(塔机、挖掘机)

施工机械损失包括:2020年6月1日前,为了按计划完成施工任务而采用塔机垂直运输使用费(含实际使用费和违约金);2020年6月1日前,为了按计划完成施工任务而采用挖掘机,比人工挖掘增大部分损失;因减少总工程量致使塔机、挖掘机租赁合同提前解除的违约损失。

(4)工地管理费

工地管理费是指我司按照计划工作量与实际工作量差异而额外支付的工地管理费,包括:增大活动板房、临时房屋、道路、围墙等临时设施投资损失及生活用品损失;2020年5月31日前,为了满足贵司施工期限要求,我司加大施工现场人员配置和各方面管理而增加的支出。

(5)利息

由于工程变更而使我司实际多投资资金的利息包括:为满足施工需要,多支付商品混凝土合同预付款利息损失;多垫付工程款资金利息损失;

(6)利润

利润指原计划和现在实际施工部分利润差额。

索赔编写组及审核人员:×××。

二、索赔根据部分

索赔事件发生情况:我司从 2020 年 4 月 20 日正式进场施工至 2020 年 5 月 31 日,除我司与监理工程师及贵司正常往来的工作联系外,三方没有任何分歧意见,特别是我司在接到贵司的相关指令后,均在合理范围内予以处理,没有任何违约或其他原因出现工程质量问题及延误工期。2020 年 6 月 1 日,监理工程师及贵司在事前没有透露任何信息的情况下,贵司突然通知大幅度变更施工量,导致我司在施工组织和材料准备、人员安排等方面没有任何时间和机会避免和减少损失,致使我司损失特别大。

递交索赔意向书情况:我司除组织工作组到施工现场进行调查外,也按照施工行业索赔普遍做法,在索赔事件发生后 28 日内(实际在 2020 年 6 月×日递交索赔意向书),向贵司工程师发出了索赔意向通知,充分表明了我司的索赔要求,并列明了索赔的基本项目。

索赔事件处理情况:在索赔事件发生并书面通知我司现场负责人李××后,当日我司董事会获悉变更通知后,立即召开公司高层管理人员会议,会议研究决定:服从贵司的变更指令,但同时提出因此造成的我司的损失应由贵司承担,便委托现场负责人李××与监理工程师和贵司联系,客观反映我司因此而面临的诸多问题和造成的损失,我司现场管理人员、技术人员十分不理解,特别是 130 余民工及劳务负责人获悉此消息后,立即全面停工并到永川项目部提出要求:

(1)立即结算并支付所有工资,停止施工。

(2)如果不立即结算并支付,可以暂时继续施工,听从现场安排。但在通知减员时,应按照劳务合同约定,补偿被裁减民工 1 个月工资并支付返家或辗转他处的单边路费。

我司获悉消息后,为了稳定民工情绪,减少施工现场因民工问题而动荡和停工,顺利完成余下施工任务,立即抽调相关人员组成工作组到现场办公,最后与民工达成协议,同意按照劳务合同约定补偿被减民工 1 个月工资并支付返家或辗转他处的单边路费;同时通知正在履行的其他合同立即暂停履行,并积极协商处理善后事宜,尽力减少因工程量变更而造成的损失。我司在处理本事件中,付出了艰辛的劳动,化解了众多矛盾,协调了各方面关系,也支付了许多额外费用,我司认为在避免和减少损失方面,已竭尽全力。在索赔事件发生后,我司与贵司是积极配合的,在处理事件时是快速有效的,不存在任何过错和不当行为。

索赔要求的合同依据:由于贵司的学生食堂及活动中心工程招标投标时间紧迫,且在招标投标后还没来得及签署合同,贵司便要求我司进场施工,而至今贵司仍没有与我司签署正式书面施工合同书,故本项目的索赔合同依据仅有:中标通知书;投标书及其附件;开工通知书。

三、计算部分

索赔总额:依据本事件产生的原因和涉及的范围,我司按照建筑行业施工索赔及永川项目部实际损失分为 9 大项,共计索赔总额为:2 064 673.00 元。

各项计算单列如下(详细计算清单见索赔计算书):

(1)前期投资损失合计:191 760.00＋5 476.67＝197 236.67 元。

(2)周转材料租金损失:101 600.00＋222 620.00＝324 220.00 元。

(3)项目部采购的材料和签订的材料采购合同的违约损失:315 438.10＋176 585.00＋25 649.04＋115 567.20＝633 239.34 元。

(4)工程管理费用、经营费用损失以及公司完成减少工程合法的利润损失合计:115 014.90＋76 629.32＋288 022.00＝479 666.22 元。

(5)塔吊设备的租赁损失,各类机械设备的租赁损失合计:132 390.00＋7 010.00＝139 400.00 元。

(6)工程临设费用增大的损失:6 463.79＋52 734.00＝59 197.79 元。

(7)工程垫付资金利息损失合计:20 932.04 元。

(8)提前解除劳务合同损失合计:208 200.09 元。

(9)商品混凝土预付款资金利息损失为 2 580.88 元。

各项计算依据及证据:

(1)前期投资损失:197 236.67 元。

按照工程原设计建筑面积 12 302.84 m², 设计变更后的建筑面积 6 405.04 m², 减少建筑面积 5 897.8 m², 减少工程量比例为 47.94%, 本工程的所有前期投资为 40 万元, 按照比例损失额为 191 760.00 元, 相应资金利息为 5 476.67 元(预计 4 个月期限, 即 2020 年 9 月 30 日止, 超过此期限, 利息损失继续计算);两项合计为 197 236.67 元。

证据:财务报表。

(2)周转材料租金损失:546 840.00 元。

①钢管租赁损失:按照租赁合同约定支付租金至少为 113 日(2020 年 5 月 10 日～2020 年 8 月 31 日),变更后工期为 66 日,减少实际使用期限为 47 日,应多支付钢管租金 59 690.00 元;同时,施工组织设计的变更,导致租赁钢管比实际需要钢管多 1 倍,其多租赁部分钢管损失 41 910.00 元,两项合计为 101 600.00 元。

证据:租赁合同。

②模板租赁损失:按照租赁合同约定支付租金至少为 113 日(2020 年 5 月 10 日～2020 年 8 月 31 日),变更后实际施工期限为 66 日,减少 47 日,多支付租金为 120 320.00 元。同时,施工组织设计的变更,导致租赁模板比实际需要模板多一倍,其多租赁部分模板损失 102 300.00 元,两项合计为 222 620.00 元。

证据:租赁合同。

(3)购销合同损失:633 239.30 元。

①钢材采购损失:由于我司总部不在永川,且在永川尚无其他施工项目,而多购销钢材 80 t 已经运抵永川项目部,现在无法处理,损失额为 263 200.00 元。同时,因我司变更购销数量承担违约责任损失 52 238.10 元,合计为 315 438.10 元。

②木材、竹模板采购损失:我司为永川项目已采购木材与现在实际使用木材比较,规格 500 mm×100 mm×2 000 mm、500 mm×100 mm×4 000 mm 分别多购 18.5 m³ 和 30 m³,竹模板 1 000 mm×2 000 mm 规格多采购 3 200 m², 其损失为 109 625.00 元, 同时, 因我司变更购销数量承担违约责任损失 66 960.00 元, 合计:176 585.00 元。

证据:购销合同。

③线管采购、电线合同违约损失:依据采购合同约定,我司单方变更货物数量,应向对方支付合同总价款 30.00% 的违约金,导致违约损失 25 649.04 元。

证据:购销合同。

④塑钢窗购销合同违约损失:按塑钢窗购销合同约定,我司单方变更合同约定数量、价款均应向对方支付合同总价款 30.00% 的违约金,违约损失:115 567.20 元。

证据:购销合同。

(4)工程管理费用、经营费用损失以及公司完成减少工程合法的利润损失合计:479 666.20 元。

证据:财务报表(工程管理费用汇总,各项经营费用汇总)。

(5)塔机、挖掘机租赁损失:139 400.00 元。

①塔机租赁及增大费用损失:132 390.00 元。

②挖掘机租赁及增大费用损失:7 010.00 元。

(6)工程临设费用增大的损失:59 197.79 元。

①临设活动板房增大损失:6 463.79 元。

②其他临设增大损失(含临时房屋、道路、围墙及生活用品):52 734.00 元。

证据:租赁合同、财务报表。

(7)工程垫付资金利息损失:20 932.04 元。

证据:财务报表。

(8)提前解除劳务合同损失:208 200.09 元。

证据:劳务合同、领取补偿费名册表。

(9)商品混凝土预付款资金利息损失:2 580.88 元。

证据:预付款票据。

四、证据部分

证据: 本索赔书的证据由以下内容组成:

(1)施工组织设计。

(2)施工进度计划。

(3)相关标准、规范及有关技术文件。

(4)施工图纸。

(5)2020 年 6 月 1 日变更通知。

(6)工程量清单。

(7)工程报价单(预算书)。

(8)所有与工程施工相关的合同书(材料购销、设备租赁、劳务合同及领取补偿费登记表等)。

(9)我司有关的财务报表。

(10)投标书及其附件。

(11)中标通知书。

(12)开工通知书。

对证据的说明:

(1)对作为本索赔书证据使用的相关标准、规范及有关技术文件按照国家标准、行业标准及招标投标文书确定的标准执行,本索赔书证据中没有提供相应标准文本。

(2)施工图以贵司提供的施工图为计算工程量标准。

(3)涉及财务问题方面的证据,鉴于财务保密规定,只提供综合报表,不提供列支明细。

(4)由于签署劳务合同的民工多达126多人,解除合同的民工为96人,无法提供全部合同文本,仅提供文本之一作为证据,其余文本保存在公司,可以查阅。

五、结束语

综上所述,我司按照贵司的要求组织工程施工,服从贵司工程变更的要求;但因施工内容和期限的变更而导致的损失属于贵司责任范畴,且我司在计算索赔时,充分考虑主、客观因素,仅计算了我司因此而受到的直接和间接损失(利润损失),尚没有将信誉损失、为了本工程而放弃其他工程的利润损失以及为了减少索赔事件影响造成其他损失而支出的费用列入索赔范畴,我司认为计算是实事求是的,本着既不夸大,也不添项,更不虚构的索赔态度向贵司提出本索赔内容,我司的态度是诚恳的,数据是客观的,要求是合理的,希望贵司在接到本报告书后,立即着手研究解决。我司为了明确责任,减少我司在施工中的损失,也为了顺利完成尚没有完成的施工内容,保护双方共同利益,在原工程索赔意向书的基础上,报送本索赔书,望贵司予以审查并尽快书面答复或组织面谈。

此致

(公司名称)×××公司

报告人:×××

报告时间:××年××月××日

思考与习题

一、判断题

1. 总包商和分包商之间不能进行索赔。（　）
2. 一个索赔成功率高的公司往往是一个管理水平高的公司。（　）
3. 进行反索赔的一方只需要反驳对方的证据,而其本身不需要再收集证据。（　）
4. 在索赔解决过程中承包商应当将自己对索赔的期望明确告知业主。（　）
5. 为了避免被对方提出反索赔,当可能的反索赔值大于索赔值时,承包商就不应当提出索赔。（　）
6. 在索赔中,承包商既要防止只讲关系、义气,忽视索赔,又要防止好大喜功,只注重索赔的做法。（　）
7. 位于关键线路上的工作如果被拖延,则总工期不一定会被延误。（　）
8. 承包商在计算索赔费用时,通常要扩大索赔值的计算,包括承包商所受的实际损失、业主的反索赔和在最终解决中可能做出的让步三部分。（　）

二、简答题

1. 常见的索赔证据有哪些?
2. 索赔依据指的是什么?承包商可以从哪些方面寻找索赔依据?
3. 承包商可以运用哪些索赔策略和技巧?

三、案例分析

某建筑公司(乙方)于2020年4月20日与某厂(甲方)签订了修建建筑面积为3 000 m² 工业厂房(带地下室)的施工合同。乙方编制的施工方案和进度计划已获监理工程师批准。该工程的基坑开挖土方为4 500 m³,假设直接费单价为4.2元/m²,综合费率为直接费的20%。该基坑施工方案规定:土方工程采用租赁一台斗容量为1 m³的反铲挖掘机施工(租赁费为450元/台班)。甲、乙双方合同约定5月11日开工,5月20日完工。在实际施工中发生了如下事件:

(1)因租赁的挖掘机大修,晚开工2个工日,造成人员窝工10个工日。

(2)施工过程中,因遇软土层,接到监理工程师5月15日停工的指令,进行地质复查,配合用工15个工日。

(3)5月19日接到监理工程师于5月20日发出的复工令,同时提出基坑开挖深度加深2 m的设计变更通知单,由此增加土方开挖量900 m³。

(4)5月20~22日,因下大雨迫使基坑开挖暂停,造成人员窝工10个工日。

(5)5月23日用30个工日修复冲坏的永久道路,5月24日恢复挖掘工作,最终基坑于5月30日挖坑完毕。

问题:

(1)建筑公司对上述哪些事件可以向厂方提出索赔?哪些事件不可以提出索赔?并说明原因。

(2)每项事件工期索赔各是多少工日?总计工期索赔是多少工日?

(3)假设人工费单价为23元/工日,因增加用工所需的管理费为增加人工费的30%,则合理的费用索赔总额是多少?

(4)建筑公司应向厂方提供的索赔文件有哪些?

自我测评

通过本章的学习,你是否掌握了建设工程施工索赔管理的相关知识?下面赶快拿出手机扫描二维码测一测吧。

建设工程施工索赔管理

参考文献

[1] 王平.工程招投标与合同管理(第2版)[M].北京:清华大学出版社,2020.
[2] 朱晓轩.工程项目招投标与合同管理(第2版)[M].北京:电子工业出版社,2017.
[3] 宋春岩.建设工程招投标与合同管理(第4版).北京:北京大学出版社,2018.